ADOBE® ILLUSTRATOR® CS3
标准培训教材

Adobe中国教育认证计划及ACAA教育发展计划标准培训教材

Adobe专家委员会 DDC 传媒 主编

李庆良 汪可 艾藤 编著

人民邮电出版社
北 京

图书在版编目（CIP）数据

ADOBE ILLUSTRATOR CS3 标准培训教材 / Adobe 专家
委员会，DDC 传媒主编；李庆良，汪可，艾藤编著. —北京：
人民邮电出版社，2008.8
Adobe 中国教育认证计划及 ACAA 教育发展计划标准培
训教材
ISBN 978-7-115-18023-0

Ⅰ．A… Ⅱ．①A…②D…③李…④汪…⑤艾… Ⅲ. 图
形软件，Illustrator CS3—技术培训—教材 Ⅳ. TP391.41

中国版本图书馆 CIP 数据核字（2008）第 058257 号

　　　　　Adobe 中国教育认证计划及 ACAA 教育发展计划标准培训教材

ADOBE ILLUSTRATOR CS3 标准培训教材

- ◆ 主　　编　Adobe 专家委员会　DDC 传媒
  　编　　著　李庆良　汪　可　艾　藤
  　责任编辑　李　际

- ◆ 人民邮电出版社出版发行　　北京市崇文区夕照寺街 14 号
  　邮编　100061　电子函件　315@ptpress.com.cn
  　网址　http://www.ptpress.com.cn
  　北京世纪雨田印刷有限公司印刷

- ◆ 开本：800×1000　1/16
  　印张：26.25
  　字数：535 千字　　　　　　　2008 年 8 月第 1 版
  　印数：1 – 4 000 册　　　　　　2008 年 8 月北京第 1 次印刷

  ISBN 978-7-115-18023-0/TP

定价：42.00 元
读者服务热线：(010)67132705　印装质量热线：(010)67129223
反盗版热线：(010)67171154

内 容 提 要

　　本书是"Adobe 中国教育认证计划及 ACAA 教育发展计划标准培训教材"中的一本。为了让读者系统、快速地掌握 Adobe Illustrator CS3 软件，本书全面细致地介绍了 Adobe Illustrator CS3 的各项功能，包括工具箱以及各工具选项栏的详细使用方法、图形的创建、对象组织、图形编辑、基本外观、滤镜应用、艺术效果外观、文字和图表的应用、文档的储存和输出等。

　　本书由行业资深人士、Adobe 专家委员会成员以及参与 Adobe 中国数字艺术教育发展计划命题的专业人员编写。书中语言通俗易懂，内容由浅入深、循序渐进，并配以大量的图示，特别适合初学者学习，同时对有一定基础的读者也大有裨益。本书对参加 Adobe 中国认证专家（ACPE）和 Adobe 中国认证设计师（ACCD）的考试具有指导意义，同时也可以作为高等学校美术专业计算机辅助设计课程的教材。另外，本书也非常适合其他各类培训班及广大自学人员参考阅读。

序

在过去的几年中，人们的信息交流方式发生了翻天覆地的变化。全球已经有超过 7 亿互联网用户，平均每小时就有 13 亿封电子邮件发出，有 15 亿用户在使用移动设备与他人沟通……我们已经进入了一个不折不扣的网络信息时代。

Adobe 公司作为全球最大的软件公司之一，创建 25 年来，从参与发起桌面出版革命，到提供主流创意软件工具，以其革命性的产品和技术，不断变革和改善着人们思想和交流的方式。在扑面而来的海量信息中，我们无论是在报刊、杂志、广告中看到的，抑或是从电影、电视及其他数字设备中体验到的，几乎所有的图像背后都打着 Adobe 软件的烙印。

近两年，我惊讶地发现 "PS（Adobe Photoshop 软件的简称）" 已经成为国内互联网上一个非常流行的专有名词。像这样一个软件产品如此深刻地介入到亿万民众的生活，说明更具视觉冲击力的影像信息已经更多地取代传统文字和声音，渗透到我们生活和工作的方方面面。

不仅如此，Adobe 主张的富媒体互联网应用（RIA，Rich Internet Applications）——以 Flash、Flex 等产品技术为代表，强调信息丰富的展现方式和用户多维的体验经历——已经成为这个网络信息时代的主旋律。随着 Photoshop、Flash 等技术不断从专业应用领域 "飞入寻常百姓家"，我们的世界将会更加精彩。

"Adobe 中国教育认证计划" 是 Adobe 中国公司面向国内教育市场实施的全方位的数字教育认证项目，旨在满足各个层面的专业教育机构和广大用户对 Adobe 创意及信息处理工具的教育和培训需求。启动 8 年来，已经成功地成为连接 Adobe 公司与国内教育合作伙伴和用户的一座桥梁。

在这样一个互联网创新时代，人们对数字媒体处理技术的学习和培训需求将日益高涨，我们希望通过 Adobe 公司和 Adobe 中国教育计划的努力，不断提供更多更好的技术产品和教育产品，与大家一路同行，共同汇入创意中国腾飞的时代强音之中。

刘珍妮

奥多比系统软件（北京）有限公司 董事总经理

2008 年 3 月 28 日

前　言

秋天，藕菱飘香，稻菽低垂。往往与收获和喜悦联系在一起。

秋天，天高云淡，望断南飞燕。往往与爽朗和未来的展望联系在一起。

秋天，还是一个登高望远、鹰击长空的季节。

心绪从大自然的悠然清爽转回到现实中，在现代科技造就的世界不断同质化的趋势中，创意已经成为21世纪最为价值连城的商品。谈到创意，不能不提到两家国际创意技术巨头——Apple 和 Adobe。

1993 年 8 月，Apple 带来了令国人惊讶的 Macintosh 电脑和 Adobe Photoshop 等优秀设计出版软件，带给人们几分秋天高爽清新的气息和斑斓的色彩。在铅与火、光与电的革命之后，一场彩色桌面出版和平面设计革命在中国悄然兴起。抑或可以冒昧地把那时标记为以现代数字技术为代表的中国创意文化产业发展版图上的一个重要的原点。

1998 年 5 月 4 日，Adobe 在中国设立了代表处。多年来在 Adobe 北京代表处的默默耕耘下，Adobe 在中国的用户群不断成长，Adobe 的品牌影响逐渐深入到每一个设计师的心田，它在中国幸运地拥有了一片沃土。

我们有幸在那样的启蒙年代融入到中国创意设计和职业培训的涓涓细流中……

1996 年金秋，奥华创新教育团队从北京一个叫朗秋园的地方一路走来，从秋到春，从冬到夏，弹指间见证了中国创意设计和职业教育的蓬勃发展与盎然生机。

伴随着图形、色彩、像素……我们把一代一代最新的图形图像技术和产品通过职业培训和教材的形式不断介绍到国内——从 1995 年国内第一本自主编著出版的《Adobe Illustrator 5.5 实用指南》，第一套包括 Mac OS 操作系统、Photoshop 图像处理、Illustrator 图形处理、PageMaker 桌面出版和扫描与色彩管理的全系列的"苹果电脑设计经典"教材；到目前主流的"Adobe 标准培训教材"系列、"Adobe 认证考试指南"系列等。

十几年来，我们从稚嫩到成熟，从学习到创新，编辑出版了上百种专业数字艺术设计类教材，影响了整整一代学生和设计师的学习和职业生活。

千禧年元月，一个值得纪念的日子，我们作为唯一一家"Adobe 中国授权考试管理中心（ACECMC）"与 Adobe 公司正式签署战略合作协议，共同参与策划了"Adobe 中国教育认证计划"。那时，中国的职业培训市场刚刚起步，方兴未艾。从此，Adobe 教育与认证成为我们二十一世纪发展的主旋律。

2001 年 7 月，奥华创新旗下的 DDC 传媒——一个设计师入行和设计师交流的网络社区诞生了。它是一个以网络互动为核心的综合创意交流平台，涵盖了平面设计交流、CG 创作互动、主题设计赛事等众多领域，当时还主要承担了 Adobe 中国教育认证计划和中国商业插画师（CPI）认证在国内的推广工作，以及 Adobe 中国教育认证计划教材的策划及编写工作。

2001 年 11 月，第一套"Adobe 中国教育认证计划标准培训教材"正式出版，成为市场上最为成功的数字艺术教材系列之一，也标志着奥华创新从此与人民邮电出版社在数字艺术专业教材方向上建立了战略合作关系。在教育计划和图书市场的双重推动下，Adobe 标准培训教材长盛不衰。尤其是近两年，教育计划相关的创新教材产品不断涌现，无论是数量还是品质上都更上一层楼。

2005 年，奥华创新联合 Adobe 等国际权威数字工具厂商，与中国顶尖美术艺术院校一起创立了"ACAA 中国数字艺术教育联盟"，旨在共同探索中国数字艺术教育改革发展的道路和方向，共同开发中国数字艺术职业教育和认证市场，共同推动中国数字艺术产业的发展和应用水平的提高。

是年秋，ACAA 教育框架下的第一个数字艺术设计职业教育项目，经奥华创新的努力运作在中央美术学院城市设计学院诞生。首届 ACAA-CAFA 数字艺术设计进修班的 37 名来自全国各地的学生成为第一批吃螃蟹的人。从学院放眼望去，远处规模宏大的北京新国际展览中心正在破土动工，躁动和希望漫步在田野上。迄今已有数百名 ACAA 进修生毕业，迈进职业设计师的人生道路。

2005 年 4 月，Adobe 公司斥资 34 亿美元收购 Macromedia 公司，一举改变了世界数字创意技术市场的格局，使得网络设计和动态媒体设计领域最主流的产品 Dreamweaver 和 Flash 成为 Adobe 市场战略规划中的重要的棋子，从而进一步奠定了 Adobe 的市场统治地位。

2006 年 3 月，Adobe 与前 Macromedia 在中国的教育培训和认证体系顺利地完成了重组和整合。前 Macromedia 主流产品的加入，使我们可以提供更加全面、完整的数字艺术专业培养和认证方案，为职业技术院校提供更好的支持和服务。全新的 Adobe 中国教育认证计划更加具有活力。

2007 年秋，借中国创意文化产业和职业教育发展继往开来的时代契机，ACAA 数字艺术职业教育厚积而薄发，全面推出了基于 Web 2.0 的现代网络媒体技术支撑的远程教育平台，以及数字艺术网络课程内容。e-Learning 成为 ACAA 和 Adobe 职业教育的一个崭新发展方向，活力四射的网络时代带给我们无限的期待和遐想。

又是一年秋来到，蓦然回首，已是星辉斑斓的时节。

ACAA 中国教育发展计划

ACAA 数字艺术教育发展计划面向国内职业教育和培训市场，以数字技术与艺术设计相结合的核心教育理念，以"ACAA 数字艺术教育学院"的合作教育模式，以远程网络教育为主要教学手段，以"双师型"的职业设计师和技术专家为主流教师团队，为职业教育市场提供业界领先的 ACAA 数字艺术教育解决方案，提供以富媒体（RIA/Flash/Web2.0）网络技术实现的先进的网络课程资源、教学管理平台以及满足各阶段教学需求的完善而丰富的系列教材。

ACAA 数字艺术教育发展计划秉承数字技术与艺术设计相结合、国际厂商与国内院校相结合、学院教育与职业实践相结合的教育理念，倡导具有创造性设计思维的教育主张与潜心务实的职业主张。跟踪世界先进的设计理念和数字技术，引入国际、国内优质的教育资源，构建一个技能教育与素质教育相结合、学历教育与职业培训相结合、院校教育与终身教育相结合的开放式职业教育服务平台。为广大学子营造一个轻松学习、自由沟通和严谨治学的现代职业教育环境。为社会打造具有创造性思维的、专业实用的复合型设计人才。

ACAA 数字艺术教育是一个覆盖整个创意文化产业核心需求的职业设计师入行教育和人才培养计划。将陆续开办视觉传达 / 平面设计、动态媒体 / 网络设计、商业插画 / 动漫设计、三维动画 / 影视后期等专业培养方向。

远程网络教育主张

富媒体互联网应用 (RIA, Rich Internet Application) 是 Web 2.0 技术的重要属性, 是下一代网络发展方向。它允许创建个性化、富媒体的网络教育应用, 可以显著地增强学习体验, 提高学习效率。ACAA 数字艺术教育采用以优质远程教学和全方位网络服务为核心, 辅助以面授教学和辅导的战略发展策略, 将实现如下效果。

— 解决优秀教育计划和优质教学资源的生动、高效、低成本传播问题, 并有效地保护这些教育资源的知识产权。

— 使稀缺的、不可复制的优秀老师和名师名家的知识和思想 (以网络课程的形式) 成为可复制、可重复使用以及可以有效传播的宝贵资源。使知识财富得以发挥更大的光和热, 使教师哺育更多的莘莘学子, 得到更多的回报。

— 跨越时空限制, 将国际、国内知名专家学者的课程传达给任何具有网络条件的院校。使学校以最低的成本实现教学计划或者大大提高教学水平。

— 实现全方位、交互式、异地异步的在线教学辅导、答疑和服务。使随时随地进行职业教育和培训的开放教育和终身教育理念得以实现。

ACAA 职业技能认证项目基于国际主流数字创意设计平台, 强调专业艺术设计能力培养与数字工具技能培养并重, 专业认证与专业教学紧密相联, 为院校和学生提供完整的数字技能和设计水平评测基准。

ACAA 管理执行机构

北京奥华创新公司

地址: 北京市朝阳区东四环北路 6 号 2 区 1-3-601

邮编: 100016

电话: 010-51303090-93

更多详细信息, 请访问 ACAA 教育官方网站 http://www.acaa.cn。

关于 Adobe 中国教育认证计划

Adobe 中国教育认证计划旨在推动 Adobe 国际领先的数字创意技术在中国的广泛普及和深入应用, 不断满足国内用户对相关产品培训的迫切需求。Adobe 教育计划第一次在教育培训市场上旗帜鲜明地确立了 "授权和认证" 相结合的营销模式, 包括在全国范围内设立 Adobe 授权教育与培训机构, 采用正版软件、统一的培训教学大纲、专业的标准培训教材, 以及规范的 Adobe 认证考试。

随着数字创意市场的兴起, Adobe 中国教育认证计划也不断从广度到深度地蓬勃发展, 逐渐跨越数字工具的产品技术培训、创意设计的职业教育和高等教育、中小学艺术素质教育等多个领域, 先后推出了 "Adobe 中国授权培训中心 (ACTC)"、"Adobe 数字艺术中心 (ADAC)" 和 "Adobe 数字艺术基地 (ADAB)" 等市场细分项目。Adobe 教育计划助力中国数字艺术教育市场, 努力搭建一个高水平、专业化、与国际尖端数字技术相接轨且能适应不同层次教学、创作和体验需求的创意教育平台。

Adobe 认证考试和认证证书是 Adobe 中国教育认证计划的核心之一。 在 "国际品质、中国定制" 的一贯开发理念和原则下，在品质控制和规范管理下，"Adobe 认证产品专家（ACPE）"和"Adobe 中国认证设计师（ACCD）"已经成为中国数字艺术职业教育和培训市场主流的行业认证标准，逐步在社会树立了 Adobe 教育和认证的良好品牌形象。

Adobe 认证考试和认证证书

—Adobe 认证产品专家

—Adobe Certified Product Expert（ACPE）

基于 Adobe 数字工具的单项认证考试科目。

—Adobe 中国认证设计师

—Adobe China Certified Designer（ACCD）

创意设计认证类别

基于 Adobe Creative Suite - Design 创意设计平台的综合认证，包括 Photoshop、Illustrator、 InDesign、Acrobat 四门单科认证考试。

网络设计认证类别

基于 Adobe Creative Suite - Web 网页设计平台的综合认证，包括 Dreamweaver、Flash、Fireworks、Photoshop 四门单科认证考试。

影视后期认证类别

基于 Adobe Creative Suite -Production 影视编辑平台的综合认证，包括 After Effects、 Premiere Pro、Photoshop、Illustrator 四门认证考试科目。

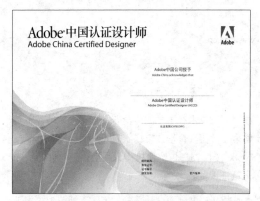 

更多详细信息，请关注 Adobe 中国网站 http://www.myadobe.com.cn。

关于 Adobe 中国教育认证计划及 ACAA 教育发展计划教材系列

以严谨务实的态度开发高水平、高品质的专业培训教材是奥华创新教育的宗旨和目标之一，也是我们的核心发展业务之一。在过去的几年中，数字艺术专业教材的策划编著工作拓展迅速，已出版包括标准培训教材、认证考试指南、案例风暴和课堂系列在内的多套教学丛书，成为 Adobe 中国教育认证计划及 ACAA 教育发展计划的重要组成部分。

培训教材系列

"标准培训教材"系列是根据 Adobe 中国教育认证计划发展的需要，受 Adobe 北京公司委托而主持编著的第一套正规、专业的培训教材。适用于各个层次的学生和设计师学习需求，是掌握 Adobe 相关软件技术最标准规范、实用可靠的教材。标准培训教材迄今已历经五次重大版本升级，例如 Photoshop，从 6.0C、7.0C 到 CS、CS2、CS3。多年来的精雕细刻，使教材内容越发成熟完善，成为国内图书市场上教育培训教材的一面旗帜，并对 Adobe 中国教育认证计划起到了积极的推动作用。

- 《ADOBE PHOTOSHOP CS3 标准培训教材》
- 《ADOBE ILLUSTRATOR CS3 标准培训教材》
- 《ADOBE INDESIGN CS3 标准培训教材》
- 《ADOBE ACROBAT 8 PROFESSIONAL 标准培训教材》
- 《ADOBE AFTER EFFECTS CS3 PROFESSIONAL 标准培训教材》
- 《ADOBE PREMIERE PRO CS3 标准培训教材》
- 《ADOBE AUDITION 3 标准培训教材》
- 《ADOBE DREAMWEAVER CS3 标准培训教材》
- 《ADOBE FLASH CS3 PROFESSIONAL 标准培训教材》
- 《ADOBE FIREWORKS CS3 标准培训教材》

"基础培训教材"系列是为了满足广大基础用户（包括数字艺术爱好者）、中等职业教育和各类短训班的需求，在保留原来标准培训教材品质的基础上，对内容进行了优化和精简，使用户可以快速掌握 Adobe 相关软件技术的核心技能。

认证考试指南系列

为了让考生更多地了解 Adobe 认证产品专家（ACPE）和 Adobe 认证设计师（ACCD）的考试形式和考试内容，并增加实战的经验，相继推出了"认证考试指南"系列教材。该系列将考试题目和精彩的实战案例以及操作技巧紧密结合，使读者在享受学习乐趣、体验成功案例的同时，将考试题目熟练掌握，从而顺利获得 Adobe 认证，可谓一举两得。

- 《ADOBE PHOTOSHOP CS3 认证考试指南》
- 《ADOBE ILLUSTRATOR CS3/ADOBE INDESIGN CS3/ADOBE ACROBAT 8 PROFESSIONAL 认证考试指南》

— 《ADOBE DREAMWEAVER CS3/ADOBE FLASH CS3 PROFESSIONAL/ADOBE FIREWORKS CS3 认证考试指南》

— 《ADOBE PREMIERE PRO CS3/ADOBE AFTER EFFECTS CS3 PROFESSIONAL 认证考试指南》

课堂系列

为了配合以 e-Learning 远程教育课程为主体的 ACAA 数字艺术教育项目的推广和发展，我们积极适应目前教育市场的需求，按照 ACAA 教育发展计划的专业培养方向和教学大纲，全力打造全新的"ACAA 课堂"系列教材——分为"必修课堂"和"标准课堂"两个子系列。课堂系列教材形式上更加贴近教学实践、贴近课堂实际；内容上完全突破了单纯软件技能教学的范畴，学以致用；商业案例教学贯穿整个课堂的学习，是与 ACAA 网络课程资源相配套的实用型专业教材。

"必修课堂"系列在保留"Adobe 标准培训教材"系列精辟知识点的基础上，增加了模拟真实课堂教学部分，包括课堂讲解、课堂实训、模拟考试和疑难解答。读者可以从"课堂讲解"部分学习到基本概念和功能。通过"课堂实训"部分达到提高的目的。另外，每课的"模拟考试"一节用于测试自己的学习效果，而"疑问解答"一节则是列出了学习者经常遇到的实际问题，为广大初学者排忧解难。

— 《ADOBE PHOTOSHOP CS3 必修课堂》

— 《ADOBE ILLUSTRATOR CS3 必修课堂》

— 《ADOBE INDESIGN CS3 必修课堂》

— 《ADOBE FLASH CS3 PROFESSIONAL 必修课堂》

— 《ADOBE DREAMWEAVER CS3 必修课堂》

"标准课堂"分为四大部分：课堂讲解（理论），带领读者进入仿真的课堂环境，以案例的形式串讲软件的知识点，能使读者最大限度摆脱枯燥乏味的知识点学习；自我探索（实践），是一项要求读者自行学习的项目，它是熟练掌握软件的敲门砖，着重培养读者的自我学习能力；课堂总结与回顾（再理论），回顾课程中的知识重点，并对其进行总结和归纳；自我提高（再实践），针对课程的学习而设置的案例自学部分，其目的就是为了让读者多元化地了解软件的使用技巧和熟练掌握软件的操作。该系列教材为全彩印刷。

— 《ADOBE PHOTOSHOP CS3 标准课堂》

— 《ADOBE ILLUSTRATOR CS3 标准课堂》

— 《ADOBE INDESIGN CS3 标准课堂》

— 《ADOBE FLASH CS3 PROFESSIONAL 标准课堂》

— 《ADOBE DREAMWEAVER CS3 标准课堂》

更多详细信息，请关注 ACAA 教育网站 http://www.acaa.cn，DDC 传媒网站 http://www.ddc.com.cn，人民邮电出版社网站 http://www.ptpress.com.cn。

（2008 年 3 月 1 日修订）

目 录

基础知识 1

学习要点

· 了解 Adobe Illustrator 应用软件的用途、安装和系统要求
· 了解 Adobe Illustrator 应用软件的界面浏览方式
· 了解工具箱中工具的基本用途，掌握相关的快捷键
· 了解文件预置中各选项的含义
· 了解标尺和参考线的使用方法，包括标尺和参考线的建立、修改、隐藏和删除，网格的建立、编辑和隐藏以及自定义参考线
· 了解色彩的基础常识，包括颜色模式、印刷色、专色、颜色工具的使用等

1.1 入门

1.1.1 Adobe Illustrator 是什么

就技术而言，Adobe Illustrator 是一个矢量绘图软件，它可以以又快又精确的方式制作出彩色或黑白图形，也可以设计出任意形状的特殊文字并置入影像。用 Adobe Illustrator 制作的文件，无论以何种倍率输出，都能保持原来的高品质。一般而言，Adobe Illustrator 的用户大体包括平面设计师、网页设计师以及插画师等，他们用它来制作商标、包装设计、海报、手册、插画以及网页等。

1.1.2 Adobe Illustrator CS3 的新特性

Adobe 公司创造性地不再用数字表示版本，而用 Creative Suite 的首字母缩写（即 CS）统一了 Adobe Photoshop、Adobe InDesign 等软件的版本。Adobe 提供的不再是一个"单打独斗"的软件勇士，而是一个整体的互通有无的数字化平台。人们不必再担心软件之间是否匹配，因为 Illustrator CS3、Photoshop CS3、InDesign CS3 和 Acrobat 8.0 组成的"Adobe 艺术设计团队"，从图形创建、图像处理、印刷出版到电子文件的产生，都显得更加规整和统一。Illustrator CS3 的新功

能令 Illustrator 在绘图软件中卓尔不群，散发出迷人的魅力。

一、实时颜色

探索颜色协调并一次将颜色动态应用于多个矢量图形。使用"实时颜色"，可以发现新的颜色组合，快速测试这些组合，然后存储并重新使用它们。可以预览对图稿所做的更改，使用色轮转换图稿的整个色调，或仅使用最大精度调整一种颜色，如图 1-1-1 所示。

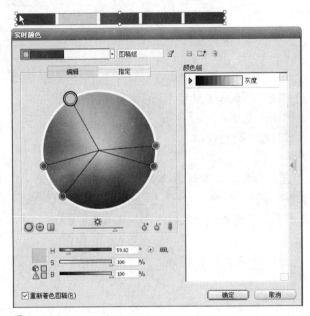

图 1-1-1

二、色板面板

通过将颜色组存储到"色板"面板，以便能够快速找回最喜爱的颜色组，如图 1-1-2 所示。

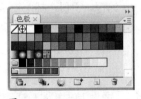

图 1-1-2

三、隔离模式

使用隔离模式可保护某个图稿区域不被编辑，如图 1-1-3 所示。双击"蛋糕"对象，图稿进入隔离模式，其余对象转为半透明，将不可被编辑。

图 1-1-3

四、新建文档配置文件

通过选择欢迎屏幕上预建的"新建文档配置文件"，可在打开新文档时加快启动速度。这些配置文件是针对不同类型的项目（例如移动、打印、Web 和视频）定制的。可以将自定配置文件与启动参数（如画板大小、色板、画笔、样式和色彩空间）存储在一起，如图 1-1-4 所示。

图 1-1-4

五、自定工作区

可使用可折叠的面板和新图标视图自定工作区。可以将工作区存储为预设，以便针对给定任务优化工作区，如图 1-1-5 所示。

图 1-1-5

六、从面板访问库

轻松访问预建的画笔库、主题色板库和图形样式库。只需单击工具面板底部栏上的图标打开库列表，就可快速应用正好所需的效果，如图1-1-6所示。

图 1-1-6

七、控制面板

可使用"控制"面板查找手头任务所需的工具，此"控制"面板将显示最适用于当前所选对象的选项。可以从屏幕的顶部访问锚点控件、选择工具、剪切蒙版和封套扭曲。由于无需同时打开多个面板，既可以减少工作区的混乱状况又可以大大提高工作效率，如图1-1-7所示。

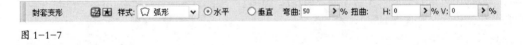

图 1-1-7

八、路径编辑

选择锚点后，"控制"面板将显示路径编辑工具。可以方便地转换所选锚点的状态，删除所选锚点或者连接两个锚点甚至可以通过一次单击隐藏和显示手柄，快速对齐各个锚点到指定位置，如图1-1-8所示。

图 1-1-8

九、点选择

可将光标在任何锚点上方拖动以将其放大，以便能够轻松查看和选择它。光标将在检测到锚点的位置显示为一个较大的方块，如图1-1-9所示。

图 1-1-9

十、橡皮擦工具

可快速抹除图稿区域，就像在 Photoshop 中抹除像素一样容易。只需要将鼠标或光笔的光标从任何形状或形状组上方掠过，Illustrator 会沿着抹除的描边边缘创建新路径并将保持抹除的平滑度。

十一、裁剪区域工具

可利用自定特征或预定义特征绘制多个裁剪区域。可以快速创建完全裁剪到选区的单页 PDF，使其能够存储供客户和同事查看的图稿变化。

1.2　Adobe Illustrator CS3 的系统要求

随着 Illustrator 软件的日益强大，该软件对计算机系统、配置的要求也日渐提高。以下是 Adobe 推荐的系统最低要求。

1.2.1　Windows 系统

· Intel Pentium 4、Intel Centrino、Intel Xeon 或 Intel Core Duo（或兼容的）处理器。

· Microsoft Windows XP Service Pack 2 或 Windows Vista Home Premium、Business、Ultimate 或 Enterprise（已经过认证，支持 32 位版本）。

· 512MB 内存（建议使用 1GB）。

· 2GB 可用硬盘空间（在安装过程中需要更多可用空间）。

· 1024 像素 ×768 像素的显示器分辨率。

· DVD-ROM 驱动器。

· 多媒体功能需要 QuickTime 7 软件。

· 需要 Internet 或电话连接进行产品激活。

· 需要宽带 Internet 连接才能使用 Adobe Stock Photos* 和其他服务。

1.2.2　Macintosh 系统

· PowerPC G4 或 G5 或多核 Intel 处理器。

· Mac OS X v10.4.8-10.5(Leopard)。

· 512MB 内存 (建议使用 1GB)。

· 2.5GB 可用硬盘空间 (在安装过程中需要更多可用空间)。

· 1024 像素 ×768 像素的显示器分辨率。

· DVD-ROM 驱动器。

· 多媒体功能需要 QuickTime 7 软件。

· 需要 Internet 或电话连接进行产品激活。

· 需要宽带 Internet 连接才能使用 Adobe Stock Photos* 和其他服务。

以上某些推荐参数，只能满足 Illustrator 完成最基本的工作，如果在绘制图形时，涉及到符号、3D 效果、封套以及渐变网格等一些特殊效果时，以上推荐的参数诸如内存和硬盘空间，都不能满足工作的需要。

1.3　Adobe Illustrator CS3 界面浏览

用鼠标双击 Adobe Illustrator CS3 应用软件图标，如图 1-3-1 所示，屏幕上出现 Adobe Illustrator CS3 的启动画面。启动画面消失后，屏幕上出现欢迎屏幕，如图 1-3-2 所示，单击欢迎屏幕中的"新建"按钮，出现"新建文档"对话框，如图 1-3-3 所示，在此可设定多个选项，其中"名称"选项可定义文件的名称，"大小"选项可定义文件的尺寸，"颜色模式"选项可定义文件的颜色模式。

Adobe
Illustrator CS3

图 1-3-1

图 1-3-2

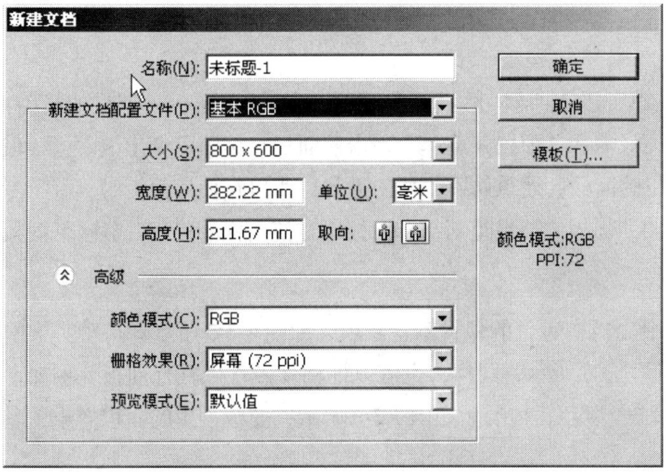

图 1-3-3

　　新文件设定完毕后，屏幕上出现的就是 Adobe Illustrator CS3 的操作界面，如图 1-3-4 所示。

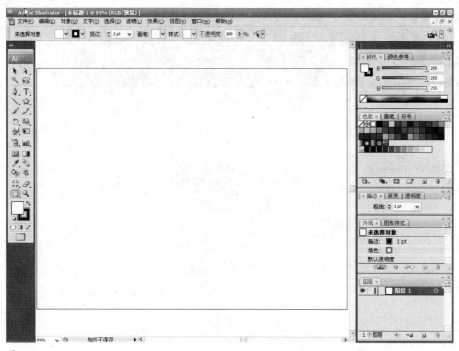

图 1-3-4

1.3.1　浮动面板

　　大多数 Illustrator 浮动面板都可以在"窗口"菜单下获得。随着 Illustrator 架构的日益庞大，面板的数量也日渐增多。通常，只需在"窗口"菜单下单击该面板名称即可调出该面板，但是因为显示器显示空间的限制，大量的面板会严重妨碍工作的进行。所以在使用面板时，可参考以下两种方法：一是关闭暂时不需要的面板，二是重新组合面板以方便面板的使用并且降低面板的占用面积。

　　打开面板后可以看到每一个面板中包含的项目不止一项，如图 1-3-5 所示。拖动其中的任意一项都可以形成新的面板，如图 1-3-6 所示，同样，也可以拖动任意项到其他面板，例如，把色板面板拖到描边面板中，如图 1-3-7 所示，拖动后如图 1-3-8 所示，面板占用的面积变小了。

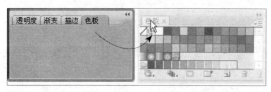

图 1-3-5

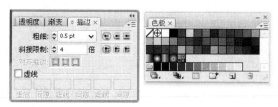

图 1-3-6

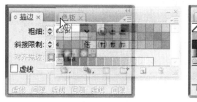

图 1-3-7   图 1-3-8

在面板之间也可以进行上下串接，如图 1-3-9 所示，可以把色板面板与描边面板串接在一起，串接结果如图 1-3-10 所示。显示面板名称的标签栏颜色为亮色，则表示是当前显示的面板。

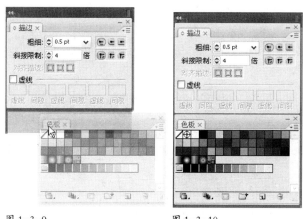

图 1-3-9   图 1-3-10

注意：拖动面板时用鼠标按住标签部分向外拖动，拖动过程中面板将变为半透明状态。

用鼠标单击面板右上角的调节框，窗口就会收起来，只保留面板的名称栏部分，也就是标签部分，如图 1-3-11 所示，再次单击该调节框，面板就会重新打开。

图 1-3-11

1.3.2 页面文件

在 Adobe Illustrator CS 以前的版本中，新的文件建立后，可以看到在文件中有两个矩形的外框线，其中实线表示页面大小，虚线表示打印机的打印范围，虚线范围因选择打印机的不同而不同。但是到了 CS 版本，默认状态下，虚线不再显示（见图 1-3-4），虚线范围内也不再是有效的打印区域，关于这一点，在后面有关打印的章节中有详细的介绍。

对于打印区域的设定，可在"打印"对话框中设定，如图 1-3-12 所示。

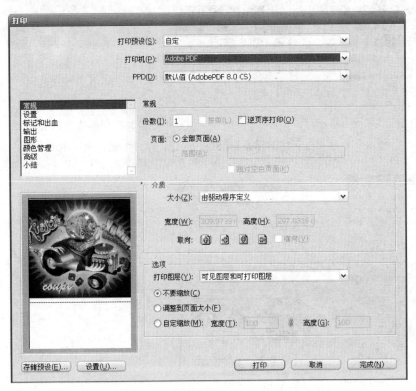

图 1-3-12

在所有文件页面的下部都有两栏，如图 1-3-13 所示，左边是百分比栏，其中的百分比数值表示页面当前显示的比例（注：在页面的最上面的文件名称栏旁边也可以看到一个百分比数值，这两个百分比数值是一致的）。用鼠标选中下部的百分比栏，可以任意输入页面的显示比例，输入完后按键盘上的回车键确认，这时页面就会按所设比例相应地变大或者变小。右边一栏为状态栏，单击状态栏会有菜单弹出，选择"显示"选项，将会有子菜单弹出，如图 1-3-14 所示。

图 1-3-13   图 1-3-14

· 版本：当文件存储为版本（Version Cue）后，选择该命令可以弹出查看版本的对话框。

· 在 Bridge 中显示：使用该命令可以在 Bridge 中浏览该图像所在的文件夹。

· Version Cue 状态：显示当前文件的版本状态。

· 当前工具：选择此选项时，状态栏中就会显示目前所选用的工具箱中工具的名字。

· 日期和时间：即当前系统所设定的日期和时间。

· 还原次数：记录在操作过程中使用了多少次 Undo（还原）操作。如果内存足够多，Adobe Illustrator CS3 可允许无限次的还原操作。

· 文档颜色配置文件：表示文件中使用的色彩描述文件。

在页面的下部和右边各有一个卷动栏，可以用鼠标拖动其中的方块对页面上下左右各个部分进行显示。右边的卷动栏有上下两个箭头标，使用鼠标单击箭头可对页面进行上下移动；用鼠标单击下部滚动栏的左右两个箭头可对页面进行左右移动。

1.3.3　工具箱

工具箱通常位于页面的左侧，执行"窗口 > 工具"命令可以显示或者关闭工具箱，如图 1-3-15 所示。

把鼠标移动到工具上稍停，在鼠标箭头的右下角会弹出一个黄色的方框，如图 1-3-16 所示，方框中的文字表示工具的名称和选择此工具所用的快捷键。

不论当前正在使用工具箱中的何种工具，只要按住 Command（Mac OS）/Ctrl（Windows）键就可切换到上次所使用的选择工具。

工具箱中有些工具图标的右下角有一个黑色的小三角，它表示这个工具中还包含其他工具。使用鼠标单击黑色小三角会弹出隐含的其他工具，如图 1-3-17 所示，若要在它们之间进行切换，只要在单击鼠标的同时按住 Option（Mac OS）/Alt（Windows）键就可以实现，把鼠标光标移到黑色小三角处并单击，会形成一个新的工具面板，如图 1-3-18 所示。

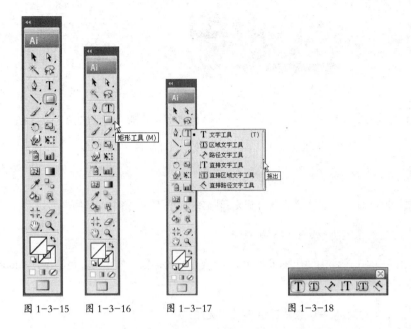

图 1-3-15　　图 1-3-16　　图 1-3-17　　　　　图 1-3-18

下面将对工具箱中各工具做一简单说明，详细的使用方法将在以后的不同章节中介绍。

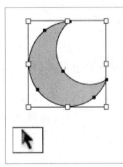

选择工具（V）

此工具用来选择整个图形、整个路径（在路径上任意处单击就可将整个路径选中）、成组图形或文字块，也可以按住鼠标键拖动矩形块覆盖图形的一部分来选择整个图形。

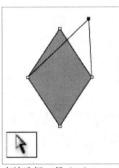

直接选择工具（A）

此工具用来选择单个节点或某段路径做单独修改，成组图形内的节点或路径也可被选中做单独修改。此工具在图形操作中使用的频率非常高。

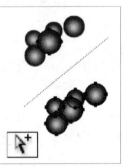

编组选择工具

此工具用来选择成组图形内的子图形。

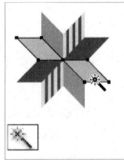

魔棒工具（Y）

此工具用来选择具有相似填充、边线或透明属性的对象。可通过魔棒面板来设置相似属性和相似程度。

套索工具（Q）

可拖曳此工具以形成不规则的选择区域，区域内锚点或路径片段将被选中。

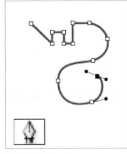

钢笔工具（P）

此工具是绘制各种路径的最常用工具。因为绘图常用的最基本工具就是钢笔，所以学会使用此工具，就掌握了软件的基本功能。它绘制的路径分为两种：直线和曲线。

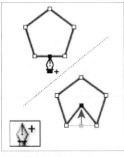

添加锚点工具（＋）

此工具用来在路径上增加锚点，以增强对路径形状的控制。

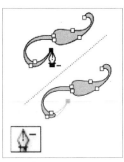

删除锚点工具（－）

此工具用于将现有路径上的节点删除，两边的点可自动连接起来。

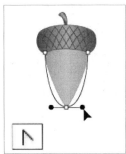

转换锚点工具（Shift＋C）

此工具用来将直线节点转成曲线节点，或将曲线节点转成直线节点。

直线段工具（\）

此工具用来绘制各种方向的直线。

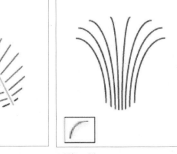

弧线工具

此工具用来绘制各种曲率的弧形。

螺旋线工具

此工具用来绘制顺时针或逆时针的涡形，涡形的方向和鼠标拖动的方向有关。

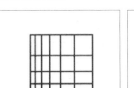

矩形网格工具

此工具用来绘制矩形网格。

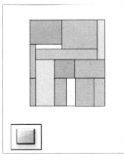

极坐标网格工具

此工具用来绘制极坐标网格。

矩形工具（M）

此工具用来绘制矩形和正方形。

圆角矩形工具

此工具用来绘制圆角正方形和圆角矩形。

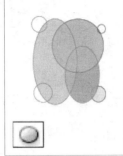

椭圆工具（L）

此工具用来绘制圆形和椭圆形。

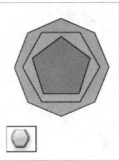

多边形工具

此工具用来绘制各种多边形。

星形工具

此工具用来绘制各种多角星形。

光晕工具

此工具用来产生光晕效果。

铅笔工具（N）

用此工具可绘制出任意路径，路径上节点的多少取决于绘制路径的速度，速度越快，路径上的节点越少。

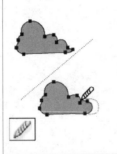

平滑工具

用此工具可对一条路径的现有曲段进行平滑处理，在此过程中尽可能地保持原曲线形状。

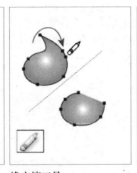

橡皮擦工具

用此工具可删除路径或笔画的一部分。

文字工具（T）

此工具用来输入文字。

区域文字工具

应用此工具可在任意封闭图形内输入文字，使文字在封闭图形内排列。

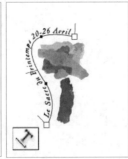

路径文字工具

应用此工具可在任意路径上输入文字，使文字沿着路径横排。

直排文字工具

用此工具输入文字，文字直接以竖排的方式出现。

直排区域文字工具

应用此工具可在任意封闭图形内输入文字，并且使文字在封闭图形内竖直排列。

直排路径文字工具

应用此工具可在任意开放
路径上输入文字，并使文
字沿着路径竖直排列。

画笔工具（B）

选择画笔面板中的笔刷可
以得到书法效果及任意路
径效果。

网格工具（U）

选择此工具可将图形转换
成具有多种渐变颜色的网
格图形。在网格上，颜色平
滑地由一种颜色过渡到另
外一种颜色。同时，网格图
形中任意一节点处的颜色
都可以改变。在制作光影效
果时非常方便。

渐变工具（G）

选择此工具可以不同角度
和不同方向拖动鼠标就可
改变颜色渐变的方向。

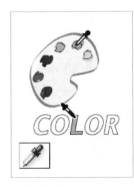

吸管工具（I）

此工具可吸取其他图形的
颜色作为当前图形的边线
色或填充色。

实时上色工具（K）

此工具用于按当前的上色
属性绘制实时上色组的表
面和边缘。

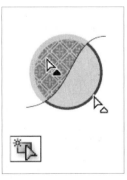

实时上色选择工具

此工具用于选择实时上色
组中的表面和边缘。

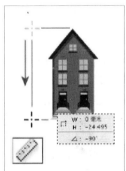

度量工具

此工具用来测量两个点之
间的距离，同时也显示角度。

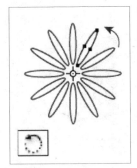

旋转工具（R）

此工具用来旋转图形、文字块及置入的图像。

镜像工具（O）

此工具用来生成图形、文字块及置入的图像的对称像。

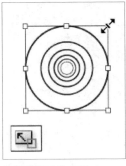

比例缩放工具（S）

此工具用来放大或缩小图形、字块及置入的图像。

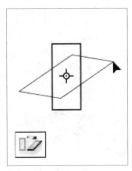

倾斜工具

此工具用来使图形、文字块及置入的图像形成不同角度的倾斜。

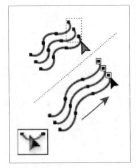

改变形状工具

此工具用来改变路径上的节点位置，但不影响整个路径的形状。

自由变换工具（E）

此工具可以对所选对象进行比例缩放、旋转或倾斜

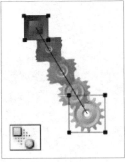

混合工具（W）

此工具用来制作两个图形之间从形状到颜色的混合。

变形工具（Shift + R）

此工具作用于对象产生的变形效果就像用黏土塑形一样。

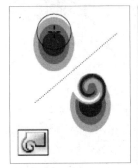

旋转扭曲工具

此工具可使对象产生卷曲变形。

收缩工具

此工具可使对象产生收缩变形。

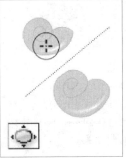

膨胀工具

此工具可使对象产生膨胀变形。

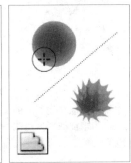

扇贝工具

类似于贝壳表面的效果。

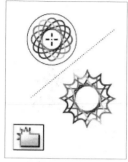

晶格化工具

此工具可在对象轮廓线上产生类似于尖锥状突起的效果。

皱褶工具

此工具可在对象轮廓线上产生褶皱的效果。

符号喷枪工具（Shift +S）

此工具能迅速快捷地产生很多符号。

符号移位器工具

通过拖动此工具，能使符号移动到鼠标拖动的位置。

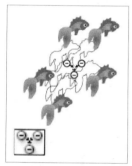

符号紧缩器工具

此工具可以改变符号之间的间隔。

符号缩放器工具

此工具可以有选择地改变符号的大小。

符号旋转器工具

此工具可以稍微改变符号的方向。

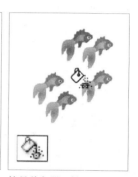

符号着色器工具

此工具可以改变符号现有的颜色。

符号滤色器工具

此工具可以令符号变得透明。

符号样式器工具

此工具可对符号应用丰富的样式效果。

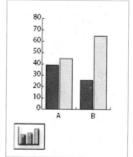

柱形图工具（J）

用此工具创建的图表可用垂直柱形来比较数值。

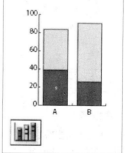

堆积柱形图工具

此工具创建的图表与柱形图类似，但是它将柱形堆积起来，而不是互相并列。这种图表类型可用于表示部分和总体的关系。

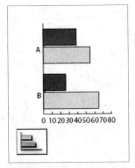

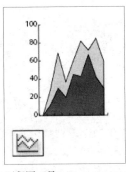

条形图工具

此工具创建的图表与柱形图类似，但是水平放置条形而不是垂直放置柱形。

堆积条形图工具

此工具创建的图表与堆积柱形图类似，但是条形是水平堆积而不是垂直堆积。

折线图工具

此工具创建的图表使用点来表示一组或多组数值，并且对每组中的点都采用不同的线段来连接。这种图表类型通常用于表示在一段时间内一个或多个主题的趋势。

面积图工具

此工具创建的图表与折线图类似，但是它强调数值的整体和变化情况。

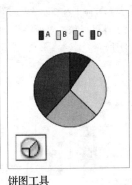

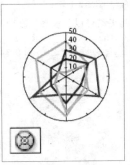

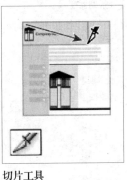

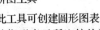

散点图工具

此工具创建的图表沿 x 轴和 y 轴将数据点作为成对的坐标组进行绘制。散点图可用于识别数据中的图案或趋势。它们还可表示变量是否相互影响。

饼图工具

此工具可创建圆形图表，它的楔形表示所比较的数值的相对比例。

雷达图工具

此工具创建的图表可在某一特定时间点或特定类别上比较数值组，并以圆形格式表示。这种图表类型也称为网状图。

切片工具

用来分割画面以输出若干用于网络发布的图片。

切片选择工具

用来选择切片以进行编辑修改。

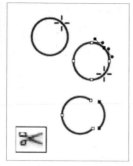

剪刀工具（C）

用来剪断路径。可将一个路径剪成两个或多个独立的路径，也可将封闭路径变成开放路径。

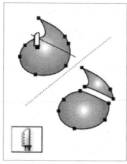

美工刀工具

可将封闭的区域裁开，使之成为两个独立的封闭区域。

抓手工具（H）

此工具用来移动画面，以观看画面的不同部分。使用工具箱内的其他工具时，按下空格键就会出现手掌工具。

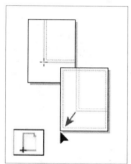

页面工具

此工具用来确定页面的范围。选择此工具，在页面上单击鼠标，单击点即为新的页面的左下角，也可以按住鼠标键拖动表示页面的虚线框，重新确定页面的范围。

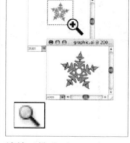

缩放工具（Z）

用来放大或缩小图形以获得局部或整体的较好观察效果。但只是视野的放大与缩小，实际的物体大小并没有改变。

1.4 关于首选项

　　Adobe Illustrator CS3 的首选项可以存储用户设定的参数。这些参数能够控制很多设定，例如工具设定和度量单位设定等。Illustrator 每次启动时都会自动查询该文件中的各项参数，继而给出符合要求的运行环境。

在 Mac OS 操作系统中，首选项设置命令位于 Illustrator 菜单中；在 Windows 操作系统中，该命令位于编辑菜单中。选择首选项命令，弹出子菜单，如图 1-4-1 所示。图中有 11 个子命令，下面将对它们逐一进行介绍。

图 1-4-1

1.4.1 常规

"常规"对话框如图 1-4-2 所示。

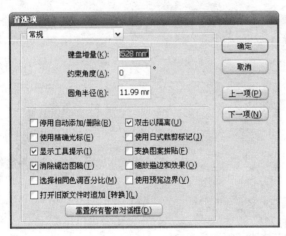

图 1-4-2

1. 键盘操作设定

· 键盘增量：用来设定键盘上箭头键移动物体的距离。在实际工作中，极小距离的移动用鼠标很难控制，所以多用键盘上的箭头键来进行精确的移动，在"键盘增量"后面的参数设置框中可设定其移动的距离。移动单位有 point（磅）、mm（毫米）以及 inch（英寸）等。

· 约束角度：用来设定页面坐标的角度，缺省值为 0，此时页面保持水平竖直状态，当输入一定角度时，如 30°，页面的坐标就倾斜 30°，画出的任何图形都将倾斜 30°。

· 圆角半径：用来设定圆角矩形的圆角半径，当用工具箱中的圆角矩形工具画矩形时，其圆角半径的大小和在此处设定的相同。

2. 常用选项的设定

· 停用自动添加 / 删除：不选择此项，使用钢笔工具时，把鼠标放在所画路径上或路径节点上时，钢笔工具就自动转换成增加节点工具或删除节点工具。选择此项，工具就不会自动转换。

· 使用精确光标：不选择该选项时，选择工具箱中的大部分工具的光标形状和该工具的图标相匹配。选择该选项，工具的光标会以精确的十字光标形式显示。

· 显示工具提示：选择此项，把鼠标放在任意一种工具上稍候，屏幕上就会出现这一工具的简短说明，说明之后还会标出此工具的快捷键。

· 消除锯齿图稿：选择此项可以消除线稿图中的锯齿。

· 选择相同色调百分比：选择此项可以选择线稿图中色彩百分比相同的物体。

· 打开旧版文件时追加 [转换]：选择该选项，可在打开 CS3 版本以前的 Illustrator 文件时，自动在文件名上追加 [转换]。

· 双击以隔离：默认该选项被选择，可以通过双击编组对象以对其进行隔离，双击编组之外的对象可解除隔离。

· 使用日式裁剪标记：选择此项可以产生日式裁剪标记。

· 变换图案拼贴：选择此项后，填有图案的图形在执行缩放、旋转及倾斜操作时，图案一起变化。

· 缩放描边和效果：选择此选项后，在缩放图形时，边线的宽度和效果随着缩放。

· 使用预览边界：若选中此选项，当物体被选择时边界框就显示出来，如果要缩放、移动或复制物体，只要拖动被选择物体周围的把柄即可。

· 重置所有警告对话框：选择此项，将 Illustrator 中的警告说明重置为其默认设置。

1.4.2　文字

"文字"对话框如图 1-4-3 所示，在该对话框中，可以根据个人的风格来设置具有个性的参数。

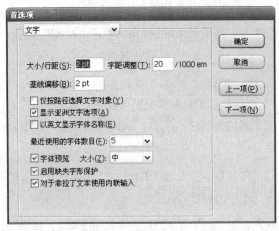

图 1-4-3

· 大小 / 行距: 用来调节文字的行距。

· 字距: 用来设定字距。

· 基线偏移: 用来设定文字基线的位置。

· 假字显示阈值: 若文字在屏幕上显示的大小低于此处设定的数值, 将以灰条出现, 以灰条出现的文字具有很快的显示速度。

· 仅按路径选择文字对象: 该选项和仅按路径选择对象选项作用相近, 若选中此选项, 在选择文本时, 只有单击文本的基线才可将文本选中, 如图 1-4-4 所示; 若不选此项, 单击文本中的任何部分都可将文本选中, 如图 1-4-5 所示。

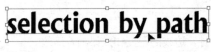

图 1-4-4

selection·by path

图 1-4-5

· 显示亚洲文字选项: 当使用中文、日文和韩文工作时, 必须选择该选项, 这时可以在字符面板中使用有关控制亚洲字符的选项, 如图 1-4-6 所示; 如果不选择该选项, 字符面板就不会显示和控制亚洲字符有关的选项, 如图 1-4-7 所示。

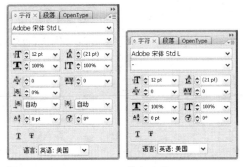

图 1-4-6　　　　　　图 1-4-7

· 以英文显示字体名称：选中此项后，字体下拉列表中的字体名称将全以英文显示，如图 1-4-8 所示；如果不选择该选项，英文以外的字体会以相应的字体显示，如图 1-4-9 所示。

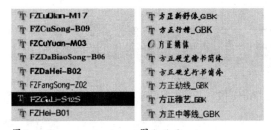

图 1-4-8　　　　　　图 1-4-9

· 最近使用的字体数目：该选项用来设定最近使用过的字体的数量，如图 1-4-10 所示。

图 1-4-10

· 字体预览：该选项决定预览字体的大小。图 1-4-11 所示为选择"小"选项时，预览文字的显示状态，图 1-4-12 所示为选择"大"选项时，预览文字的显示状态。

图 1-4-11　　　　　　图 1-4-12

1.4.3 单位和显示性能

"单位和显示性能"对话框如图 1-4-13 所示，在该对话框中可以对以下几项分别进行设置。

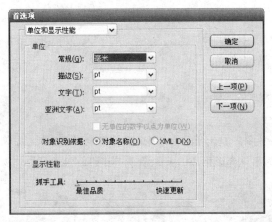

图 1-4-13

1. 单位

· 常规：后面显示的是标尺的度量单位。Adobe Illustrator 提供了 pt（磅）、派卡、英寸、毫米、厘米、Ha 和像素 7 种度量单位。

· 描边：设定描边宽度的单位。

· 文字：设定文字的度量单位。

· 亚洲文字：设定亚洲文字的度量单位。

· 对象识别依据：后面有两个选项，即"对象名称"和"XML ID"。在变量面板中，动态物体的名称和图层中该物体的名称一致，但是，当文件以模板的形式存储为 SVG 格式时，动态物体的名称必须遵从 XML 命名规则。例如，XML 名称必须以字母、下划线或者冒号开始，不能包括空格。当选择"对象名称"选项时，物体以图层中物体的名称命名，如图 1-4-14 所示，当选择"XML ID"选项时，物体自动按照 XML 名称规则命名，如图 1-4-15 所示。

图 1-4-14   图 1-4-15

2. 显示性能

·抓手工具：三角滑动钮越向左滑动，移动时的图形显示的质量越好，如图 1-4-16 所示；滑动钮越向右滑动，移动时图形显示的速度越快，但是图像显示的质量越差，如图 1-4-17 所示。

图 1-4-16   图 1-4-17

1.4.4 参考线和网格

"参考线和网格"对话框如图 1-4-18 所示。

图 1-4-18

1. 参考线

在"颜色"后面的弹出菜单中可选择参考线的颜色。使用鼠标单击后面的色块，在弹出的色盘中可选择你喜欢的颜色。在"样式"后面的弹出菜单中可设置参考线的样式是直线还是虚线。

2. 网格

在"颜色"后面的弹出菜单中可选择坐标格的颜色；或单击后面的色块，在弹出的色盘中选择你喜欢的颜色；在"样式"后面的弹出菜单中可选择坐标格的外形是用实线还是虚线表示；在"网格线间隔"后面输入相应的数值可设定每隔多少距离生成一条坐标线；"次分隔线"用来设定坐标线之间再分隔的数量；选中"网格置后"，则坐标格位于文件最后面。

1.4.5　智能参考线和切片

Adobe Illustrator CS3 提供了优秀的智能参考线功能，可以设定不同风格的参考线，智能参考线的设定对话框如图 1-4-19 所示，这使用户在编辑线稿时更方便、更快捷。

图 1-4-19

1. 显示选项

· 文本标签提示：选择此项，在操纵光标时，显示目前光标对齐方式的信息。

· 结构参考线：选择此项后，在使用智能参考线时，页面窗口中会用直线作为参考线帮助用户确定位置。

· 变换工具：选择此项后，可以在缩放、旋转以及镜像物体时，得到相对于操作的基准点的参考信息。

· 对象突出显示：若选择此项，在光标围绕物体拖动时，可高亮度显示光标下的物体。

2. 角度

选择其中的一组角度或输入角度值，可使参考线从临近物体的节点处设置角度。

3. 对齐容差

选择此项可使图像贴近参考线的距离小于设置值时，自动靠近参考线。

4. 切片

· 显示切片编号：选择该选项，可显示切片的编号的顺序。

· 线条颜色：通过该选项可以选择切片线条的颜色。

1.4.6 连字

在使用西文时，经常会用到连字符，因为有的单词太长，在一行的末尾放不下，若整个单词拐到下一行，可能造成一段的文字右边参差不齐很不美观，如果使用连字符，效果就会好得多。图 1-4-20 所示为"连字"对话框。

图 1-4-20

在"默认语言"的下拉菜单中选择使用的语言，然后在"新建项"一栏中输入要加连字符或不加连字符的单词，单击"确定"按钮，在上面的框中就会出现所输入的单词。在整篇文章中，当遇到此单词时，就会按照在此设定的情况来加或不加连字符。

若要取消某单词的设定，选中此单词后单击"删除"按钮即可。

1.4.7 增效工具和暂存盘

一般情况下，软件安装后会自动定义好相应的"增效工具"文件夹，但有的时候，可能会因误操作将"增效工具"文件夹丢失；或要选择另外的增效工具文件夹，此时可在"增效工具和暂存盘"对话框中设置，如图 1-4-21 所示，选择"其他增效工具文件夹"选项，然后单击"选取"按钮。当重新启动 Illustrator 后，上次选择的"增效工具"中的功能就会在"滤镜"菜单中出现。

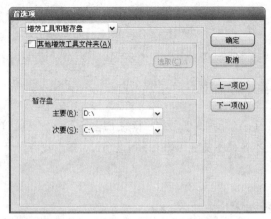

图 1-4-21

Illustrator 暂存盘的设置和 Photoshop 设定相同，目的是为了使软件有足够的空间去运行和处理文件。如果计算机硬盘中有多个盘符，可在此处设定"主要"和"次要"可用空间较大盘符作为暂存盘。

1.4.8　文件处理和剪贴板

在 Illustrator 当中打开和处理外部文件以及临时存放一些数据时，通过"文件处理和剪贴板"对话框可以得到多种控制方法，如图 1-4-22 所示。下面详细介绍对话框中的各选项。

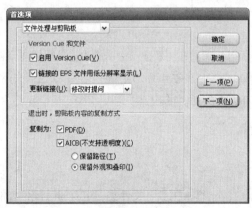

图 1-4-22

1. Version Cue 和文件

当 Illustrator 设计师独自工作或者与他人合作工作时，Adobe Version Cue3 具有革命性地提高工作效率的功能。Version Cue3 可以将设计管理整合到现存的工作流程中，它可以横跨 Adobe

Creative Suite 所有的程序，包括 Adobe GoLive CS3、Adobe Illustrator CS3、Adobe InDesign CS3 和 Adobe Photoshop CS3 等。

选择"启用 Version Cue"选项，可以访问 Version Cue 工作区，可以将文件保存使用 Version Cue 进行管理。

选择"链接的 EPS 文件用低分辨率显示"选项，链接的 EPS 文件会以较低的分辨率显示。

"更新链接"包括 3 个选项，"自动"指当打开的位图图像被外部程序更改时，Illustrator 程序中的位图图像也会得到自动更新；"手动"指利用链接面板中的"更新链接"按钮更新图像，如果图像有变化就会立即更新；"修改时提问"指当打开的位图图像被外部程序更新时，会出现图像变更信息的警告对话框，单击对话框中的"是"按钮，改变的位图图像就会得到更新。

2. 退出时，剪贴板内容的复制方式

"复制为"中的选项可以决定剪贴板中内容的格式。"PDF"是指剪贴板中内容的格式为 PDF，"AICB(不支持透明度)"是指剪贴板中内容的格式为 AICB。在 AICB 格式中还包括两个选项：保留路径和保留外观和叠印。

1.4.9 黑色外观

在 Illustrator 和 InDesign 中，在进行屏幕查看、打印到非 Postscript 桌面打印机或者导出为 RGB 文件格式时，纯 CMYK 黑（K =100）将显示为墨黑（复色黑）。如果想查看商业印刷商打印出来的纯黑和复色黑的差异，可以更改"黑色外观"首选项，如图 1-4-23 所示。

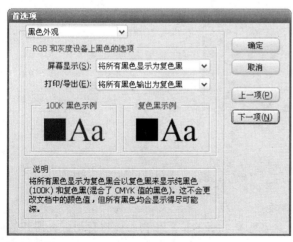

图 1-4-23

1. 屏幕显示

·精确显示所有黑色：将纯 CMYK 黑显示为深灰。此设置允许您查看纯黑和复色黑之间的差异。

·将所有黑色显示为复色黑：将纯 CMYK 黑显示为墨黑（RGB=000）。此设置确保纯黑和复色黑在屏幕上的显示一样。

2. 打印／导出

·精确输出所有黑色：如果打印到非 Postscript 桌面打印机或者导出为 RGB 文件格式，则使用文档中的颜色值输出纯 CMYK 黑。此设置允许您查看纯黑和复色黑之间的差异。

·将所有黑色输出为复色黑：如果打印到非 Postscript 桌面打印机打印或者导出为 RGB 文件格式，则以墨黑（RGB=000）输出纯 CMYK 黑。此设置确保纯黑和复色黑的显示相同。

1.4.10 用户界面

图 1-4-24 所示为用户界面。

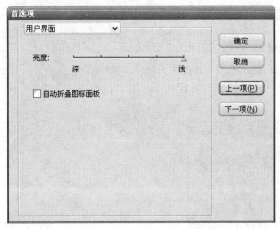

图 1-4-24

1. 亮度

·移动"亮度"滑块可以影响所有面板的颜色深浅，其中包括"控制"面板。

2. 自动折叠图标面板

·如果选择"自动折叠图标面板"，在远离面板的位置单击时，将自动折叠展开的面板图标。

1.4.11　选择和锚点显示

图 1-4-25 所示为"选择和锚点显示"界面。

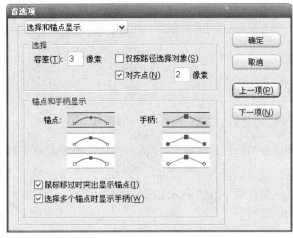

图 1-4-25

容差　指定用于选择锚点的像素范围。较大的值会增加锚点周围区域（可通过单击将其选定）的宽度。

仅按路径选择对象　指定是否可以通过单击对象中的任意位置来选择填充对象，或者是否必须单击路径。

对齐点　将对象对齐到锚点和参考线。指定在对齐时对象与锚点或参考线之间的距离。

1.5　关于页面显示

1.5.1　如何观看文件

可以使用放大镜工具对文件的一部分进行缩放显示，也可以使用视图菜单下的放大、缩小、适合窗口大小和实际大小命令对文件进行缩放。

对文件进行放大之后，怎样才能方便快捷地查看页面的各个部分呢？ Adobe Illustrator CS3 提供了一个查看工具和一个面板，即工具箱中的抓手工具（✋）和导航器面板，如图 1-5-1 所示。

ADOBE ILLUSTRATOR CS3
标准培训教材

图 1-5-1

使用抓手工具在页面内拖动鼠标就可以看到想看的部分。

使用导航器面板也可以方便地进行文件的缩放，在浏览器的左下角有百分比数字，可直接输入百分比，按键盘上的回车键后，文件就会按输入的百分比显示大小，同时在导航器活动窗口中会有相应的预视图；可以用鼠标拖动浏览器下方的小三角来改变缩放比例；滑动栏的两边各有一个山形三角，用鼠标单击左边的图标可使文件缩小显示，单击右边的图标则使文件放大显示。

在导航器面板中可以看到一个方框，被称为观察框，可用鼠标拖动观察框将其移到文件的任意部位进行观察。

导航器面板右边有一个黑色小三角，用鼠标单击此三角会弹出如图 1-5-2 所示的菜单。

图 1-5-2

"仅查看画板／裁剪区域"选项表示仅查看页面。不选此项时，表示在 Illustrator 视窗内显示所有线条稿,选择此项时，表示仅在页面区域内显示。用鼠标单击"面板选项"，弹出"面板选项"对话框，如图 1-5-3 所示，在此对话框中可以改变观察框的颜色。

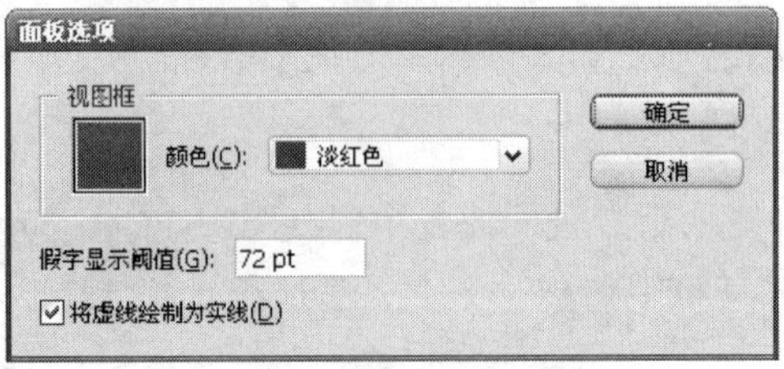

图 1-5-3

1.5.2 文件显示状态

在视图菜单中的第一个命令是预览或轮廓，它们决定文件的显示状态。

Illustrator 内定状态为预览状态，此时可显示文件的所有信息，包括填充色、边线色、文字及置入图像信息等，如图 1-5-4 所示。

图 1-5-4

选择视图菜单中的"轮廓"命令，此时文件只显示物体轮廓线，没有颜色显示。在此种状态下工作，屏幕刷新时间短，可节约时间，如图 1-5-5 所示。

图 1-5-5

当目前显示状态是轮廓时，视图菜单中的第一项命令就是"预览"，选择此命令就可以改变为预览状态。

在视图菜单的最下面是"新建视图"和"编辑视图"命令，这些命令可用于定义不同的视图范围以方便随时观看，这些自定的视图会随着文件一起存储。

如果图的某一部分需要经常更改、查看，只要将这一部分在窗口中以适当比例放大显示后，选择"视图 > 新建视图"命令，在弹出的"新建视图"对话框中输入名字后单击"确定"按钮，如图 1-5-6 所示，这一部分的放大显示状态就被存储下来，如图 1-5-7 所示。任何时候，如果想查看这一部分的内容，只要打开视图菜单下的视图名称，这一部分就被放大显示出来以供查看。

图 1-5-6   图 1-5-7

Illustrator 提供了定义多个视图的功能。用户可以为一个文件定义几个视图以方便观看。如果想改变视图的名字或将视图删除，选择"视图 > 编辑视图"命令，在弹出的"编辑视图"对话框选中某视图的名称，可以在"名称"后的文本输入框中输入新的名字代替视图原来的名字，单击"删除"按钮就可将其删除，如图 1-5-8 所示。

图 1-5-8

1.6　关于标尺和参考线

通过使用标尺和参考线，可以帮助用户更精确地放置对象，如图 1-6-1 所示，在 Illustrator 中可以建立常规的标尺参考线，也可以通过路径创建自定义的标尺参考线。

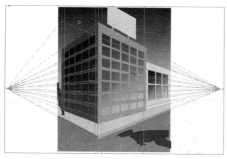

图 1-6-1

1.6.1 建立标尺参考线

首先确定标尺处于显示状态，如果没有显示，可选择"视图 > 显示标尺"命令。

在 Illustrator CS 以前的一些版本中，标尺的原点在图像的右下角，但是到了 Illustrator CS，打印对话框设置部分的拼贴选项决定了原点的位置，如图 1-6-2 所示，例如，选择"单全页"，原点将位于左下角。如果手动改变标尺的原点位置，可将鼠标放置在垂直标尺和水平标尺的交汇点，拖动出十字线至合适的位置，松开鼠标，拖至的位置就是标尺的原点，如图 1-6-3 所示。

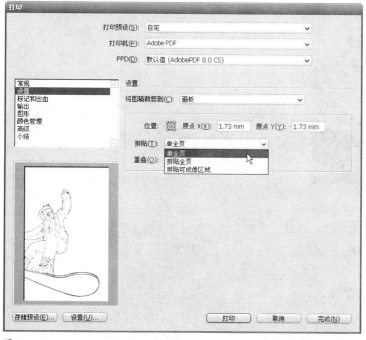

图 1-6-2

图 1-6-3

参考线的建立很简单，只需将光标放到水平或垂直标尺上，按下鼠标，并从标尺上拖出参考线到图像上，如图 1-6-4 所示。如果当前文件的上边和左边没有显示标尺，可以选择"视图 > 显示标尺"命令调出标尺。参考线的颜色可在"首选项 > 参考线和网格"中设定改变。

图 1-6-4

如果拖出的参考线是水平的，而最终想建立的参考线是垂直的，可直接按住 Option（Mac OS）/Alt（Windows）键将当前的参考线旋转 90°，反之亦然。

1.6.2 建立自定义参考线

自定义参考线可通过路径建立。直接选中要作为参考线的路径，选择"视图 > 参考线 > 建立参考线"命令，就可以将所选中的路径转化为参考线。如图 1-6-5 所示，图中所有的透视线都是由直线工具绘制的直线转化而成的。

图 1-6-5

1.6.3　释放参考线

释放参考线就是将已经制作成参考线的路径恢复到原来的路径状态，或者将标尺参考线转化为路径，选择"视图 > 参考线 > 释放参考线"命令即可。注意，在释放参考线以前，要确定参考线没有被锁定。

释放标尺参考线后，参考线变成边线色为无色的路径，可以任意改变它的边线色。

1.6.4　为参考线解锁

在缺省状态下，文件中所有的参考线都是被锁定的，锁定的参考线不能被移动，此时在"视图 > 参考线"命令中的"锁定参考线"命令前边有对勾表示当前参考线是锁定状态。如果需要重新定位参考线，选择"视图 > 参考线 > 锁定参考线"命令，对钩消失，表示参考线解除锁定。重新选择此命令可将参考线锁定。

1.6.5　使用网格

网格对于图像的放置和排版非常有用，图 1-6-6 中所示的 DVD 标签，可依据网格快速而准确地制作出来。网格的颜色和间距设定可在"首选项 > 参考线和网格"对话框中改变。选择视图菜单中的"显示网格"或"隐藏网格"命令，即可显示和隐藏网格。

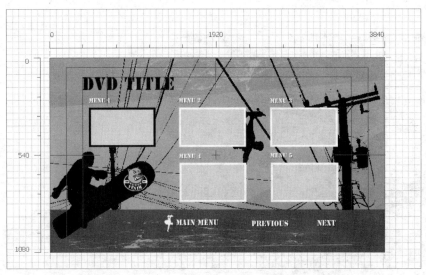

图 1-6-6

将视图菜单下的"对齐网格"前的"√"呈显示状态,在建立、移动物体或者物体变形的过程中,光标靠近网格的主线或子线时,光标就会自动依附上去,甚至在网格不显示时,此选项依然有效。

1.6.6 智能辅助线

智能辅助线可以暂时吸附到参考线上,以帮助建立、排列、编辑和转换与其他物体有关的物体。在旋转、缩放以及倾斜时,可以使用智能辅助线,如图1-6-7所示,开启智能辅助线功能,那么在旋转时,智能辅助线会显示"扫过"物体的一些属性,或者是旋转的角度。

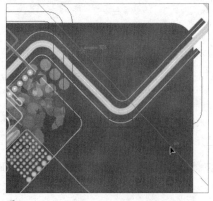

图 1-6-7

当建立、移动和转换物体时,应按照以下准则使用智能辅助线。

· 当用钢笔工具或者基本图形绘制工具创建一个物体时，使用智能辅助线可以令新创建的物体的锚点相对于已经存在的物体确定一个准确的位置。

· 当移动物体时，使用智能辅助线，可以将移动的鼠标对准已经存在的路径和已经建立的参考线。对准的基点是鼠标的位置，而不是物体的边缘，所以要确定鼠标单击点的位置一定要准确。

· 当智能辅助线的首选项中的"变换工具"选项被选中，转换一个物体时，智能辅助线自动显示以帮助转换顺利进行。

1.7　色彩的基础知识

颜色模式是用数字描述颜色的方式 。使用颜色工具之前，首先需要了解颜色的基本理论知识。

1.7.1　关于颜色模型和颜色模式

无论屏幕颜色还是印刷颜色，都是模拟自然界的颜色，差别仅在于模拟的方式不同。模拟色的颜色范围远小于自然界的颜色范围。但是，同样作为模拟色，由于表现颜色的方式不同，印刷颜色的颜色范围又小于屏幕颜色的颜色范围。所以屏幕颜色与印刷颜色并不匹配。

Adobe Illustrator CS3 中使用 5 种颜色模型：灰度、RGB（红、绿、蓝）、HSB（色相、饱和度、亮度）、CMYK（青、品红、黄、黑）和 Web 安全 RGB。

灰度指的是使用黑色的色彩来代表一个物体，如图 1-7-1 所示。所有的灰度对象的亮度值都是在 0%（白色）～ 100%（黑色）范围内。

图 1-7-1

RGB 颜色模型利用的是加色原理，如图 1-7-2 所示。红（Red）、绿（Green）和蓝（Blue）用从 0 ～ 255 的整数来表示，最强的红、绿、蓝三色光叠加得到白光，红、绿、蓝三色光的数值若都为 0，叠加就得到黑色，如图 1-7-3 所示。

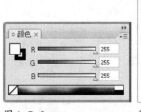

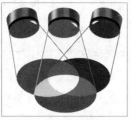

图 1-7-2 图 1-7-3

在 HSB 颜色模型中,用色相(Hue)、饱和度(Saturation)和亮度(Bright)3 个特征来描述颜色,如图 1-7-4 和图 1-7-5 所示。

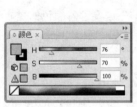

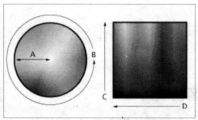

图 1-7-4 图 1-7-5 A. 饱和度 B. 色相 C. 亮度

色相就是通常所说的颜色名字,如红、黄、绿等,它是由物体反射或者发出的颜色,表示在标准色相环中的位置,用 0°～360° 来表示。饱和度是指颜色的纯度,表示色相比例中灰色的数量,用从 0%(灰色)～100%(完全饱和)的百分数来表示。亮度是指颜色的相对明暗度,通常用从 0%(黑)～100%(白)的百分数来表示。此种颜色模型更接近于传统绘画时混合颜色的方式。

CMYK 即青(Cyan)、品红(Magenta)、黄(Yellow)和黑(Black)(见图 1-7-6),如图 1-7-7 所示,CMYK 颜色模型利用的是减色原理。在这种模型中,物体最终呈现出的颜色取决于白光照射到物体上后反射回来的部分。

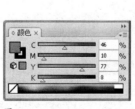

图 1-7-6 图 1-7-7

在 CMYK 模型基础上产生的 CMYK 颜色模式是基于印刷在纸张上的油墨吸收光的多少。理论上讲，CMY 油墨组合起来能吸收所有的光产生黑色，但是所有的油墨纯度都达不到理论要求，这 3 种油墨混合之后并不能吸收所有光，实际上产生的是一种棕色，所以必须有黑墨的存在。如果出版物最终要通过印刷获得成品，那么设置颜色时最好选用这种颜色模式，以使屏幕色和印刷品的颜色尽量接近。

在印刷当中，专色（Spot Color）和印刷色（Process Color）是经常用到的两个概念。

专色是颜料生产商预先制作出油墨颜色，然后由印刷厂商调配油墨，当然调配并不是随意的，而是由印刷业使用一个标准的颜色匹配系统配置。用户可以根据自己的需要指定颜色并印刷。和 CMYK 方式相比，这种方式的印刷质量较好，国内外一些著名厂商的商标一般都是由专色来表达的。有的时候由于印刷色所能表现的颜色范围有限，创意所需的颜色无法表现出来，如荧黄色、烫银等，此时，就需要专色来完成。一般来说，使用专色墨的区域将不再印刷 CMYK 四色墨。

1.7.2 颜色工具

在 Illustrator CS 中有调色板、拾色器和取色板，用来进行颜色的定义、命名、编辑和管理等。本节重点介绍颜色面板和色板面板。

1. 颜色面板

颜色面板通常简称为调色板，如图 1-7-8 所示，可以设定填充色和边线色。单击窗口右上角的黑色小三角后，出现弹出菜单。

"隐藏选项"命令可以隐藏调色框，而只显示光谱色条部分，如图 1-7-9 所示。

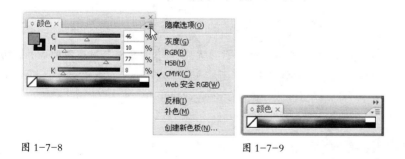

图 1-7-8　　　　　　　　　　　　图 1-7-9

灰度、RGB、HSB、CMYK 以及 Web 安全 RGB，分别表示 5 种不同的颜色模型，前 4 种在前面已经有详细的介绍。Web 安全 RGB 模型可以提供在网页中安全使用的 RGB 颜色，当移动 R、G、B 三个三角形滑钮时，数值的变化不是平滑的，而是跳跃性的，如图 1-7-10 所示。

当选择不同的颜色模型时，颜色滑动条部分出现不同的内容状态。

在使用 HSB 或 RGB 颜色时，有时会在调色板中出现一个中间有感叹号的黄色三角形，如图 1-7-11 所示。表示这种颜色在可印刷的 CMYK 范围之外，这种现象通常被称为溢色。三角形边上的方块内将出现最接近的 CMYK 相当色。使用鼠标单击方块内的颜色就可以用它来替换溢色。

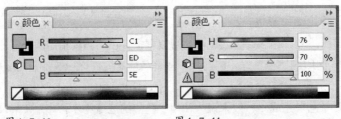

图 1-7-10   图 1-7-11

填充色块及边线框的颜色用于显示当前填充色和边线色，单击填充色块或边线框，可以切换当前编辑颜色，若填充色块置前则可对填充色进行编辑，如图 1-7-12 所示，反之若边线框置前则可对边线色进行编辑，如图 1-7-13 所示。拖动滑动条上的小三角或者在滑动条后面的输入框内输入数字，填充色或者边线色会随之发生变化。

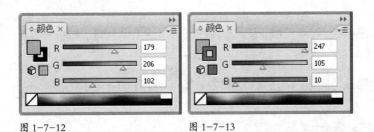

图 1-7-12   图 1-7-13

当把鼠标移至色谱条上时，鼠标就变成了一个吸管形状，这时按住鼠标并且在色谱条上移动，滑动块和输入框内的数字会随之变化，如图 1-7-14 所示，同时填充色或者边线色也会不断变化。选择好某一颜色后，松开鼠标，即可将其设定为当前填充色或边线色。

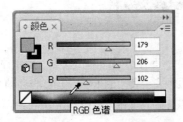

图 1-7-14

用鼠标单击图 1-7-15 所示的无色框（见图中光标手所指），面板变成如图 1-7-16 所示状态，即将当前填充色（或边框色）改为无色；若再单击图 1-7-17 中所示光标手处的颜色框，当前填充色（或边框色）恢复为原来的颜色。

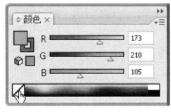
图 1-7-15

图 1-7-16

图 1-7-17

在颜色面板右上角的弹出菜单中，"反相"表示用当前色的相反色代替当前色，"补色"表示用当前色的补色代替当前色。

2. 色板面板

色板面板习惯简称为色板，如图 1-7-18 所示，其中包含了印刷四色、专色、渐变色、图案和颜色组。

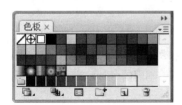
图 1-7-18

按下按钮可显示色板库扩展菜单，按下按钮可显示色板类型菜单，按下按钮可显示色板选项对话框，按钮用于新建一个颜色组，按钮用于新建和复制色板，按钮用于删除选择的色板。

3. 关于色板面板命令

单击色板面板右上角的黑色小三角，弹出如图 1-7-19 所示的菜单。

图 1-7-19

"合并色板"命令可以将多个选择的色标合并为一个色标,使用 Shift 键或者 Commmand(Mac OS)/Ctrl(Windows)键可以一次选择多个色标。选择一个色标以后,按住 Shift 键,然后再选择另外一个不临近的色标,这两个色标之间的全部色标都将被选中,按住 Commmand(Mac OS)/Ctrl(Windows)键则可以选择多个不相连的色标。

如图 1-7-20 所示,同时选择 4 个色标,然后选择"合并色板"命令,4 个色标被合并为一个色标,如图 1-7-21 所示,保留下来的色标是最先选择的色标。

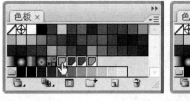 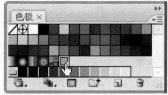

图 1-7-20   图 1-7-21

当将某一个图形从一个文件复制到另一个文件中时,取色板中包含的所有信息同时被添加到目的文件中。这时如果两个文件的取色板中有相同名称但颜色值不同的色标时,将出现一个警告对话框,说明使用该命令则可合并取色板中的颜色。

·选择所有未使用的色板:使用该命令可以选中所有没有被应用的色标,使用删除命令就可以一次性地将这些没有被应用的色标删除。

·按名称排列、按类型排列命令分别表示将取色板中色标按照名称排列、将取色板中的色标按照类型排列。显示查找栏位则表示利用该命令可以在色板上显示利用名称查找色标的查找栏。只要在查找栏中输入色标的名称,相应的色标就会被选中。

· 缩览图视图和列表视图等 5 项命令表示颜色的显示方式，下面分别是按小缩览图显示、大缩览图显示和小列表显示，如图 1-7-22 至图 1-7-24 所示。当前的显示方式前的"√"呈显示状态。

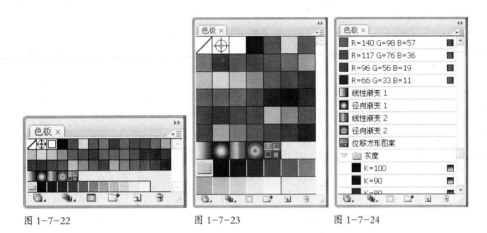

图 1-7-22　　　　　　　图 1-7-23　　　　　　　图 1-7-24

· 色板选项：在此选项的弹出对话框中可对色板名称、颜色类型和颜色模式进行编辑，如图 1-7-25 所示。

双击一个颜色或者选择颜色后再选择色板面板右上角弹出菜单中的"色板选项"命令，可以进入如图 1-7-25 所示的"色板选项"对话框。在此对话框中，可以在"色板名称"处编辑颜色名称。

在颜色类型后面的弹出菜单中有印刷色与专色类型供选择。

"全局色"按钮是在编辑颜色时，文件中自动更新的颜色，如果修改该颜色的话，所有使用该颜色的物体都将自动改变，如图 1-7-26 所示。全局色并不是专色，但专色包含全局色，任何颜色模型定义的颜色都可以转化为全局色。

图 1-7-25　　　　　　　图 1-7-26

在"颜色模式"后面的弹出菜单中，可以选择不同的颜色模式。

选中"预览"按钮，如果先选中一个图形，然后改变颜色，那么图形的填充色或者边线色也会随着颜色滑动块的移动而改变为当前编辑色。

4. 色板显示状态

在色板中可以看到不同的颜色标记。当色板按照名称排列的时候，可看到采用不同颜色模型定义的颜色，在最右边一栏中会有不同的图标表示。图 1-7-27 所示的色板都为 RGB 颜色模式，图 1-7-28 所示的色板都为 CMYK 颜色模式。

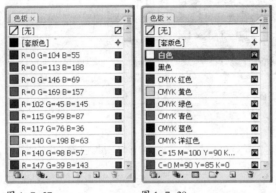

图 1-7-27　　　　　图 1-7-28

图 1-7-27 中所示的第一个颜色名称为 [无色]，它不能被删除。[套版色] 是青、品、黄和黑四色都为 100% 的一种颜色。印刷当中经常会遇到四色套版的问题，套版线使用套版色就会使套版问题变得简单。套版色不能被编辑，也不能被删除。

另外，取色板中的 ◢ 表示无色，✛ 表示套版色，▧ 表示 CMYK 颜色，▮ 表示 RGB 颜色，◉ 表示专色。

5. 颜色的处理

创建和删除颜色

在 Color 面板中定义好颜色后，使用鼠标把它拖动到色板面板中，如图 1-7-29 所示，在色板面板中就会增加一个新的颜色，如图 1-7-30 所示。

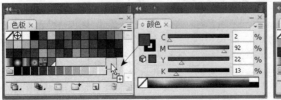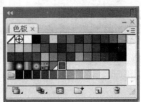

图 1-7-29　　　　　　　　　　　图 1-7-30

选择色板面板菜单中的"新建色板"命令，弹出"新建色板"对话框，在这个对话框中同样可以定义新的颜色。也可以在按住 Option（Mac OS）/Alt（Windows）键的同时，单击色板面板底部的新建色标按钮，同样在打开的"新建色板"对话框中可以定义新的颜色。

删除颜色时，使用鼠标选中要删除的颜色，然后把它拖到色板面板中的垃圾箱图标上。

颜色的淡处理

如果给某一个物体填充的颜色感觉稍深，可以定义一个全局色，然后使用色板面板中的设置对其进行淡化处理。

在色板面板中选中定义好的颜色，如图 1-7-31 所示，打开颜色面板，这时就会看到如图 1-7-32 所示的颜色滑动条，改变这个滑动条上的数值就可以得到稍浅的颜色，如图 1-7-33 所示。

图 1-7-31　　　　　　　图 1-7-32　　　　　　　图 1-7-33

如果要对这个颜色进行保存，选择色板面板弹出菜单中的"新建颜色"命令，新建的这个颜色名字就是原来的颜色名字加上淡化的百分比。

从 Illustrator 颜色库中选择颜色

Illustrator 为使用者提供了很多颜色库，例如 PANTONE、TRUMATCH、TOYO 和 FOCOLTONE 等。这些颜色库文件均存在于 Illustrator 的色板库文件夹中。

选择"窗口 > 色板库"菜单命令，SSS 在弹出的子菜单中可选择需要的颜色库。其中，DIC 颜色提供了 DIC Process Color Note 中的 1280 种 CMYK 颜色。FOCOLTONE 由 763 种 CMYK 颜色组成，可以使用这种颜色来有效防止打样的陷印和拼版问题。PANTONE 色：每种 PANTONE 颜色都有特定的 CMYK 等值颜色。System（Macintosh）颜色是基于 RGB 颜色的平均分布的 256 种颜色。TOYO 颜色基于日本使用的最普通的打印油墨，由 1000 多种颜色组成。TRUMATCH 颜色覆盖了相等阶数 CMYK 范围中的可见光谱。

选择的颜色库将以一个新的面板出现，面板名称为该颜色库的名称，面板中所有颜色显示为带标记的颜色色标。如图 1-7-34 所示，点击面板左下方的文件夹图标，可以展开如图 1-7-35 所示的颜色库列表，单击左右小三角，可以在当前选择颜色库的前一个或后一个进行选择；在面板右下角有 标记，它表示此色系无法更改。这些颜色可以被拖放到颜色面板中。

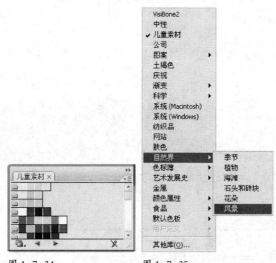

图 1-7-34   图 1-7-35

学习要点

- 了解使用铅笔和钢笔工具绘制路径的相关设定和操作过程
- 掌握使用各种工具绘制物体的相关设定和操作过程，包括矩形、多边形、星形、螺旋形和椭圆工具
- 掌握路径编辑工具的功能，包括添加锚点、转换方向线、平滑锚点、删除锚点、剪刀、刻刀和橡皮擦的使用，以及在给定的环境中决定选择何种工具进行操作
- 了解通过控制面板快速编辑路径的方法
- 了解如何通过路径查找器创建复合形状
- 了解复合路径的建立与释放
- 了解实时描摹的使用方法
- 了解如何使用符号面板和符号工具创建风格化符号
- 了解 Illustrator CS3 增强的符号编辑功能以及与 Flash 的交互使用

2.1　关于路径

Illustrator 中所有的矢量图都是由路径构成的。绘制矢量图就意味着路径的建立和编辑，因此了解路径的概念以及熟练掌握路径的绘制、编辑技巧对快速、准确绘制矢量图至关重要。

2.1.1　路径的基本概念

在图形软件中，绘制图形是最基本的操作，Adobe Illustrator 提供了多种绘图方式，有绘制自由图形的工具，如铅笔工具、画笔工具和钢笔工具等；还有绘制基本图形的工具，如矩形工具、椭圆工具和星形工具等。

在绘图时一定会碰到"路径"这个概念，路径是使用绘图工具创建的任意形状的曲线，用它可勾勒出物体的轮廓，如图 2-1-1 所示，所以也称之为轮廓线。为了满足绘图的需要，路径又分为开放路径和封闭路径。开放路径即路径的起点与终点不重合，如图 2-1-2 所示；封闭路径是一

条连续的、没有起点或终点的路径，如图 2-1-3 所示。

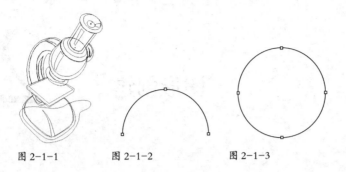

图 2-1-1　　　　　图 2-1-2　　　　　图 2-1-3

一条路径由若干条线段组成，其中可能包含直线和各种曲线线段，如图 2-1-4 所示。为了更好地绘制和修改路径，每个线段的两端均有锚点可将其固定，通过移动锚点，可以修改线段的位置和改变路径的形状。

图 2-1-4

对于封闭路径（如圆形）而言是没有起始点的，对于开放路径（如波浪形）来说，路径两端的锚点被称为"端点"，如图 2-1-5 所示。

端点　　　　端点
图 2-1-5

锚点是组成路径的基本元素，锚点和锚点之间会以一条线段连接，该线段被称为路径片段，在用钢笔工具绘制路径的过程中，每按下鼠标一次，就会创建一个锚点。图 2-1-6 显示了路径上的各个要素。

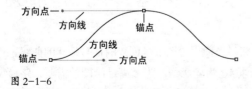

方向点——·
　　方向线
　　　　　　　　锚点
　　　　　方向线
锚点——　　·——方向点
图 2-1-6

依据路径片段的不同，可以将锚点分为以下 5 种类型。

· 直线锚点：直线锚点连接形成直线段，直线锚点没有方向线。单击鼠标，就可以在图像上创建直线锚点，如图 2-1-7 所示。

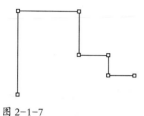

图 2-1-7

· 对称曲线锚点：创建锚点时，如果按住鼠标拖动，该锚点就会产生两个长度一样且方向相反的方向线，这种锚点被称为对称曲线锚点。具有方向线的锚点可以形成曲线，方向线的长短和角度决定了曲线的长度和曲率。通常情况下，方向线越长，曲线越长，方向线的角度越大，曲线的曲率越大，如图 2-1-8 所示。

图 2-1-8

· 平滑曲线锚点：平滑曲线锚点和对称曲线锚点创建的方法相同。所不同的是，平滑曲线锚点的两个方向线长度不一样。选择直接选择工具，将鼠标光标放在方向线的方向点上，按住鼠标拖动就可以改变方向线的长度，如图 2-1-9 所示。

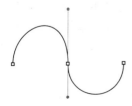

图 2-1-9

· 转角锚点：和对称曲线锚点创建的方法相同。所不同的是，转角锚点的两个方向线的角度不等于 180°。对称曲线锚点创建后，按住 Option（Mac OS）/Alt（Windows）键，钢笔工具暂时转变成转换点工具，将其鼠标光标放在方向线的方向点上，按住鼠标拖动就可以改变两个方向线之间的角度。用转角锚点可以形成任何角度和曲率的曲线，如图 2-1-10 所示。

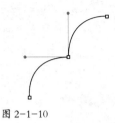

图 2-1-10

· 半曲线锚点：和对称曲线锚点创建的方法相同。所不同的是，半曲线锚点只有一个方向线。对称曲线锚点创建后，按住 Option（Mac OS）/Alt（Windows）键的同时，单击该锚点，这样即可将一端的方向线去掉。转角锚点可以将曲线和直线连接起来，如图 2-1-11 所示。

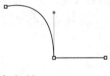

图 2-1-11

Illustrator CS3 中把锚点在尖角和平滑之间的转换还可以直接选择某一锚点后，选择控制栏上相应的转换按钮即可。

2.1.2 路径的填充以及边线色的设定

在 Illustrator 中，闭合和开放的路径可被填充各种颜色，所以在讲解路径的绘制方法之前，首先要了解填充色和边线色的设定方法。

在 Illustrator CS3 工具箱的下半部分，有两个可前后切换的方框（非常类似于 Photoshop 中的前景色和背景色），如图 2-1-12 所示，左上角的方框代表填充色，右下角的双线框代表边线色，用鼠标单击左下角的图标，软件就会回到内定的填充色和边线色。内定的填充色为白色，内定的边线色为黑色。

图 2-1-12

填充色和边线色的下方有 3 个小方块，分别代表单色、渐变色和无色。其中单色包括印刷色、专色和 RGB 色等。颜色可通过颜色面板进行设定，也可直接在色板面板中选取。

渐变色包括两色或更多色的渐变。当选中渐变色方块，就会弹出渐变面板，在此面板中可进行任意色的渐变。设定好的渐变可用鼠标拖到面板中存放，以方便选取。

最右边的方框中有一条红色的对角线，代表无色，也就是透明色。要注意无色和白色的区别，因为在软件中绘图时，页面通常都是白色，所以无色和白色的填充色很难区分，但如果有其他背景色，结果就不同了，白色可遮住背景色，而透明色则不能，另外也可选择"视图 > 显示透明网格"命令，来区分白色的填充色和无色，如图 2-1-13 所示，灰白格子显示的是透明区域。

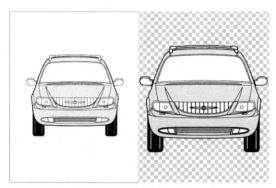

图 2-1-13

在图形的绘制过程中，为了不受填充色的干扰，可将填充色设定为无色。方法是：用鼠标单击工具箱中代表填充色的方框，使之位于边线方框的前面，然后单击工具箱中的 ▱ 方块。再用鼠标单击工具箱中代表边线色的双线框，使之置前，在色板面板中选择黑色。这样，当画路径时，得到的就是黑色无填充的路径。

另外，在绘图时也可以选择"视图 > 轮廓"命令，这样就只显示黑色轮廓线，而不会受不同填充色和边线色的影响。

在 Illustrator 中所画的路径，其包含的面积可以用各种颜色、图案或渐变的方式填满。当为闭合路径上色时，颜色直接填满其封闭区域，如图 2-1-14 所示。

图 2-1-14

开放路径也能被填满，当绘制一个开放路径图形时，电脑会自动将两端点连接起来，构成一个封闭区域，在封闭区域填色，图 2-1-15 所示的是为两种不同开放路径的填色方式。

图 2-1-15

2.2 基本绘图工具的使用

2.2.1 钢笔工具的使用

钢笔工具是 Adobe Illustrator 软件中最基本也是最重要的工具，它可绘制直线和平滑顺畅的曲线，而且可对线段提供精确的控制。

1. 钢笔工具的不同形态

使用钢笔工具绘制矢量图时，鼠标光标可以呈现出不同的变化，通过这些变化可以确定钢笔工具处于路径的何种位置。

· ——表示将要开始绘制一个新的路径。选择工具箱中的钢笔工具后，将鼠标光标移到工作页面上，此时钢笔工具右下角显示"×"符号。此时单击鼠标生成起始点后，"×"符号随即消失。

· ——表示开放路径的最后一个锚点的方向线处于可编辑状态。确定开放的路径处于选择状态后，将鼠标光标放置在最后一个锚点上，鼠标光标的形状变成 形状。

如果最后一个锚点是平滑曲线锚点，按住鼠标在锚点处拖动可以改变锚点原有方向线的方向和长短，如果在拖动的时候按住 Option（Mac OS）/Alt（Windows）键，可以改变单向方向线的方向和长短；如果最后一个锚点是直线锚点，按住鼠标拖动可令直线锚点变成半曲线锚点。

· ✎——表示可以继续绘制路径。在实际工作中，路径的绘制不可能都是一蹴而就的，当我们离开电脑再一次回到工作状态中，对没有完成的开放路径进行继续绘制时，将鼠标光标放置在端点上，鼠标光标变成 ✎ 形状，这说明接下来绘制的路径和原来已有的路径是连成一体的。当然通过这种方法，也可以将开放路径连接成一个闭合的路径。

· ✎——表示将要形成一个闭合的路径。当最后一个锚点和起始锚点重合时，开放路径将形成闭合路径，这时，钢笔工具的鼠标变成 ✎ 形状。

· ✎——表示将要连接多个独立的开放路径。当用钢笔工具连接多个独立的开放路径时，钢笔工具的鼠标变成 ✎ 形状，通过这种方法可以将多个开放路径连接成一个闭合的或者是开放的路径。

· ✎——表示在当选的路径上增加锚点。选择钢笔工具，将鼠标落在当选的路径上时，鼠标光标变成 ✎ 形状，这时单击鼠标可以在路径上增加一个锚点。

· ✎——表示在当选的路径上删除锚点。选择钢笔工具，将鼠标光标落在路径上的锚点上时，钢笔工具的鼠标变成 ✎ 形状，这时单击鼠标可以将当前的锚点删除。

2. 直线的绘制

只需通过钢笔工具单击页面创建锚点来绘制直线，步骤如下。

(1) 用鼠标选中工具箱中的钢笔工具（✎），将鼠标光标移到工作页面上，此时钢笔工具右下角显示"×"号（✎），表示将开始画一个新路径。

(2) 单击鼠标，不要拖动，此时页面上出现一个实心正方形的蓝色点，即为一条线的起点，该锚点在定义下一个锚点之前保持被选定状态（实心的）。此时钢笔工具右下角"×"号消失。

(3) 在直线第一段的结束位置再单击鼠标，则两个点便会自动连起来，成为一条直线，此时第一个锚点变成空心正方形，而第二个锚点变成实心正方形，此点成为当前被选中的锚点。

(4) 继续单击创建另外的直线段，随着光标的移动和所单击的位置，会出现一条由直线段构成的路径。最后一个锚点始终是一个实心的正方块，表示该锚点是当前被选中的锚点。

如果画线时在单击鼠标的同时按住 Shift 键，那么得到的直线可保持水平、垂直或 45° 的倍数方向。

3. 曲线的绘制

在使用钢笔工具绘制和修改曲线之前，了解与曲线上锚点相关联的两个元素是很重要的。在曲线段上，每一个被选中的锚点显示一条或两条指向方向点的方向线，如图 2-2-1 所示。方向线和方向点的位置确定了曲线段的尺寸和形状。通过移动这些元素来改变路径中曲线段的形状。通过图 2-2-1 可以清晰地知道曲线锚点的构成。方向线总是在锚点上与曲线相切。每一条方向线的斜率决定了曲线的斜率，每一条方向线的长度决定了曲线的高度或深度，如图 2-2-2 所示。

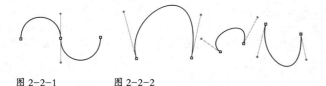

图 2-2-1   图 2-2-2

曲线的绘制包括以下 4 步。

（1）选中工具箱中的钢笔工具。

（2）将鼠标光标放在要绘制曲线的起始点。按住鼠标左键，出现第一个锚点，并且钢笔工具图标变成一个箭头。拖动箭头，向右拖动，就会出现两个方向线，此时释放鼠标左键，就画好了第一个曲线锚点，如图 2-2-3 所示。如果要使方向线的方向保持水平、45°和垂直方向，应在拖动鼠标的同时按住 Shift 键。

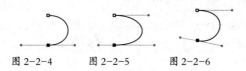

图 2-2-3

（3）将鼠标光标移到此点下边的位置，同样按住鼠标左键向左拖动（和第一个锚点拖动的方向相反），两个曲线点之间就会出现开口向左的圆弧状路径，如图 2-2-4 所示，拉长方向线或改变方向线的方向时，曲线的曲率和形状就会随之改变，如图 2-2-5 和图 2-2-6 所示。

图 2-2-4   图 2-2-5   图 2-2-6

（4）将鼠标光标继续向下移动，按住鼠标左键向右拖动，形成第二段开口向右的圆弧状路径，如图 2-2-7 所示。

图 2-2-7

这样继续下去，就可以得到一条有波浪形弧度的路径。

路径绘制完毕后，需要终止当前所绘路径。可以选择下面 5 种方法中的任意一种完成路径的绘制。

· 通过将当前路径封闭来终止路径。把钢笔工具放在第一个锚点上，此时在钢笔尖的右下角出现一个小的圆环（◌）。单击鼠标左键使路径封闭。

· 将鼠标光标移到工具箱中，单击钢笔工具，就可终止当前路径。

· 按住键盘上的 Option（Mac OS）/Alt（Windows）键，使工具暂时变成选择工具，然后在路径以外的任意处单击鼠标，取消路径的选择状态，也就终止了当前路径。

· 执行"选择 > 取消选择"命令。

· 选择工具箱中的其他工具。

2.2.2 铅笔工具的使用

铅笔工具可以绘制和编辑任意形状的路径，它是绘图时经常用到的一种既方便又快捷的工具。

1. 铅笔工具的参数设置

在使用铅笔工具绘制路径时，锚点的位置是不能预先被设定的，但可以在绘制完成后进行调整。锚点的数量是由路径的长度和复杂性以及"铅笔工具预置"对话框中的设定来决定的。

双击工具箱中的铅笔工具（✐），弹出如图 2-2-8 所示的"铅笔工具首选项"对话框。

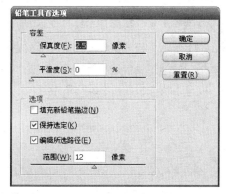

图 2-2-8

在此对话框中设置的数值可以控制铅笔工具所画曲线的精确度与平滑度。"保真度"值越大，所画曲线上的锚点越少；值越小，所画曲线上的锚点越多，如图 2-2-9 所示。"平滑度"值越大，所画曲线与铅笔移动的方向差别越大；值越小，所画曲线与铅笔移动的方向差别越小，如图 2-2-10 所示。

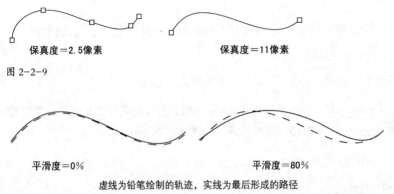

图 2-2-9

平滑度＝0%　　　　　　　　　平滑度＝80%

虚线为铅笔绘制的轨迹，实线为最后形成的路径

图 2-2-10

在如图 2-2-8 所示的对话框中，单击"重置"按钮，"保真度"值与"平滑度"值就回到初始值状态，软件内定的这两个数值分别为 2.5 像素和 0.5 像素。

在如图 2-2-8 所示的对话框中，如果"保持选定"选项处于选中状态，使用铅笔画完曲线后，曲线自动处于被选中状态；若此项未被选中，使用铅笔画完曲线后，曲线不在选中状态。软件默认情况下此项处于被选中状态。

2. 铅笔工具的使用方法

铅笔工具的使用方法非常简单，选择此工具后，直接在工作页面上按住鼠标拖动，就可绘制路径。此时铅笔工具右下角显示一个小的"×"符号（ ）来表示正在绘制一条任意形状的路径。

在拖动时，一条虚线跟在工具图标的后面，如图 2-2-11 所示，松开鼠标后，就会形成完整的路径。路径上有锚点，路径两端锚点常被称为端点。如果"铅笔工具首选项"对话框中的"保持选定"选项处于被选中状态，那么路径在画完时就处于被选中状态，如图 2-2-12 所示。

图 2-2-11　　　　　　　　　　　　图 2-2-12

如果要在现有的任意形状的路径上继续绘制，首先应确定路径是被选中的，然后将铅笔尖放在路径的端点上按住鼠标左键并拖动。

使用铅笔工具同样可以绘制封闭路径，首先选择铅笔工具，然后把鼠标光标放在路径开始的地方，拖动铅笔工具绘制一条路径，在拖动时，按下键盘上的 Option（Mac OS）/Alt（Windows）键。

此时铅笔工具右下角显示一个小的圆环●符号（✐）并且它的橡皮擦部分是实心的，表示正在绘制一条封闭的路径。松开鼠标左键，然后再释放 Option（Mac OS）/Alt（Windows）键，路径的起点和终点会自动连接起来成为一条闭合路径。

铅笔工具可以对已经绘制好的路径进行修改。首先选中路径，如图 2-2-13 所示，然后使用铅笔工具在路径要修改的部位画线（铅笔的起点与终点必须在原路径上），如图 2-2-14 所示，达到所要形状时松开鼠标，就会得到如图 2-2-15 所示的形状。如果铅笔的起点不在原路径上，则会画出一条新的路径。如果终点不在原路径上，则原路径被破坏，终点变为新路径的终点，达不到修改目的。

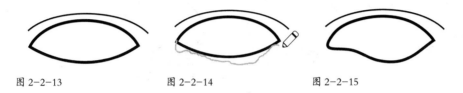

图 2-2-13　　　　　　　　图 2-2-14　　　　　　　　图 2-2-15

使用铅笔工具可以把闭合路径修改为开放路径，或者把开放路径修改为闭合路径。首先选中路径，使用铅笔工具在闭合路径上向路径外画线，松开鼠标左键后就得到了一条开放的路径；选中开放路径，将铅笔工具放在路径的一个端点上，按住鼠标左键向另一个端点画线，松开鼠标左键后这两个端点就连接在一起，成为一条闭合路径。

使用铅笔工具也可以将多个开放路径连接成一个闭合的或者是开放的路径。首先选择欲连接的两个开放路径，使用铅笔工具由其中一个开放路径的端点向另外一个开放路径的端点画线，如图 2-2-16 所示，在画线的过程中按住 Command（Mac OS）/Ctrl（Windows）键，即可将两个开放的路径形成一个开放的路径，如图 2-2-17 所示。

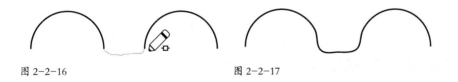

图 2-2-16　　　　　　　　　　图 2-2-17

2.2.3　平滑工具的使用

平滑工具（✐）可使路径快速平滑，它允许对一条路径的现有区段进行平滑处理，同时尽可能地保持路径的原来形状。

双击工具箱中的平滑工具，弹出如图 2-2-18 所示的对话框。在"平滑工具首选项"对话框中，可以设置平滑工具的平滑程度，"保真度"和"平滑度"的值越大，对路径原形的改变就越大；

值越小，对路径原形的改变就越小，如图 2-2-19 所示。

图 2-2-18

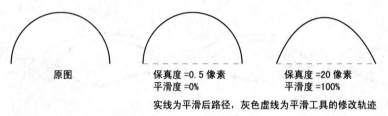

原图　　　　保真度 =0.5 像素　　　保真度 =20 像素
　　　　　　平滑度 =0%　　　　　平滑度 =100%

实线为平滑后路径，灰色虚线为平滑工具的修改轨迹

图 2-2-19

对一条路径进行平滑处理时，首先选中路径，然后在工具箱中选择平滑工具。使用平滑工具在需要平滑的路径外侧拖动鼠标左键，如图 2-2-20 所示（灰色虚线表示平滑工具的修改轨迹），释放鼠标左键后会发现路径实现了平滑效果，如图 2-2-21 所示。

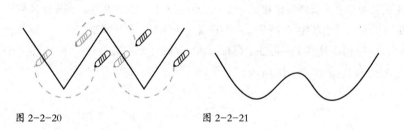

图 2-2-20　　　　　　　　　　　图 2-2-21

2.2.4　路径橡皮擦工具的使用

路径橡皮擦工具可以删除路径的一部分，是修改路径时所用的一种有效工具。

路径橡皮擦工具允许删除现有路径的任意一部分，甚至全部，包括开放路径和闭合路径。可以在路径上使用，但不能在文本或渐变网格上使用该工具。

在工具箱中选择路径橡皮擦工具（✐）（如果该工具没有在工具箱中显示，则用鼠标单击工具箱中的铅笔工具，在弹出的功能对话框中选择），然后沿着要擦除的路径拖动路径橡皮擦工具。擦除后自动在路径的末端生成一个新的锚点，并且路径处于被选中状态。图 2-2-22 所示为使用路径橡皮擦工具擦除之前与擦除之后的两段路径。

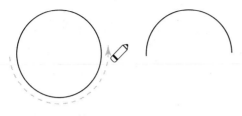

图 2-2-22

2.2.5　锚点的增加、删除与转换工具的使用

单击工具箱中的钢笔工具，会弹出一系列相关工具，如图 2-2-23 所示，分别为增加锚点工具（♠⁺）、删除锚点工具（♠⁻）和转换锚点工具（⅄）。使用这 3 个工具，可以在任何路径上增加或删除锚点或改变锚点的性质。

图 2-2-23

1．增加锚点

用增加锚点工具（♠⁺）在路径上任意位置单击就可增加一个锚点，如果是直线路径，增加的锚点就是直线点；如果是曲线路径，增加的锚点就是曲线点。增加额外的锚点可以更好地控制曲线。

如果要在路径上均匀地增加锚点，则在菜单下选择"对象 > 路径 > 添加锚点"命令，原有的两个锚点之间就增加了一个锚点。如图 2-2-24 所示，左图是增加锚点前，右图是均匀增加锚点后。

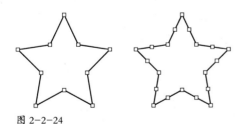

图 2-2-24

2．删除锚点

在绘制曲线时，曲线上可能包含多余的锚点，这时删除一些多余锚点可以减少路径的复杂程度，在最后输出的时候也会减少输出时间。

使用删除锚点工具在路径锚点上单击就可将锚点删除，也可以直接单击控制栏上的删除所选锚点按钮(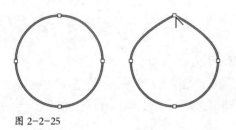)删除所选锚点,图形会自动调整形状,锚点的删除不会影响路径的开放或封闭属性。

3. 转换锚点

使用转换锚点工具（Ⲡ）在曲线锚点上单击鼠标可将曲线点变成直线点。同样使用此工具放于直线点上,按住鼠标拖动,就可将直线点拉出方向线,也就是将其转化为曲线点。锚点改变之后,曲线的形状也相应地发生了变化。图 2-2-25 所示是改变锚点属性前后曲线的变化状况图。使用此工具也可改变方向线的长度与方向。

图 2-2-25

在使用钢笔工具绘图的时候,为了节省时间,无需切换到转换锚点工具来改变锚点的属性,只需按下 Option（Mac OS）/Alt（Windows）键即可将钢笔工具直接切换到转换锚点工具。

2.2.6　路径的连接与开放

1. 开放路径的连接

连接开放路径的方法有 4 种,即前面提到的利用铅笔工具连接路径,以及下面将要讨论到的使用钢笔工具或选择"对象 > 路径 > 连接"命令及直接使用控制栏相关按钮连接路径。

使用钢笔工具连接路径

图 2-2-26 所示的是两条开放路径并未处于被选中状态。在工具箱中选择钢笔工具,将鼠标光标放至第一条路径的终点处,单击鼠标,再把鼠标光标移至第二条路径的端点处,如图 2-2-27 所示。再次单击鼠标,两条分离的路径就被连接在一起,如图 2-2-28 所示。

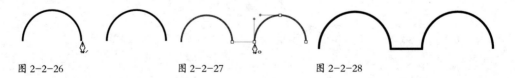

图 2-2-26　　　　　　图 2-2-27　　　　　　图 2-2-28

使用"连接"命令连接路径

首先绘制两条独立的开放路径,然后用 ⯈ 选择工具选中靠近的两个端点,如图 2-2-29 所示。执行"对象 > 路径 > 连接"命令,会自动用直线将两个选中的端点连接起来,如图 2-2-30 所示。

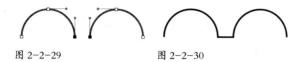

图 2-2-29　　　　　　　　图 2-2-30

如果在使用连接命令之前，选择"对象 > 路径 > 平均"命令，可以令连接的两点按照指定的轴线分布。

使用直接选择工具选择两个开放路径的端点，如图 2-2-31 所示，执行"对象 > 路径 > 平均"命令，弹出"平均"对话框，如图 2-2-32 所示。

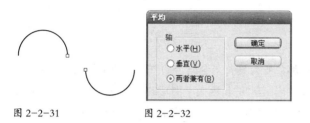

图 2-2-31　　　　　　　　图 2-2-32

如果选择"水平"选项，被选择的端点将按水平轴方向平均对齐，如图 2-2-33 所示；如果选择"垂直"选项，被选择的端点将按垂直轴方向平均对齐，如图 2-2-34 所示；如果选择"两者兼有"选项，被选择的端点将按水平轴与垂直轴方向平均对齐到一个点上，如图 2-2-35 所示。

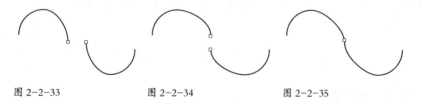

图 2-2-33　　　　　　　图 2-2-34　　　　　　　图 2-2-35

当用"平均"命令将两个端点重叠放置后，可以通过"对象 > 路径 > 连接"命令将两个端点连接起来，此时执行"连接"命令，将会弹出如图 2-2-36 所示对话框，在对话框中选择连接点的类型，选择"边角"选项，得到的锚点将保持转角锚点的特性，如图 2-2-37 所示；选择"平滑"选项，得到的锚点将变成平滑曲线锚点，如图 2-2-38 所示。

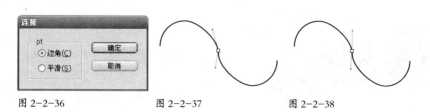

图 2-2-36　　　　　　　图 2-2-37　　　　　　　图 2-2-38

2. 断开路径

若想断开路径，可以使用剪刀工具（✂）将路径剪断。剪刀工具可剪断任意路径。

使用剪刀工具在路径任意处单击，单击处即被断开，形成两个重叠的锚点，使用直接选择工具拖动其中一个锚点，可发现路径被断开，如图 2-2-39 所示。

图 2-2-39

2.2.7 美工刀工具的使用

使用美工刀工具（✎）裁过的图形都会变为具有闭合路径的图形。使用美工刀工具在图形上拖动，拖动的轨迹就是美工刀的形状，如果拖动的长度大于图形的填充范围，那么得到两个以上闭合路径，如图 2-2-40 所示，如果拖动的长度小于图形的填充范围，那么得到的路径是一个闭合路径，与原来的路径相比，这个路径的锚点数有所增加，如图 2-2-41 所示。

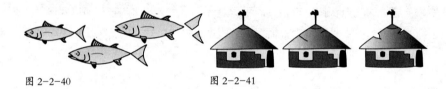

图 2-2-40   图 2-2-41

如果使用美工刀工具裁切的范围内不止一个图形，这个范围内的所有图形都被裁切。

2.2.8 橡皮擦工具的使用

使用橡皮擦工具（✐）可快速抹除图稿区域，就像在 Photoshop 中抹除像素一样容易。您需要做的全部工作就是将鼠标或光笔的光标从任何形状或形状组上方掠过，包括路径、复合路径、"实时上色"组内的路径和剪贴路径等。Illustrator 会沿着抹除的描边边缘创建新路径并将保持抹除的平滑度，如图 2-2-42 所示。

图 2-2-42

若要擦除特定对象，可以通过双击该对象将其进行隔离，如图 2-2-43 所示。

图 2-2-43

通过双击"工具"面板中的橡皮擦工具，可以更改此工具的选项，如图 2-2-44 所示。

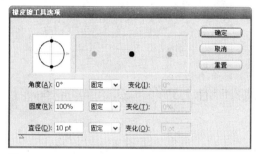

图 2-2-44

· 角度——确定此工具旋转的角度。拖移预览区中的箭头，或在"角度"文本框中输入一个值。

· 圆度——确定此工具的圆度。将预览中的黑点朝向或背离中心方向拖移，或者在"圆度"文本框中输入一个值。该值越大，圆度就越大。

· 直径——确定此工具的直径。请使用"直径"滑块，或在"直径"文本框中输入一个值。

注：可以随时更改直径，按"]"键可增加直径，按"["键可减少直径。

每个选项右侧的弹出列表可让您控制此工具的形状变化。选择以下选项之一。

· 固定——使用固定的角度、圆度或直径。

· 随机——使角度、圆度或直径随机变化。在"变量"文本框中输入一个值，来指定画笔特征的变化范围。例如，当"直径"值为 15，"变量"值为 5 时，直径可以是 10 或 20，或是其间的任意数值。

· 压力——根据绘画光笔的压力使角度、圆度或直径发生变化。此选项与"直径"选项一起使用时非常有用。仅当有图形输入板时，才能使用该选项。在"变量"文本框中输入一个值，指定画笔特性将在原始值的基础上有多大变化。例如，当"圆度"值为 75% 而"变量"值为 25% 时，最细的描边为 50%，而最粗的描边为 100%。压力越小，画笔描边越尖锐。

· 光笔轮——根据光笔轮的操作使直径发生变化。

· 倾斜——根据绘画光笔的倾斜使角度、圆度或直径发生变化。此选项与"圆度"一起使用时非常有用。仅当具有可以检测钢笔倾斜方向的图形输入板时，才能使用此选项。

· 方位——根据绘画光笔的压力使角度、圆度或直径发生变化。此选项对于控制书法画笔的角度（特别是在使用像画刷一样的画笔时）非常有用。仅当具有可以检测钢笔垂直程度的图形输入板时，才能使用此选项。

· 旋转——根据绘画光笔笔尖的旋转程度使角度、圆度或直径发生变化。此选项对于控制书法画笔的角度（特别是在使用像平头画笔一样的画笔时）非常有用。仅当具有可以检测这种旋转类型的图形输入板时，才能使用此选项。

2.2.9　增强的控制面板编辑功能

Adobe Illustrator CS3 增强的控制面板功能确实带给我们更多的惊喜，当我们选择一个或多个锚点时可以通过控制面板现实更多的操作。

1. 当选中一个锚点时

控制面板显示状态，如图 2-2-45 所示。

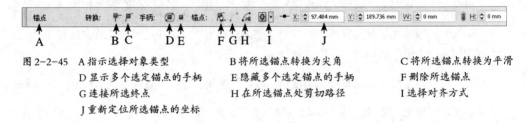

图 2-2-45　A 指示选择对象类型　　　　B 将所选锚点转换为尖角　　　C 将所选锚点转换为平滑
　　　　　　　D 显示多个选定锚点的手柄　　E 隐藏多个选定锚点的手柄　　F 删除所选锚点
　　　　　　　G 连接所选终点　　　　　　H 在所选锚点处剪切路径　　　　I 选择对齐方式
　　　　　　　J 重新定位所选锚点的坐标

转换锚点类型

图 2-2-46 所示为选中圆形最顶端锚点，直接单击控制面板上"将所选锚点转换为尖角"按钮，锚点两边控制手柄消失。

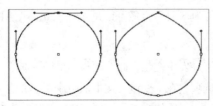

图 2-2-46

删除锚点

如图 2-2-47 所示，选中圆形最顶端锚点，直接单击控制面板上"删除所选锚点"按钮，选择的锚点被删除，路径保持原来的封闭属性，形状发生了相应的变化。

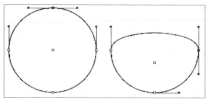

图 2-2-47

断开路径

如图 2-2-48 所示，选择要分割路径的锚点，直接单击控制面板上"在所选锚点处剪切路径"按钮。当在锚点处分割路径时，新锚点将出现在原锚点的顶部，并会选中一个锚点。图中所示我们选中被分割后的锚点并移动了一定位移。

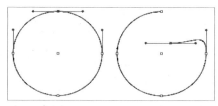

图 2-2-48

连接路径

如图 2-2-49 所示，选中两个端点，直接单击控制面板上"连接所选终点"按钮，Illustrator 会以直线连接两个端点。

图 2-2-49

2. 当选中多个锚点时

控制面板显示状态，如图 2-2-50 所示。

图 2-2-50

控制面板上出现一组用于对齐和分布锚点的按钮。

2.3 基本图形的绘制

在 Adobe Illustrator CS3 的工具箱中提供了两组绘制基本图形的工具，如图 2-3-1 所示。第一组包括直线工具（＼）、曲线工具（⌒）、螺旋线工具（◎）、网格工具（▦）和极坐标工具（✱）；第二组包括矩形工具（□）、圆角矩形工具（▢）、椭圆工具（○）、多边形工具（⬡）、星形工具（☆）和光晕工具（◉）。它们用来绘制各种规则图形。绘制好的图形可以进行位移、旋转以及倍率的缩放处理等，随使用者任意变化。

图 2-3-1

2.3.1 直线工具、曲线工具的使用

1. 直线工具

直线工具可直接绘制各种方向的直线。直线工具的使用非常简单，选择工具箱中的直线工具，在工作页面上单击并按照所需的方向拖动鼠标形成所需的直线，如图 2-3-2 所示，或者通过对话框来实现。

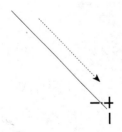

图 2-3-2

选择直线工具，在线段希望开始的位置单击，将弹出"直线工具选项"对话框，如图 2-3-3 所示，"长度"用于设定直线的长度，"角度"用于设定直线和水平轴的夹角。当"线段填色"选项呈显示状态，将会以当前填色对生成的线段进行填色。

图 2-3-3

直线工具在使用过程中的实用小技巧：在拖动鼠标过程中，按住键盘上的空格键，就可随鼠标拖动移动直线的位置。

2. 弧线工具

弧线工具可用来绘制各种曲率和长短的弧线，如图 2-3-4 所示。可直接选中工具后在工作页面上拖动，也可通过对话框来实现。

图 2-3-4

使用弧线工具单击工作页面，打开"弧线段工具选项"对话框，如图 2-3-5 所示，在对话框中设置弧线的长度、类型、基线轴以及斜率的大小。其中"x 轴长度"和"y 轴长度"是指形成弧线基于两个不同坐标轴的长度；"类型"是指弧线的类型，包括"开放"弧线和"闭合"弧线；"基线轴"可用来设定弧线是以 x 轴还是 y 轴为中心；"斜率"事实上就是曲率的设定，它包括两种表现手法，"凹"和"凸"的曲线。当"弧线填色"选项呈显示状态，将会以当前填色对生成的线段进行填色。

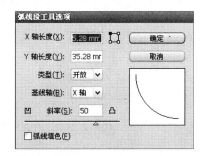

图 2-3-5

弧线工具在使用过程中的实用小技巧。

· 按住鼠标拖动的同时可翻转弧线。

· 拖动旋转鼠标的过程中按住 Shift 键，可以得到 x 轴、y 轴长度相等的弧线。

· 按住键盘上的 C 键可以改变弧线的类型，也就是在开放路径和闭合路径之间切换。

· 按住键盘上的 F 键可以改变弧线的方向。

· 按住键盘上的 X 键可令弧线在"凹"和"凸"曲线之间切换。

· 在拖动鼠标过程中，按住键盘上的空格键，就可随鼠标拖动移动弧线的位置。

· 在按住鼠标的拖动的过程中，按键盘上向上的箭头键可增加弧线的曲率半径，反之，按键盘上向下的箭头键可减少弧线的曲率半径。

2.3.2 螺旋线工具、矩形网格工具及极坐标工具的使用

1. 螺旋线工具

螺旋线工具可用来绘制各种螺旋形状，如图 2-3-6 所示。可以直接选中该工具后在工作页面上拖动，也可通过对话框来实现。

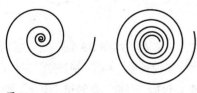

图 2-3-6

选择螺旋线工具后单击鼠标，弹出"螺旋线"对话框，如图 2-3-7 所示，在对话框中，"半径"用于设定从中央到外侧最后一个点的距离；"衰减"用来控制涡形之间相差的比例，百分比越小，涡形之间的差距越小；"段数"可调节螺旋内路径片段的数量；在"样式"后面可选择顺时针或逆时针涡形。

图 2-3-7

螺旋线工具在使用过程中还有一些非常实用的小技巧。

· 按住鼠标拖动的同时可旋转涡形。

· 在拖动旋转鼠标的过程中，可按住 Shift 键，此时可控制旋转的角度为 45°的倍数。

在拖动的过程中按住键盘上的 Command（Mac OS）/Ctrl（Windows）键可保持涡形线的衰减比例。

· 在拖动的过程中按住键盘上的 R 键可以改变涡形线的旋转方向。

· 在拖动鼠标的过程中，按住键盘上的空格键，可随鼠标拖动移动涡形线的位置。

· 在按住鼠标拖动的过程中，按键盘上向上的箭头键可增加涡形线的路径片段的数量，每按一次，增加一个路径片段；反之，按键盘上向下的箭头键可减少路径片段的数量。

2. 矩形网格工具

矩形网格工具用于制作矩形内部的网格，如图 2-3-8 所示。

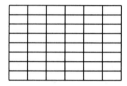

图 2-3-8

制作矩形网格有两种方法，一是直接拖动鼠标生成矩形网格，在拖动网格的时候，一些快捷键的使用可令网格的制作更加随心所欲。

· 在拖动的过程中按住键盘上的 C 键，竖向的网格间距逐渐向右变窄；按住 V 键，横向的网格间距就会逐渐向上变窄，如图 2-3-9 所示。

图 2-3-9

· 在拖动的过程中按住键盘上向上和向右的方向键可以增加竖向和横向的网格线；反之，按向下和向左的方向键可以减少竖向和横向的网格线。

· 在拖动的过程中按住键盘上的 X 键，竖向的网格间距逐渐向左变窄；按住 F 键，横向的网格间距就会逐渐向下变窄，如图 2-3-10 所示。

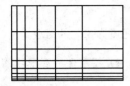

图 2-3-10

　　·在按住鼠标拖动的过程中，按键盘上向上的箭头键可增加横线网格的数量，每按一次，增加一个横线网格；反之，按键盘上向下的箭头键可减少横线网格的数量。按键盘上向右的箭头键可增加竖线网格的数量，每按一次，增加一个竖线网格；反之，按键盘上向左的箭头键可减少竖线网格的数量。

　　第二种办法是通过矩形网格对话框来设定矩形网格。使用矩形网格工具单击工作页面，弹出"矩形网格工具选项"对话框，如图 2-3-11 所示。

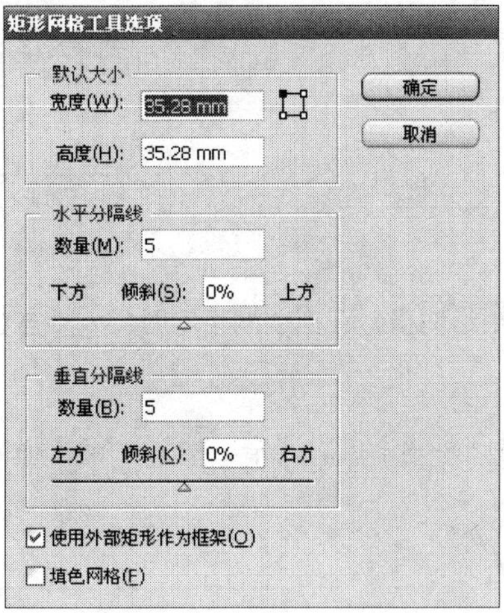

图 2-3-11

　　其中"宽度"和"高度"用来指定矩形网格的宽度和高度，通过 □ 可以用鼠标选择基准点的位置。"数量"是指矩形网格内横线（竖线）的数量，也就是行（列）的数量，"倾斜"表示行（列）的位置。当数量为 0% 时，线和线之间的距离均等；当数值大于 0% 时，就会变成向上（右）的行间距逐渐变窄的网格；反之，当数值小于 0% 时，就会变成向下（左）的行间距逐渐变窄的网格。"使用外部矩形作为框架"选项呈显示状态，得到的矩形网格外框为矩形；相反，得到的矩形网格外框为不连续的线段。"填色网格"选项呈显示状态，将会以当前填色对生成的线段进行填色。

当前填色为 K = 20，描边为 K = 100，使用矩形网格工具单击工作页面，在对话框中对矩形网格的大小与分隔线进行设置，将"使用外部矩形作为框架"选项呈显示状态，不使用"填色网格"选项得到如图 2-3-12 所示效果；使用"填色网格"选项得到如图 2-3-13 所示效果。

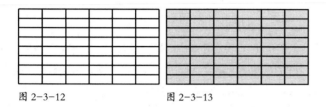

图 2-3-12   图 2-3-13

3. 极坐标工具

极坐标工具（⊛）可以绘制同心圆和按照指定的参数确定的放射线段，如图 2-3-14 所示，让绘制诸如标靶、雷达屏幕甚至南极洲的地图等工作都变得易如反掌。

图 2-3-14

和矩形网格的制作方法类似，极坐标网格也可以通过两种方法产生，一是直接拖动鼠标生成极坐标网格，在拖动网格的时候，一些快捷键的使用可令网格的制作更加随心所欲。

· 在拖动的过程中按住键盘上的 C 键，圆形的间隔向外逐渐变窄，如图 2-3-15 所示；按住 V 键，放射线的间隔就会按顺时针方向逐渐变窄，如图 2-3-16 所示。

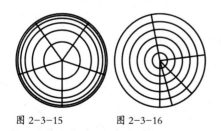

图 2-3-15   图 2-3-16

· 在拖动的过程中按住键盘上的 X 键，圆形的间隔向内逐渐变窄，如图 2-3-17 所示；按住 F 键，放射线的间隔就会按逆时针方向逐渐变窄，如图 2-3-18 所示。

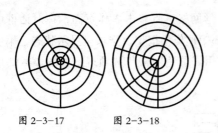

图 2-3-17   图 2-3-18

· 在绘制极坐标的过程中，按键盘上向上的箭头键可增加圆的数量，每按一次，增加一个圆；反之，按键盘上向下的箭头键可减少圆的数量。按键盘上向右的箭头键可增加放射线的数量，每按一次，增加一个放射线；反之，按键盘上向左的箭头键可减少放射线的数量。

第二种方法是通过极坐标工具单击工作页面，在弹出的"极坐标网格工具选项"对话框中来设定极坐标网格，如图 2-3-19 所示。

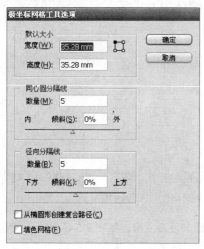

图 2-3-19

其中"宽度"和"高度"是指极坐标网格的水平直径和垂直直径，通过 □ 可以用鼠标选择基准点的位置。"同心圆分隔线"栏下的"数量"是指极坐标网格内圆的数量，"倾斜"表示圆形之间的径向距离。当数量为 0% 时，线和线之间的距离均等；当数值大于 0% 时，就会变成向外的间距逐渐变窄的网格；反之，当数值小于 0% 时，就会变成向内的间距逐渐变窄的网格。"径向圆分隔线"栏下的"数量"是指极坐标网格内放射线的数量，"倾斜"表示放射线的分布。当数量为 0% 时，线和线之间是均等分布的；当数值大于 0% 时，就会变成顺时针方向逐渐变窄的网格；反之，当数值小于 0% 时，就会变成逆时针方向逐渐变窄的网格。

选择"从椭圆形创建复合路径"选项，将同心圆转换为独立复合路径并每隔一个圆填色，"填色网格"选项呈显示状态，将会以当前填色对生成的线段进行填色。

当前填色为 K = 20，描边为 K = 100，使用极坐标工具单击工作页面，在对话框中对极坐标网格的大小与分隔线进行设置，将"填色网格"选项呈显示状态，不使用"从椭圆形创建复合路径"选项得到如图 2-3-20 所示效果；使用"从椭圆形创建复合路径"选项得到如图 2-3-21 所示效果。

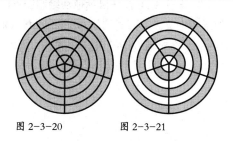

图 2-3-20　　图 2-3-21

2.3.3　矩形工具、椭圆工具及圆角矩形工具的使用

矩形是几何图形中最基本的图形，绘制矩形最快的方式是在工具箱中选取矩形工具，移动鼠标光标到绘制图形的位置，单击鼠标，设定起始点，以对角线方式向外拉，直到理想的大小为止再松开鼠标，如图 2-3-22 所示。

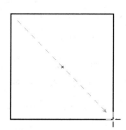

图 2-3-22

如果想准确地绘制矩形，可选择矩形工具，在工作页面中要绘制的矩形左上角的位置单击鼠标，随即弹出"矩形"对话框，如图 2-3-23 所示，在其中可以键入需要的"宽度"和"高度"的数值。以"矩形"对话框方式绘制的矩形，只有同时按 Option（Mac OS）/Alt（Windows）键，起始点的位置为矩形中心，否则绘制的起始点都在左上角。

图 2-3-23

如果要改变测量单位，可选择"首选项 > 单位和显示性能"命令来控制。圆角半径的默认值由"首选项 > 常规"对话框中的"圆角半径"值来控制；或者直接在输入数值的后面，键入习惯使用的单位符号，例如，如果使用厘米作为测量单位，可键入 cm。

以中心点为起始点绘制矩形。如果按住 Option（Mac OS）/Alt（Windows）键，工具的图标就由原来的十字交叉线（-┼-）变成四周带折角的十字交叉线（⌗），此时按住鼠标拖动绘制图形时，鼠标的落点将成为矩形的中心点，如图 2-3-24 所示。如果单击页面的同时按住 Option（Mac OS）/Alt（Windows）键，却不拖移时，将出现"矩形"对话框，在对话框中输入长宽值后，将以单击页面处为中心点，向外绘出该值的矩形。

图 2-3-24

在矩形对话框下绘制正方形时，只需输入相等的长、宽值，便可得到正方形；或者按住 Shift 键的同时绘制图形，得到的便是正方形。另外，如果以中心点为起始点，绘制一个正方形，则需同时按住 Option（Mac OS）/Alt（Windows）+ Shift 键，直到绘制完成后，放开鼠标。

椭圆及圆角矩形的绘制方法与矩形的绘制方法基本上是相同的。不同之处在于选中圆角矩形工具之后，在页面上单击鼠标，在弹出的"圆角矩形"对话框中，如图 2-3-25 所示，多出一个"圆角半径"的选项。输入的半径数值越大，得到的圆角矩形的圆角弧度越大；半径数值越小，得到的圆角矩形的圆角弧度越小；当输入的数值为 0 时，得到的是矩形。

图 2-3-25

绘制图形完成后，除了路径上有相应的锚点外，图形的中心点在软件的默认状态下有显示，也可以通过属性面板的"显示中心点"和"不显示中心点"按钮控制。图 2-3-26（a）所示为不显示中心点，图 2-3-26（b）所示为显示中心点。

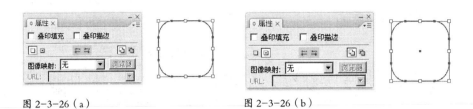

图 2-3-26（a）　　　　　　　　　图 2-3-26（b）

2.3.4　多边形工具、星形工具及光晕工具的使用

1. 多边形工具

多边形工具（◯）用于绘制多边形，如图 2-3-27 所示。在工具箱中选择多边形工具，在页面上单击，弹出如图 2-3-28 所示的对话框，在对话框中可以设置"边数"和"半径"，这里的半径指多边形的中心点到角点的距离，同时鼠标的击点成为多边形的中心点。当然多边形的边数的设定也是有限制的，最多边数为 1000，最少边数为 3，半径数值的设定范围为 0 ～ 288.995cm。

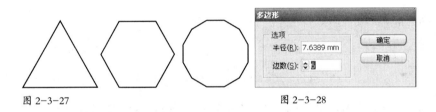

图 2-3-27　　　　　　　　　　　　　图 2-3-28

选择多边形工具后，直接用鼠标在页面上拖动，也可以得到多边形。在这个拖动过程中，有一些小技巧，使用起来非常方便。

· 按住鼠标拖动的同时可旋转多边形。

· 在拖动旋转鼠标的过程中，可按住 Shift 键，此时可控制旋转的角度为 45°的倍数或为"首选项 > 智能参考线"对话框中"角度"中指定的角度。

· 在拖动鼠标过程中，按住键盘上的空格键，就可在鼠标拖动的同时移动多边形的位置。

· 在按住鼠标进行拖动的过程中，按键盘上向上的箭头键可增加多边形的边数，每按一次，增加一个边；反之，按键盘上向下的箭头键可减少多边形的边数。

2. 星形工具

星形工具用来绘制各种星形，如图 2-3-29 所示。在工具箱中选择星形工具，在页面上单击，弹出如图 2-3-30 所示对话框，在这个对话框中可以设置星形的"角点数"和"半径"。此处有两个半径值，"半径 1"代表凹处控制点的半径值，"半径 2"代表顶端控制点的半径值。顶点数最多可设定为 1000，最少可设定为 3，"半径 1"和"半径 2"的数值范围设定为：0 ～ 288.995cm。

鼠标的击点处为星形的中心点。

图 2-3-29   图 2-3-30

事实上，星形图形中，曲线控制点的数目是"角点数"值的两倍。例如，绘制一个角点数为 5 的星形时，其曲线控制点的数目为 10。当"半径 1"和"半径 2"的数值相等时，此时所绘制的图形会变成多边形，而且多边形的边数将为"角点数"顶点值的两倍。

也可直接选中工具后在工作页面上拖动来绘制星形，如果不附加其他的键，绘出的图形和上次设定的效果相同。在拖动过程中有一些小的技巧和前面讲过的多边形工具类似。

· 按住鼠标拖动的同时可旋转星形。

· 拖动旋转鼠标的过程中，可按住 Shift 键，此时可控制旋转的角度为 45°的倍数。

· 按住键盘上的 Command（Mac OS）/Ctrl（Windows）键可保持星形的 内部半径。

· 按住键盘上的 Option（Mac OS）/Alt（Windows）键可保持星形的 边为直线。

· 在拖动鼠标的过程中，按住键盘上的空格键，可随鼠标拖动移动星形的位置。

· 在按住鼠标拖动的过程中，按键盘上向上的箭头键可增加星形的边数，每按一次，增加一个边；反之，按键盘上向下的箭头键可减少星形的边数。

3. 光晕工具

通过光晕工具（✺），可以在艺术作品上增加逼真的镜片光晕效果，如图 2-3-31 所示。因为光晕是矢量物体，具有可编辑性，因此在任何解析度下看起来效果都很棒。光晕效果在 Adobe Premiere 和 Adobe After 效果 s 软件中甚至可以产生动画。

图 2-3-31

创建光晕只需两个步骤。首先，单击并按住鼠标拖动，单击点为光晕的中心点，拖动的长度为放射线的半径；然后松开鼠标第二次单击，单击点的位置可以确定光晕的长度和方向。光晕中填充颜色的透明度是可以改变的。

当然也可以通过对话框中各项参数的精确设定来绘制光晕的效果。双击工具箱中的光晕工具，打开"光晕工具选项"对话框，如图 2-3-32 所示。其中"居中"的"直径"是指发光中心圆的直径，默认值为 100pt，范围为 0 ～ 1000pt；"不透明度"可设置中心圆的不透明程度；"亮度"可设置中心圆的亮度；"光晕"中的"增大"用来设置发光中心圆余光散发的程度；"模糊度"用于设置余光的模糊程度。"射线"中各项设置是针对光晕反射效果的光线的，其中"数量"用于设置第二次单击时产生的光环数量；"最长"用于设置多个光环中最大的光环的大小，"模糊度"用于设置光线的模糊程度。"环形"中的"路径"用于设置光环的轨迹长度；"数量"用于设置第二次单击时产生的光环的数量；"最大"用于设置多个光环中最大的光环的大小；"方向"用于设置光环的方向。

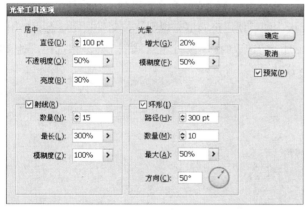

图 2-3-32

2.4 复合路径、复合形状和路径查找器

2.4.1 复合路径

复合路径的作用主要是把一个以上的路径图形组合在一起，它与一般路径图形最大的差别在于：使用此命令，可以产生镂空效果。

在建立复合路径之前，最好先确认这些路径不是复合路径，或已组合为一体的路径图形。

如果使用复杂的形状作为复合路径或者在一个文件中使用几个复合路径，在输出这些文件时，可能会有问题产生。如果碰到这种情况，可将复杂形状简单化或者减少复合路径的使用数量。

下面举例说明复合路径的制作。

（1）先建立好所有复合路径所需求的路径，包括深灰色的正圆和覆盖其上的浅灰色叶片，如图 2-4-1 所示。

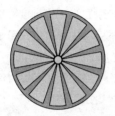

图 2-4-1

（2）选中所有路径，执行"对象 > 复合路径 > 建立"命令，可将所有路径组合成一个复合式的图形（见图 2-4-2），此时属性面板中的"使用奇偶填充规则"按钮呈选中状态，如图 2-4-3 所示。当使用选择工具点选路径之一时，所选取的即是整个复合式图形。如果选择"对象 > 复合路径 > 释放"命令，就取消了镂空效果。

图 2-4-2   图 2-4-3

（3）最后再把复合式图形置放在其他物体上，便可发现原有图形的叶片部分被镂空了，可以透过镂空部分看到它下面的图形，如图 2-4-4 所示。

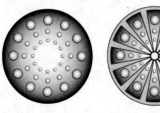

图 2-4-4

2.4.2　复合形状和路径查找器

由路径查找器浮动面板和"效果 > 路径查找器"提供的路径查找器命令，可以使两个以上的物体结合、分离和支解，并且可以通过物体的重叠部分建立新的物体，对制作复杂图形很有帮助。

在详解路径查找器之前，先了解一个新的概念——复合形状。

绘制如图 2-4-5 所示的两个具有叠加部分的正圆，确定两圆都处于选中状态，单击路径查找器面板上的"与形状区域相交"按钮，如图 2-4-6 所示，得到如图 2-4-7 所示的结果。

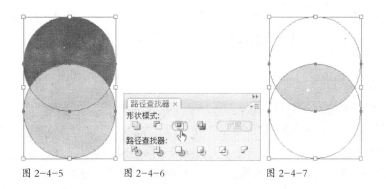

图 2-4-5　　　　　图 2-4-6　　　　　图 2-4-7

要保留的形状只是两圆的叠加部分，但是图显示的虽然只有叠加部分，但事实上却将两圆的路径都完整地保留了下来，这是因为引入了一个新的概念——复合形状。单击路径查找器面板上的"扩展"按钮得到如图 2-4-8 所示的结果，这时得到的是一个复合形状。

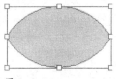

图 2-4-8

复合形状不同于复合路径，复合路径是由一条或多条简单路径组成的，这些路径组合成一个整体，即使是分开的单独的路径，只要它们被制作成复合路径，它们就是联合的整体。通常人们利用复合路径来制作挖空的效果，在蒙版的制作上它们也是功不可没的，多个分开的闭合路径通过制作成复合路径，可以成为一个有效的蒙版。

复合形状是通过对多个物体执行路径查找器中的相加、交集、差集及分割等命令所得到的一个"活"的组合。虽然从外观上看，复合形状和复合路径的效果差不多，但是它们的实际架构却是截然不同的,如图 2-4-7 和图 2-4-8 所示。在图 2-4-7 所示中,虽然填充色显示的只有叠加的部分,但是保留下来的两圆的路径为以后的修改提供了极大的便利。利用直接选择工具,可以随时修改两圆的大小甚至是锚点的位置,由此改变叠加的形状,所以,我们把这种组合称之为"活"的组合。在图 2-4-8 所示中,我们看到的是一个复合形状,显而易见,复合形状是破坏性的,叠加部分以外的物体都被删减掉了。

既然复合形状具备再编辑的优势,为什么还要施加"扩展"命令呢?复合形状既然能够保留原始物体,那么它肯定会增加文件的大小,而且在显示具有复合形状的文件时,计算机要一层层地从原始物体读到现有的结果,屏幕的刷新速度就会减慢。所以在确定结果无误后,建议展开复合形状。

下面对"路径查找器"的各个命令逐一介绍。

执行"窗口 > 路径查找器"命令,使路径查找器面板出现在页面上。首先需要选择两个以上的图形才可以执行其中的任何一个命令。

1. 与形状区域相加 (⬚)

此命令可以将所有被选中的图形变成一个封闭图形,重叠区被融合为一体,重叠的边线自动消失。执行完"与形状区域相加"命令后的图形的填充色和边线色与原来位于最前面的图形的填充色及边线色相同。如果要绘制葫芦,可先使用椭圆工具绘制两个大小不同的椭圆,然后通过钢笔工具绘制出葫芦口,选择 3 个形状,如图 2-4-9 所示,单击"与形状区域相加"按钮,再单击"扩展"按钮,合并成一个整体的葫芦,如图 2-4-10 所示。

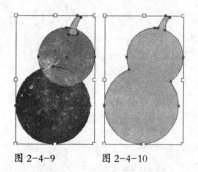

图 2-4-9   图 2-4-10

2. 与形状区域相减 (⬚)

此命令是后面的图形减前面的图形,前面的图形不再存在,后面图形的重叠部分被剪掉,只保留后面图形的未重叠部分。最终图形和原来位于后面的图形保持相同的边线色和填充色。如果要绘制眼睛的边框,可以绘制两个大小不同的叶形如图 2-4-11 所示,选中两个椭圆,单击"与形状区域相减"按钮,再单击"扩展"按钮,结果如图 2-4-12 所示。

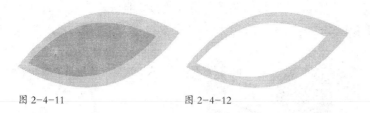

图 2-4-11   图 2-4-12

3. 与形状区域相交（⬚）

执行此操作后只保留图形的重叠部分，最终图形具有和原来位于最前面的图形相同的填充色和边线色。如果要绘制齿轮，可以先绘制一个多边形和一个星形，选中两个图形，如图 2-4-13 所示，单击"与形状区域相交"按钮，再单击"扩展"按钮，最终结果如图 2-4-14 所示。

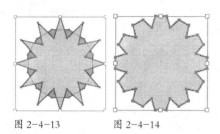

图 2-4-13   图 2-4-14

4. 排除重叠形状区域（⬚）

此命令只保留被选取图形的非重叠区域，重叠区被挖空变成透明状，双重重叠区域保留。最终图形和原来位于最前面的图形有相同的填充色和边线色。

如果要绘制一个需要重叠部分被挖空的商标，可以先绘制必要的元素，如图 2-4-15 所示，然后应用"排除重叠形状区域"按钮，可以得到如图 2-4-16 所示的图形。

图 2-4-15   图 2-4-16

5. 分割（⬚）

使用此命令后，图形就以重叠边线部分为分界点，被分成几个不同的闭合图形，这几个闭合图形自动成组，可使用直接选择工具移动单个图形。

此命令可根据路径将图形做分割，绘制如图 2-4-17 所示的图形，把所有图形都选中后，执行分割命令，图形就互相分割，分割后的图形自动成组，删除正圆以外的物体，如图 2-4-18 所示，然后使用直接选择工具选择单个图形进行填色，如图 2-4-19 所示。

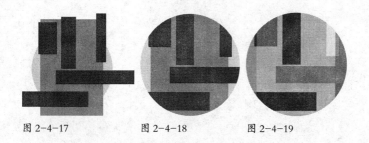

图 2-4-17   图 2-4-18   图 2-4-19

绘制如图 2-4-20 所示的运动人形，把所有图形都选中后，执行分割命令，对互相分割后的图形重新填色，就可以制作如图 2-4-21 所示的运动挂钟。

图 2-4-20   图 2-4-21

6. 修边（　）

使用此命令的结果是将后面图形被覆盖的部分剪掉。执行此命令后图形也自动成组。

两个有重叠部分的图形执行"修边"命令后，原来的边线颜色变为无色消失，用直接选择工具（　）可分别选中修剪后的区域进行移动和其他编辑操作。

图 2-4-22 所示的太阳，通过线稿图可以发现在圆形和太阳放射的光线之间具有重叠部分，如图 2-4-23 所示。这些重叠部分不但从视觉的角度来讲没有存在的必要，重要的是它们的存在增加了路径的复杂程度，应用"修边"就可以将这些重叠的部分删除，如图 2-4-24 所示。

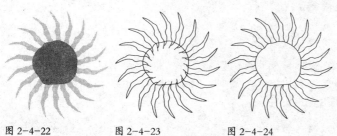

图 2-4-22   图 2-4-23   图 2-4-24

7. 合并（🗗）

此命令有两层含义：一是具有不同填充色的重叠图形，前面的图形形状不变，后面的重叠区被移去；二是具有相同填充色的图形被合并为一体。

图 2-4-25 所示的维纳斯的头像，脸颊的暗调和脖子暗调颜色是相同的，但是通过线稿图可以发现，它们分属不同的闭合路径，如图 2-4-26 所示。这种状况的存在一是不利于图形的编辑、修改，二是增加了文件的大小，当应用"合并"命令后，仔细观察脸颊暗调和脖子暗调的路径被统合成一个闭合的路径，如图 2-4-27 所示。

图 2-4-25   图 2-4-26   图 2-4-27

8. 裁剪（🗗）

此命令非常类似于蒙版的操作。如图 2-4-28 所示，前面是一个椭圆，后面是一个文字图形，执行完"裁剪"命令后，文字图形就被椭圆剪裁，椭圆以外的文字区域被剪掉，椭圆以内的文字图形被保留，如图 2-4-29 所示。

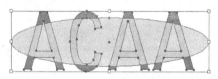

图 2-4-28

图 2-4-29

9. 轮廓（🗗）

此命令将所有填充图形转成轮廓线，轮廓线的颜色将和原来图形的填充色相同。而且轮廓线被分割成一段段的开放路径，这些开放路径自动成组。

图 2-4-30 所示的维纳斯头像，具有不同的填充色和边线色，执行完"轮廓"命令后所有的填

充色都为无，没有重叠的部分保留原来的边线色，重叠部分的边线色为位于上面图形的边线色，如图 2-4-31 所示。

图 2-4-30 　　　　　图 2-4-31

10. 减去后方对象（▷ ）

此命令和"裁剪"命令结果相反。执行此命令后，前面的图形减后面的图形，前面图形的非重叠区域被保留，后面图形消失，最终图形和原来位于前面的图形保持相同的边线色和填充色。

2.4.3　有关路径查找器的其他命令

单击路径查找器面板右上角的黑色小三角，弹出菜单。

1. 陷印

所谓陷印是指在印刷中由于各色板之间没有套准或纸张的伸缩特性所造成的重叠部分的边缘留白，即常说的漏白边。为弥补印刷中的漏白现象，软件提供了陷印的技术。

· Illustrator 提供了两种补漏白的技术，一种就是此处要讲的"陷印"命令，它可自动产生补漏白效果，但它只适用于简单的图形，对于渐变、图案、置入的图像和边线都不能产生补漏白的效果。第二种补漏白的方法是通过属性面板对图形设置叠印选项。

· 当互相叠加的两个图形具有共同的色板时，如果两个图形的颜色组成中都有青色，是不需要补漏白的。补漏白一般用于专色印刷以及多个叠加的图形之间没有共同色版的情况。

· 一般有两种情况的补漏白。一种是浅色图形的边缘部分向深色背景扩张叠加，就如同图形向背景延伸一样，此种方法被称为外延；另外一种是浅色背景向深色图形扩张叠加，就如同图形收缩一样，此种方法被称为内缩。

· 一旦设定了补漏白的量，图形就不宜再放大或缩小，因为补漏白会随着图形的缩放而缩放。所以要在图形定稿后，最后进行补漏白的设定。

· 如果文件中有很小的文字，而且文字后面又有背景色，文字的颜色最好采用黑色，然后选择叠印选项，因为黑色可覆盖所有的颜色。

　　要进行陷印，首先将两个具有部分重叠的物体选中，将其分别填充两种不同的颜色，本例分别填充的是100%的品红和100%的黄色，如图2-4-32所示，然后单击路径查找器面板右上角的黑色小三角，在弹出的菜单中选择"陷印"命令，弹出"路径查找器陷印"对话框，如图2-4-33所示。在该对话框中有一些设定项，下面分别讲述。

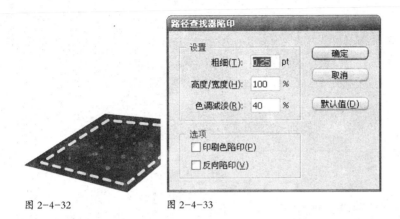

图 2-4-32　　　　　　　　图 2-4-33

　　"设置"下面有3个可变的选项。

　　(1)"粗细"内定值是0.25点，此数字框可输入的数字范围是0.01 ～ 5000pt，根据此值确定陷印的厚度。

　　(2)"高度和宽度"可以不同，此处的内定值是100%，也就是高度和宽度值相同，可根据不同的情况进行不同百分比的设定。

　　(3)"色调减淡"内定的数值是40%。对于两种深色的补漏白，色调减淡的量最好设定为100%；对于两种浅色的补漏白，如果设定量为100%，两种浅色交叠处就会生成突出的深色，达不到预期的补漏白效果，可在色调减淡中设定较小的百分比将补漏白的颜色淡化。

　　"选项"下面有两个可选的项目。

　　(1)印刷色陷印：此选项可将专色转换为四色。

　　(2)反向陷印：内定的补漏白是浅色扩张，选择此选项后，可使深色向浅色扩张，但此颜色对丰富黑无效，所谓丰富黑是指含有CMYK的黑色。

　　当根据需要设定好上面的所有选项后，单击"确定"按钮，在页面上就可看到补漏白的效果。为使效果明显，可将厚度设为1点，补漏白的高度和宽度值设为100%，色调减淡设为100%，如图2-4-34所示。

图 2-4-34

一般补漏白最好由专业印刷人员帮助用户完成。复杂图像中正确完成补漏白工作需要大量时间及精力。因此，从长远来看，除了简单图像外，让专业印刷公司或输出中心来完成这项工作更节约成本。

在补漏白时值得注意的是：不要在图像的原始版本上进行补漏白，这很容易毁坏整幅图像。最好再做一个分层来进行补漏白，这样做不仅可以减少铸成大错的可能，而且可以使用户通过显示或隐藏补漏白色，将补漏白与不补漏白进行比较，并确定是否需要补漏白。

2. 重复相减
表示重复上一步的路径操作。

3. 路径查找器选项
是对于所有的路径查找器命令而设的选项。选择这一命令，弹出如图 2-4-35 所示的对话框，该对话框的各选项介绍如下。

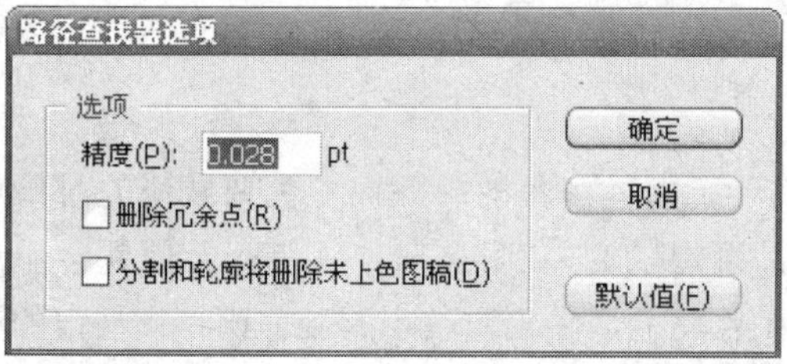

图 2-4-35

精度：内定值是 0.028pt，此选项用来定义软件执行路径查找器各命令时计算的精确度。

删除冗余点：选中此选项，可保证在执行所有路径查找器命令时移去多余的点。

分割和轮廓将删除未上色图稿：选中此选项，可使没有填充颜色的图形的非重叠部分消失。

4. 建立复合形状
选择两个或两个以上的图形，执行此命令后，生成复合形状，该复合形状的填充和边线等特性和执行命令前排列在最上面的图形相同。

5. 释放复合形状

选择该命令后，可以释放复合形状，变回原来的独立的图形，并恢复原来的填充或边线特性。

6. 扩展复合形状

选择该命令后，复合形状就变成一个简单路径或复合路径，不能再执行释放复合形状命令。

2.5 实时描摹

"实时描摹"可以自动将置入的图像转换为完美细致的矢量图，可以轻松地对图像进行编辑、处理和调整大小，而不会带来任何失真。"实时描摹"可大大节约在屏幕上重新创建扫描绘图所需的时间—从原来的几天时间缩短到几分钟甚至几秒钟，而图像品质则依然完好无损。还可以使用多种矢量化选项（包括预处理、描摹和叠加选项）来交互调整"实时描摹"的效果。

2.5.1 关于实时描摹

当希望根据现有图稿绘制新图稿时。例如，基于绘制在纸上的铅笔素描或存储在另一图形程序中的栅格图像创建图形。在任一情况下，都可将图形置入 Illustrator 然后描摹。

描摹图稿最简单的方式是打开或将文件置入到 Illustrator 中，然后使用"实时描摹"命令描摹图稿。通过控制细节级别和填色描摹的方式，得到满意的描摹结果。图 2-5-1 所示为置入 Illustrator 中的位图，图 2-5-2 所示为通过实时描摹后的结果。

图 2-5-1　　　　　　　图 2-5-2

2.5.2 实时描摹图稿

当置入位图图像后，如图 2-5-3 所示，选中图像，执行"对象 > 实时描摹 > 建立"命令或单击控制面板中的"实时描摹"按钮，图像将以默认的预设进行描摹，得到如图 2-5-4 所示的描摹结果。

图 2-5-3   图 2-5-4

1. 更改描摹选项

选中描摹结果，单击控制面板中的描摹选项对话框按钮（ 🔲 ），弹出"描摹选项"对话框，如图 2-5-5 所示。

图 2-5-5

预设：指定描摹预设。图 2-5-6 所示中三个描摹结果依次是使用预设、照片高保真度、手绘素描黑白徽标。

图 2-5-6

模式：指定描摹结果的颜色模式。包括彩色、灰度、黑白三种模式。

阈值：指定用于从原始图像生成黑白描摹结果的值。所有比阈值亮的像素转换为白色，而所有比阈值暗的像素转换为黑色（该选项仅在"模式"设置为"黑白"时可用）。

调板：指定用于从原始图像生成颜色或灰度描摹的面板（该选项仅在"模式"设置为"颜色"或"灰度"时可用）。

下面通过案例来讲述"调板"的使用方法。

（1）将水果的图像置入 Illustrator 中，如图 2-5-7 所示。

图 2-5-7

（2）选中图像，单击控制面板中的"实时描摹"按钮，并在控制面板中选择描摹预设为"照片高保真度"，得到如图 2-5-8 所示结果。

图 2-5-8

（3）执行"窗口＞色板库＞蜡笔"和"窗口＞色板库＞水果和蔬菜"命令，打开"蜡笔"和"水果和蔬菜"色板面板。

（4）选中图 2-5-8 描摹结果，单击控制面板中的描摹选项对话框按钮（▨），弹出"描摹选项"对话框，在"面板"选项后的下拉菜单中选择"水果和蔬菜"，单击"确定"按钮，得到以"水果和蔬菜"色板面板中颜色描摹的结果，如图 2-5-9 所示。图 2-5-10 所示是选择"蜡笔"色板面板描摹的结果。

图 2-5-9 　　　　　　　　　　　　 图 2-5-10

最大颜色：设置在彩色或灰度描摹结果中使用的最大颜色数量。

输出到色板：在色板面板中为描摹结果中的每个新颜色创建新色板。

模糊：生成描摹结果前模糊原始图像。选择此选项在描摹结果中减轻细微的不自然感并平滑锯齿边缘。

重新取样：生成描摹结果前对原始图像重新取样至指定分辨率。该选项对加速大图像的描摹过程有用，但将产生降级效果。

填色：在描摹结果中创建填色区域（仅在黑白模式下可用）。

描边：在描摹结果中创建描边路径（仅在黑白模式下可用）。

最大描边粗细：指定原始图像中可描边的特征最大宽度。大于最大宽度的特征在描摹结果中成为轮廓区域（仅在黑白模式下可用）。

最小描边长度：指定原始图像中可描边的特征最小长度。小于最小长度的特征将从描摹结果中忽略（仅在黑白模式下可用）。

路径拟和：控制描摹形状和原始像素形状间的差异。较低的值创建较紧密的路径拟和；较高的值创建较疏松的路径拟和。

最小区域：指定将描摹的原始图像中的最小特征。例如，值为 4 指定小于 2 像素 ×2 像素宽高的特征将从描摹结果中忽略。

拐角角度：指定原始图像中转角的锐利程度，即描摹结果中的拐角锚点。

2. 更改描摹显示

单击控制预览栅格图像的不同视图按钮（▲），可在弹出菜单中选择描摹对象显示方式。"无图像"表示描摹对象隐藏；"原始图像"表示位图置入的状态；"调整图像"表示用位图的方式显示描摹结果;"透明图像"表示使用原始图像半透明的效果显示。

单击控制预览矢量结果的不同视图按钮（△），可在弹出菜单中选择描摹结果显示方式。"无描摹结果"表示描摹结果隐藏;"描摹结果"表示描摹结果正常显示;"轮廓"表示用轮廓的方式显示描摹结果;"描摹轮廓"表示描摹结果和轮廓同时显示。

2.5.3 创建描摹预设

创建描摹预设可通过以下两种方式。

执行"对象 > 实时描摹 > 描摹选项"命令（或选择描摹对象,然后单击控制面板中的 ▦ 按钮）在弹出的"描摹选项"对话框中设置预设的描摹选项,然后单击"存储预设"按钮。为预设输入名称并单击"确定"按钮。

执行"编辑 > 描摹预设"命令,弹出"描摹预设"对话框,单击"新建"按钮,在弹出的"描摹选项"对话框中设置预设的描摹选项,单击"完成"按钮。

2.5.4 转换描摹对象

当对描摹结果满意后,可将描摹转换为路径或实时上色对象。转换描摹对象后,不能再使用调整描摹选项。

转换为路径——选择描摹结果,单击控制面板中的"扩展"按钮,或执行"对象 > 实时描摹 > 扩展"命令,将得到一个编组的对象。

转换成实时上色组——选择描摹结果,请单击控制面板中的"实时上色"按钮,或执行"对象 > 实时描摹 > 转换为实时上色",将描摹结果转换为实时上色组。

2.6 符号的应用

符号是从 Adobe Illustrator 10 开始增加的功能, Adobe Illustrator CS 中新增加的 3D 模块赋予了符号更生动的特性,令符号的使用更加灵活和方便。

无论是把 Illustrator CS 当作一个 Web 设计工具还是用来创建动画中的元素,确保较小的文件尺寸肯定都是必要的,因为如果创建的作品需要太长的时间才能下载下来,访问者可能会离开。基于新的符号支持功能,从 Illustrator CS 开始提供了一个简单的办法可保证文件最小,甚至对复杂的设计也是如此。每一个绘画中的符号案例都指向原始的符号,不仅容易对变化进行管理又可以保持文件比较小,当重新定义一个符号时,所有用到此符号的子案例会自动更新。对 Web 设计或者诸如技术图纸和地图等复杂作品的设计来说,这种强大的功能可以确保一致性并且提高工作效率。

定义和使用符号非常简单。在 Illustrator CS3 中创作的任何作品都可以存成一个符号，不论它包括的是绘制的元素、文本、图像或者以上元素的合成物。通过一个方便的面板，能够实现对符号的所有控制。可以用拖放的方式或者用新符号工具来添加新符号到作品中。如图 2-6-1 所示，无论是做微小的变动或者想用完全不同的符号替代一个既存的符号，都可以通过符号面板的弹出菜单中的"重新定义符号"命令来更新所有的符号，如图 2-6-2 所示。

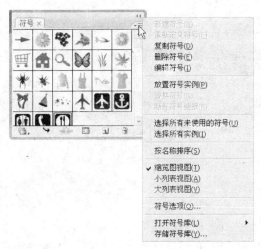

图 2-6-1

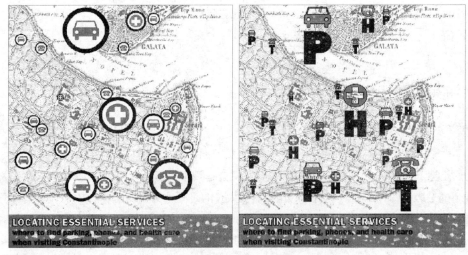

图 2-6-2

Illustrator 也支持符号库，可以在多个文件之间共享符号。一个网页设计小组可以创建一个符号库，包含一个共有界面元素，例如，浏览图标或者公司商标。当在一个复杂的画面中有重复的元素出现时，一个专业的插画师就会选择创建符号的方式。系列地图的设计师也可以使用符号代表标准的信息图标，比如，餐馆的位置、购物区域以及历史遗迹的原址等。符号库的作用像画笔和图案库一样，它可以帮助工作组保持一致性并且节省时间。

符号真正的优点并不仅仅如此。当你输出包含符号的文件时，不论你用 Flash（SWF）、SVG或者任何其他支持符号的文件格式，符号只需被定义一次；附加的案例参考这个定义，所以只需少量的附加编码。这一结果令文件的尺寸大幅度地减少。当输出为动画时，如果没有符号，每个框架下的元素都要反映出来，会导致生成庞大的文件。充分利用符号优势的动画能够提供轻灵、小巧的在线文件。

符号还极好地支持 SWF 和 SVG 导出。当导出到 Flash 时，可以将符号类型设置为"影片剪辑"。一旦在 Flash 中，就可以选择其他类型(如果需要)。也可以在 Illustrator 中指定 9 格切片缩放，以便在影片剪辑用于用户界面组件时适当地进行缩放。

2.6.1　符号面板

符号面板可以通过绘画的方式将多个物体施加到图形上。任何在 Adobe Illustrator 绘制的图形都可以符号的形式存储在符号面板中，如图 2-6-3 所示，以便以后的重复使用。

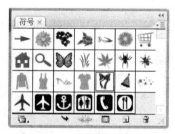

图 2-6-3

选择"窗口 > 符号"命令，就可以打开或关闭符号面板。面板中的符号是 Illustrator 软件本身提供的符号。创建新的符号首先要绘制一个新的图形，如图 2-6-4 所示，然后单击符号面板底部的新建符号按钮（■），打开"符号选项"对话框，如图 2-6-5 所示，键入符号的名称，单击"确定"按钮，新符号就会出现在符号面板中，如图 2-6-6 所示。如果按住 Option（Mac OS）/Alt（Windows）键的同时单击新建符号按钮，Illustrator 将使用符号的默认名称，如"新建符号 1"来直接新建一个符号。

图 2-6-4   图 2-6-5

图 2-6-6

单击符号面板底部符号库菜单按钮（▦），可以打开符号库菜单；单击置入符号实例按钮（↘），可以在页面上置放单个符号，如图 2-6-7 所示的梅花；符号选项按钮（▦）是用来打开当前选择符号的选项对话框；断开符号链接按钮（≋）是用来断开页面上的符号和符号面板中对应的符号的联系，如图 2-6-8 所示，也就是将符号展开成可编辑的矢量图形，如图 2-6-9 所示；将符号拖到删除符号按钮（🗑）上，可将该符号删除。

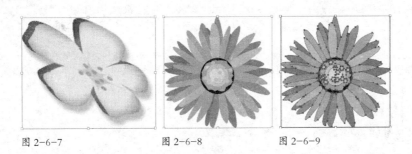

图 2-6-7   图 2-6-8   图 2-6-9

2.6.2 符号工具

最初使用符号的目的是为了让文件变小，但在 Illustrator CS 中增加了令人激动的创造性工具，将符号变成了极具诱惑力的设计工具。以前，要绘制大量的相似物体，例如，树上的树叶以及夜幕中的星辰等作为复杂背景的图形时，就要重复数不清的复制和粘贴等令人昏昏欲睡的操作，如果再对每个图形做些许的变形，那真可称得上是噩梦般的经历。现在一切都变得简单了，如图 2-6-10 所示，Illustrator CS3 中的符号工具可以创建自然的、疏密有致的集合体，只需先定义符号即可，如图 2-6-11 所示。

图 2-6-10   图 2-6-11

1. 符号喷枪工具

在符号面板中选择合适的符号,使用符号喷枪工具(⬚)可以方便快捷地在页面上"喷洒"出很多的符号。双击符号喷枪工具,在打开的"符合工具选项"对话框中可以调整符号喷枪工具的应用数值,如图 2-6-12 所示。下面详细介绍各选项。

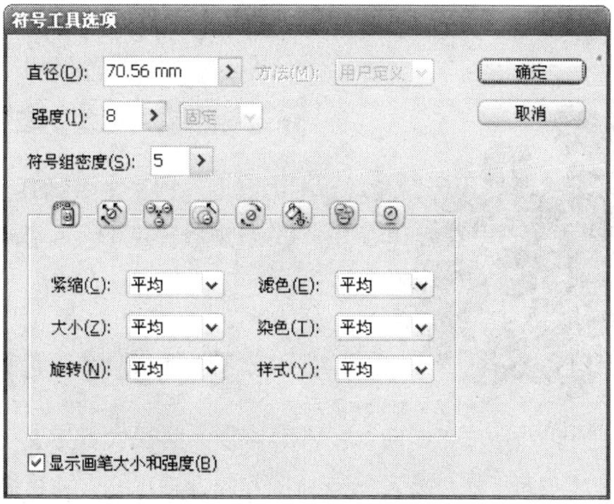

图 2-6-12

直径:用来设置喷洒工具的直径,设置范围是 1 ~ 999pt。

方法:可定义工具的使用,包括用户自定义、平均和随意 3 种。

强度:用来调整符号喷枪工具的喷洒量,数值越大,单位时间内喷洒的符号数量就越大;反之,单位时间内喷洒的符号数量就越小。强度后方有一个选项栏,选择"使用压感笔"使用光笔或钢笔的输入,而不是"强度"值。

符号组密度:是设置出现在页面上的符号密度,设置范围是 1 ~ 10,数值越大符号的密度就越大,如图 2-6-13 所示,反之,符号的密度就越小,如图 2-6-14 所示。

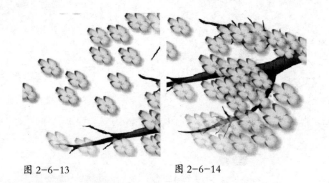

图 2-6-13   图 2-6-14

　　紧缩、大小、旋转、滤色、染色以及样式是符号喷枪工具独有的选项，它们的设置方式包括平均和用户自定义。

2. 符号移位器工具

　　符号移位器工具（🗞）通过拖动的方式可以移动符号，如图 2-6-15 所示。在拖动鼠标时按住 Shift 键，被拖动的符号就被置放到其他符号之上，如图 2-6-16 所示；在拖动鼠标时按住 Shift ＋ Option（Mac OS）/Alt（Windows）键，被拖动的符号就被放置到其他符号之下，如图 2-6-17 所示。

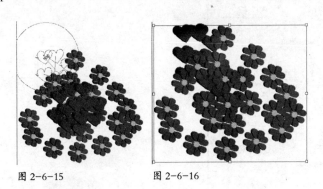

图 2-6-15   图 2-6-16

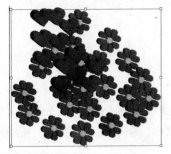

图 2-6-17

　　符号移位器工具对话框中的各选项参见符号喷枪工具，如图 2-6-18 所示。

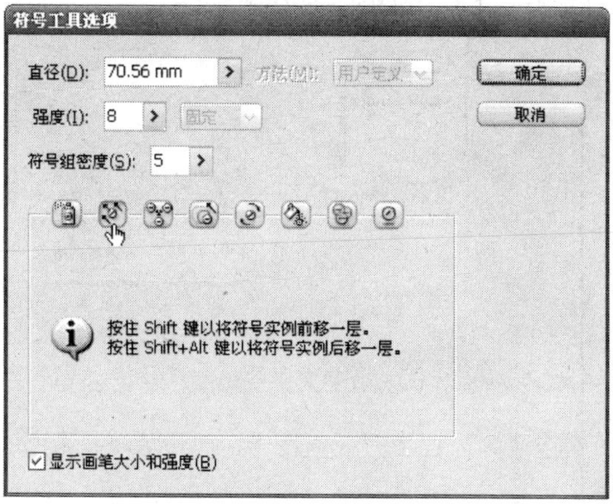

图 2-6-18

3. 符号紧缩器工具

选择符号紧缩器工具（），单击符号可以令符号向收缩工具画笔的中心点方向收缩，如图2-6-19 所示，如果不是单击，而是持续地按下鼠标，那么鼠标按下的时间越长，符号就会越紧密地聚集在一起。在单击前按住 Option（Mac OS）/Alt（Windows）键，可以使收缩在一起的符号疏散开，如图 2-6-20 所示。

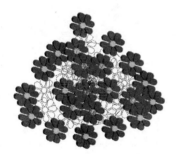

图 2-6-19

图 2-6-20

符号紧缩器工具对话框中的各选项参见符号喷枪工具，如图 2-6-21 所示。

图 2-6-21

4. 符号缩放器工具

符号缩放器工具（   ）可以缩放符号的大小，缩放工具画笔内的符号大小可以随意地进行调整。选择缩放工具，单击想要放大的符号，符号就会放大，如图 2-6-22 所示，如果不是单击，而是持续地按下鼠标，那么鼠标按下的时间越长，符号就会放得越大。在单击前按住 Option（Mac OS）/Alt（Windows）键，可以缩小符号，如图 2-6-23 所示，同样，如果不是单击，而是持续地按下鼠标，那么鼠标按下的时间越长，符号就会缩得越小。

图 2-6-22

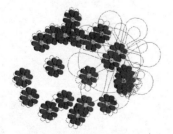

图 2-6-23

符号缩放器工具对话框中的各选项参见符号喷枪工具，如图 2-6-24 所示。

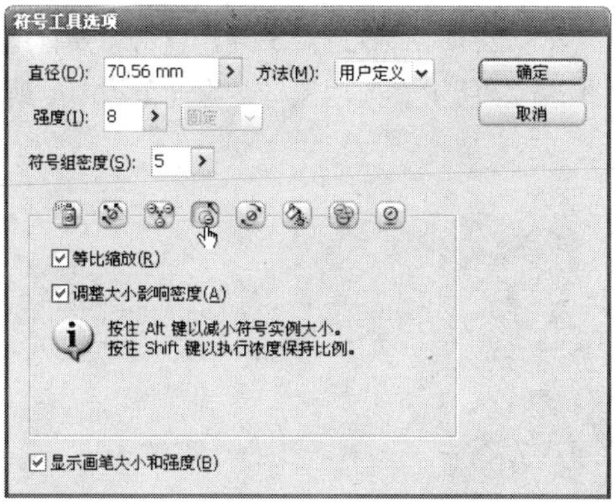

图 2-6-24

5. 符号旋转器工具

符号旋转器工具（）可以通过拖动的方式改变符号的方向，这种改变是微量的改变，如果要大角度地改变符号的方向，需要多次拖动才可以完成。选择符号旋转器工具，单击并且拖动想要旋转的符号，这时可以在页面上看见已经偏离符号原来方向的带有箭头的方向线，如图 2-6-25 所示，这时，符号的方向已经发生了变化。

图 2-6-25

符号旋转器工具对话框中的各选项参见符号喷枪工具，如图 2-6-26 所示。

图 2-6-26

6. 符号着色器工具

符号着色器工具（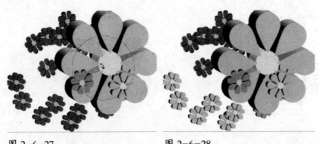）可以改变符号的颜色，令符号集合体呈现出多姿多彩的自然状态。首先打开颜色面板或色板面板，确定合适的填充色，然后选择符号着色器工具，单击想要着色的符号，这时设置的颜色就覆盖到单击的符号上，如图 2-6-27 所示。拖动鼠标，拖动范围内的所有符号都会改变颜色，如图 2-6-28 所示。

图 2-6-27　　　　　　图 2-6-28

在着色时按住 Option（Mac OS）/Alt（Windows）键，可以降低着色的程度，如果按住 Shift 键，可以保持着色的程度。符号着色器工具对话框中的各选项参见符号喷枪工具，如图 2-6-29 所示。

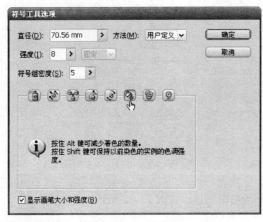

图 2-6-29

7. 符号滤色器工具

符号滤色器工具（）可以改变符号的透明度，令符号集合体呈现出梦幻般的视觉透视效果。选择符号滤色器工具，单击想要透明的符号，单击的符号就会变得透明，如图 2-6-30 所示，如果持续按下鼠标，符号的透明度会增大。拖动鼠标，拖动范围内的所有符号都会改变透明度，如图 2-6-31 所示。

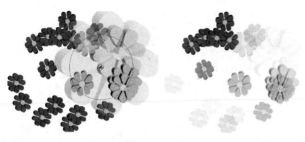

图 2-6-30   图 2-6-31

要使已经变得透明的符号恢复原来的透明度，可以在单击或拖动前按住 Option（Mac OS）/Alt（Windows）键。符号滤色器工具对话框中的各选项参见符号喷枪工具，如图 2-6-32 所示。

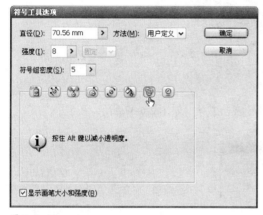

图 2-6-32

8. 符号样式器工具

符号样式器工具（ⓔ）可以对符号施加变化莫测的样式效果，令符号集合体呈现出丰富的视觉效果。首先打开图形样式面板，选择合适的样式，如图 2-6-33 所示，然后选择符号滤色器工具，单击想要施加该样式的符号，单击的符号就会被附加上样式效果，如图 2-6-34 所示，还可以在图形样式面板中选择其他合适的样式，如图 2-6-35 所示，应用上述同样的方法给符号施加样式，如图 2-6-36 所示。

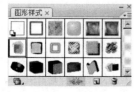

图 2-6-33

图 2-6-34

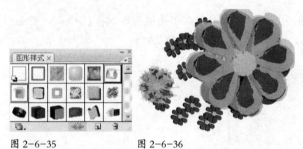

图 2-6-35　　　　　　图 2-6-36

符号样式器工具对话框中的各选项参见符号喷枪工具，如图 2-6-37 所示。

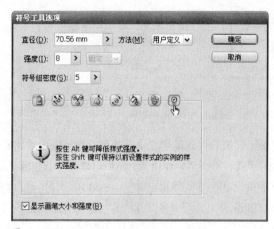

图 2-6-37

2.6.3　增强的符号编辑功能

通过控制面板我们可以很方便的对每个符号实例进行编辑、复制或者替换。

如图 2-6-38 所示，我们绘制 3 个图形，分别定义为符号，依次命名为矩形、圆形和星形，如

图 2-6-39 所示。

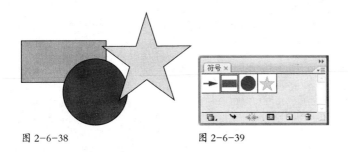

图 2-6-38   图 2-6-39

选中矩形符号，点击符号面板上的符号选项按钮，打开符号选项对话框中，我们设定矩形符号类型为影片剪辑，同时勾选启用 9 格切片缩放的参考线选项，如图 2-6-40 所示。

图 2-6-40

确定后，我们可以在控制面板中为实例重新进行命名，或者从替换选项下拉列表中选择不同的符号实例进行替换，如图 2-6-41 所示。

图 2-6-41

通过双击图稿中某个符号实例或者单击控制栏上"编辑符号"按钮，将弹出如图 2-6-42 所示对话框，单击"确定"按钮后可以将该符号进行隔离，在隔离模式下，只能编辑符号实例，画板上的所有其他对象将灰显并且无法使用。在退出隔离模式后，将相应地更新"符号"面板中的符号以及该符号的所有实例，如图 2-6-43 所示，此时可以看到 9 格切片缩放的参考线。

图 2-6-42

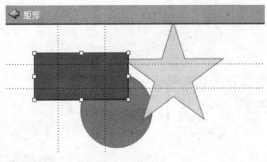

图 2-6-43

注意：如果双击符号面板中的某个符号，将会在窗口视图中间仅显示该符号实例并自动进入可编辑状态。

我们把上例中的青色矩形转换为圆角方形，确定后，所有符号实例都将自动发生相应的变化，如图 2-6-44 所示。

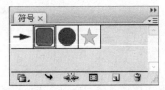

图 2-6-44

2.6.4　符号在 Flash 中的应用

在 Illustrator 文件中定义符号可以有效的减小动画的大小。在导出后，每个符号仅在 SWF 文件中定义一次。可以通过复制和粘贴图稿、以 SWF 格式存储文件、将图稿直接导出到 Flash 等方式将 Illustrator 图稿移到 Flash 编辑环境中，或者将其直接移到 Flash Player 中。

需要注意以下几点：

要在使用符号时尽量减小文件大小，应当为"符号"面板中的符号（而不是图稿中的符号实例）应用效果。

使用"符号着色器"和"符号样式器"工具会导致 SWF 文件更大，因为 Illustrator 必须创建每个符号实例的副本以保持它们的外观。

下面我们把上述 3 个符号实例拷贝并粘贴到 Flash 中，将会弹出如图 2-6-45 所示的对话框，确定后，符号实例将出现在 Flash 场景中，如图 2-6-46 所示。

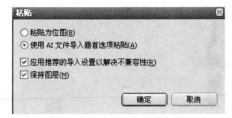

图 2-6-45

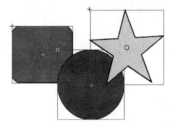

图 2-6-46

Illustrator 中定义的符号转换为相应的 Flash 元件，如图 2-6-47 所示。

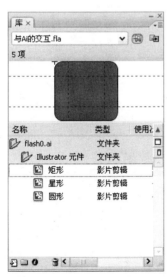

图 2-6-47

如果要在 Illustrator 中创建完整的版面，然后使用一个步骤将其导入到 Flash 中，则可以按原有的 Illustrator 格式 (AI) 存储图稿，并在 Flash 中使用 " 文件 " > " 导入到舞台 "，或 " 文件 " > " 导入到库 " 命令将其导入到 Flash 中（具有较高的保真度），如图 2-6-48 所示。

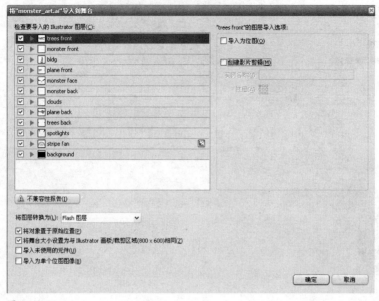

图 2-6-48

在此对话框中我们可以选择将 Illustrator 图层转换为 Flash 图层、关键帧或单一的 Flash 图层。

对象组织 3

学习要点

· 掌握 Illustrator 中对象的选择、排列和对齐方法
· 掌握图层面板的基本使用和基本功能
· 掌握利用图层管理对象的方法

3.1 图形的选择

Adobe Illustrator CS3 是一个面向对象的程序，在做任何操作以前都必须首先选择对象，以指定后续操作针对的对象，因此 Illustrator 提供了多种选取相应对象的方法。

3.1.1 工具箱中的选取工具

Adobe Illustrator CS 3 的工具箱中有 5 个选择工具：　、　、　、　、　，分别代表不同的功能，并且在不同的情况下使用。

1. 选择工具（　）

使用选择工具在路径或者图形的任何一处单击鼠标，就会将整个路径或者图形选中。当选择工具在未被选定中的图形或路径上时，选择工具变成　；当选择工具在已被选中的图形或路径上时，选择工具变成　；当选择工具在一个锚点上时，一个空心的方块会出现在箭头后（　）。选中后的路径上每个锚点都是实心正方形，表示每个锚点都被选中。

使用选择工具选择图形有两种方法：一是使用鼠标单击图形，就可将图形选中；二是使用鼠标拖动矩形框圈选部分图形，也可将图形全部选中，如图 3-1-1 所示。

使用选择工具选中图形后，就可以拖动鼠标移动图形的位置了。

如果希望同时选中多个图形，可在选中第一个图形后按住键盘上的 Shift 键，使用选择工具继续选择其他图形；也可以使用鼠标拖动矩形框同时选中框内的图形，如图 3-1-1 所示。

图 3-1-1

使用选择工具选中图形后，除了图形显示选中状态外，在图形的外部还将出现一个矩形的定界框。矩形外框包括 8 个调整点，把选择工具放在不同的调整点上，分别呈现出 4 种不同的形式，拖动 4 个角上的控制点就会缩放图形，如图 3-1-2 所示；移动到矩形框外不远处光标将变为双向的箭头，单击拖曳可以旋转对象，如图 3-1-3 所示。

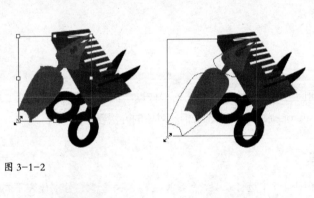

图 3-1-2

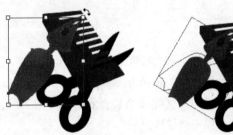

图 3-1-3

在使用其他工具的时候也可以使用选择工具，确定最后一次使用的选取工具是选择工具（ ），按住 Command（Mac OS）/Ctrl（Windows）键，就可以将工具临时性地切换到选择工具。

2. 直接选择工具（ ）
直接选择工具可以选取成组对象中的一个对象、路径上任何一个单独的锚点或某一路径上的线段，在大部分的情况下直接选择工具是用来修改对象形状的。

当直接选择工具在未被选中的物体或路径上时，直接选择工具变成 ▷■；当直接选择工具在已被选中的物体或路径上时，直接选择工具变成 ▷□。

直接选择工具选中一个锚点后，这个锚点以实心正方形显示，其他锚点以空心正方形显示，如图 3-1-4 所示。如果被选中的锚点是曲线点，曲线点的方向线及相邻锚点的方向线也会显示出来，如图 3-1-5 所示。使用直接选择工具拖动方向线及锚点就可改变曲线形状及锚点位置，也可以通过拖动线段改变曲线形状，如图 3-1-4 所示。

图 3-1-4   图 3-1-5

使用直接选择工具在图形边线上单击鼠标，若在锚点上单击，则此锚点被选中；若鼠标并未在锚点处单击，直接单击在边线上，则边线的选择状态如图 3-1-6 所示。若使用此工具画矩形框选择图形边线的一部分，则在此选择范围内的锚点都被选中，如图 3-1-7 所示。

图 3-1-6   图 3-1-7

3. 编组选择工具（ ▷+ ）

有时为了制作上的方便，会把几个图形成组，如果要移动这一组图形，只需用选择工具选择任意图形，就可以把这一组图形都选中。如果这时要选择其中一个图形，需要使用编组选择工具。

在成组的图形中，使用编组选择工具单击鼠标选中其中的一个图形，双击鼠标就可选中这一组图形。如果图形属多重成组图形，那么每多单击一次鼠标，就可多选择一组图形。

例如，如图 3-1-8 所示，将图中灰色最淡的六边形选中，选择"对象 > 成组"命令，将选择的六边形成组，再将图中深灰色的六边形选中，如图 3-1-9 所示，然后将其成组。选择选择工具，同时选取浅灰色和深灰色六边形，再将其成组，也就是说，现在有一个大组和两个小组。选择编组选择工具，在成组的某个浅灰色的六边形上单击，该六边形被选中，再单击鼠标，成组的浅灰色六边形都被选中，再单击鼠标，包括深灰色在内的成组的六边形也被选中。在制作图案图表时使用这种方法非常实用。

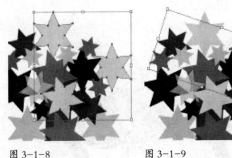

图 3-1-8   图 3-1-9

4. 魔棒工具（ ✳ ）

魔棒工具的出现对于具有某种相同或相近属性的对象的选取，带来了前所未有的快捷和方便。该魔棒工具和 Adobe Photoshop 中的魔棒工具使用方法相似，利用这一工具可以选择具有相同或相近的填充色、边线色、边线宽度、透明度或者是混合模式的物体，如图 3-1-10 所示。

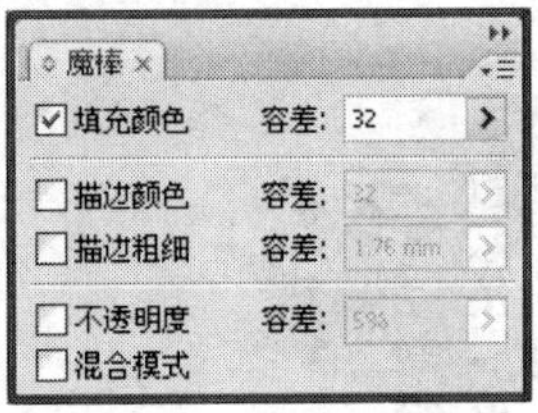

图 3-1-10

魔棒工具选项面板中的各选项用途如下所示。

· "填充颜色"——以填充色为选择基准，其中"容差"的大小决定了填充色选择的范围，数值越大选择范围就越大；反之，范围就越小。

· "描边颜色"——以边线色为选择基准，其中"容差"的作用同"填充颜色"。

· "描边粗细"——以边线色为选择基准，其中"容差"决定了边线宽度的选择范围。

· "不透明度"——以透明度为选择基准，其中"容差"决定了透明程度的选择范围。

· "混合模式"——以相似的混合模式作为选择的基准。

对于位置分散的具有相同或相近某种属性的物体，魔棒工具能够单独选取目标的某种属性，从而令整个具有相同或相近某种属性的物体全部选取。

如图 3-1-11 所示，如果要选择浅灰色的六边形，双击魔棒工具，打开该工具的选项面板，可将魔棒做如图 3-1-12 所示的设置。然后在如图 3-1-13 所示的位置单击，图中所有的浅灰色六边形都被选中，虽然图中也有相同颜色的六边形，但是因为透明度的不同而未被选中。

图 3-1-11　　　　　　图 3-1-12　　　　　　图 3-1-13

5. 直接套索工具（ ）

直接套索工具可以通过自由拖动的方式选取多个物体、锚点或者路径片段。

如图 3-1-14 所示，选取标注黑点的锚点，如果是通过直接选择工具选取，需要按住 Shift 键来配合，但是直接套索工具可以仅通过自由地拖动达到这一目的，如图 3-1-15 所示。

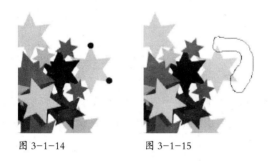

图 3-1-14　　　　　　图 3-1-15

使用渐变网格进行多点同色编辑时，直接套索工具的作用彰显不凡。

3.1.2　菜单中的选取命令

"选择"菜单下有很多不同的关于选择的命令。

· 全部"命令，用于全选页面内的物体。

· "取消选择"命令，用于取消对页面内的物体选择。

· "重新选择"命令，用于选择执行取消选择命令前的被选择的物体。

· "反向"命令，用于选择当前被选择物体以外的物体。

· 当物体被堆叠时，可通过"选择 > 上方的上一个对象"命令，来选择当选物体紧邻的上面的物体。

如图 3-1-16 所示的图形，通过线稿图可以发现在深灰色的大圆下面还有一个小圆，如图 3-1-17 所示。如果直接通过选择工具，在预览图状态下是无法选取小圆的，但是先选择正方形，再通过"上方的上一个对象"命令，就可以将小圆选中，如图 3-1-18 所示。

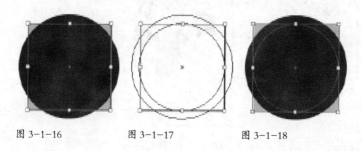

图 3-1-16   图 3-1-17   图 3-1-18

· 当物体被堆叠时，可通过"选择 > 上方的上一个对象"命令，来选择当选物体紧邻的下面的物体。

· "选择 > 相同"命令中有一系列子菜单命令用于选择具有相同属性的物体。可同时选择具有相同"混合模式"、"填充和描边颜色"、"填充颜色"、"不透明度"、"描边颜色"、"描边宽度"、"样式"、"符号实例"以及"链接块系列"的物体。

· "选择 > 对象"命令中的子菜单命令，用于选择页面内相同的物体。

· "同一图层上的所有物体"命令表示可同时选择同一图层内的所有的物体；"方向手柄"命令表示可选择锚点和线段的方向线的手柄；"画笔描边"命令表示可同时选择具有画笔笔触效果的所有物体，如图 3-1-19 所示。

图 3-1-19

· "剪切蒙版"命令表示可同时选择施加剪贴蒙版的所有的物体，如图 3-1-20 所示。

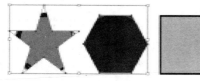

图 3-1-20

· "游离点"命令表示可同时选择页面内的游离的锚点；"文本对象"命令表示可同时选择页面内所有的文本物体。"Flash 动态文本"和"Flash 输入文本"命令可以选择页面内经过相应标记的文本。

3.2 图形的位置关系

在图形软件中，各个图形之间具有前后关系，后画的图形位于先画图形的前面，不管图形之间是否重叠，它们的前后关系总是存在的，这个关系不会随着图形的移动而改变，除非通过命令来改变它们。

3.2.1 图形的排列

如图 3-2-1 所示，先后绘制 3 个图形。羽毛图形位于最前端，运动衫图形位于中间部位，手形图形位于最下层。但在绘图时，手形图形最先绘制，其次绘制运动衫图形，羽毛图形最后绘制。下面通过选择命令改变它们之间的前后关系。

图 3-2-1

"对象 > 排列"有很多子菜单命令，选择此菜单中的选项来改变图形的前后关系："置于顶层"

命令可将所选图形放到所有图形的最前面;"前移一层"命令可将所选的图形向前移一层;"后移一层"命令可将选中的图形向后移一层;"置于底层"命令可将所选图形放到所有图形的最后面。

改变图 3-2-1 中各图形的位置关系。首先选中羽毛图形,然后选择"对象 > 排列 > 置于底层"命令将其置到最后;第二步选择运动衫图形,再选择"对象 > 排列 > 后移一层"命令;此时手形图形就位于羽毛、运动衫两图形前面,效果如图 3-2-2 所示。当然,也可以首先选择手形图形执行置于顶层命令,再选择运动衫图形执行前移一层命令也可以得到同样的结果。

图 3-2-2

3.2.2　图形的对齐

选择"窗口 > 对齐"菜单命令,弹出"对齐"面板,如图 3-2-3 所示,可定义多个图形的排列方式。

图 3-2-3

在"对齐"面板中,上面一排小图标表示图形的对齐方式,从左到右分别为:图表示水平齐左,图表示水平居中,图表示水平齐右,图表示垂直上齐,图表示垂直居中,图表示垂直下齐。

在"对齐"面板中,第二排小图标表示图形的分布方式,从左到右分别为:图表示按图形上部垂直平均分布,图表示按图形中心垂直平均分布,图表示按图形下部垂直平均分布,图表示按图形左部水平平均分布,图表示按图形中心水平平均分布,图表示按图形右部水平平均分布。

在"对齐"面板中，第三排小图标可以确定图形的等距离，等距离的确定可以通过自动的方式，也可以通过自定义的方式。图标从左到右分别为：⊟表示图形在水平方向上的等距离，◫表示图形在垂直方向上的等距离。

单击"对齐"面板右上角的小黑三角形，可以打开面板的弹出菜单。

· "隐藏／显示选项"命令，可以隐藏／显示面板的选项。

· "使用预览边界"命令，可以预览对齐物体的最外边的边框，图 3-2-4 所示为没有选择该命令的结果，图 3-2-5 所示为选择了该命令的结果。

图 3-2-4　　　　图 3-2-5

· "对齐到画板"命令，可以令物体的对齐不是按照路径而是按照边线色对齐，图 3-2-6 所示为没有选择该命令的结果，图 3-2-7 所示为选择了该命令的结果。

图 3-2-6　　　　图 3-2-7

· "取消关键对象"命令,可以取消基准物体,以顶对齐为例,在没有选择基准物体时,多个物体的顶对齐是以最上边的物体作为基准的,但是,选择多个物体后,再单击某个物体,该物体就成为基准物体,所有物体的顶对齐都以该物体的顶部为基准。

3.3 图层

通过图层可将多个对象组织为不同的数个层级,可把它们当成独立单元来编辑和显示。也可以使用"图层"面板,将外观属性应用至图层、编组和对象上。

3.3.1 图层简介

建立复杂的对象时,记录文件窗口中的所有对象是一件困难的事。小对象经常被大对象遮盖,选取下层被遮盖的对象变得极其困难。图层提供了管理所有构成对象的方法。可以将图层视为含对象的透明文件夹。如果将文件夹重新编组,就会改变对象中对象的堆叠顺序。可以在文件夹之间移动对象,也可以在文件夹之中建立子文件夹。

文件中图层的结构可以依照用户的需要变得简单或复杂。默认状态下,所有对象都整合组织在单一主图层中。也可以建立新图层,然后将对象移入其中,或随时将一个图层的元件移至另一个图层中。"图层"面板提供了简易的方法,可以选取、隐藏、锁定及改变对象的外观属性,甚至还可以制作模板图层,用来描绘对象并与 Photoshop 交换图层。

3.3.2 使用"图层"面板

如图 3-3-1 所示,当使用"图层"面板列出并控制文件中的所有图层时,会从最上方图层开始。每个图层都包含路径、编组、封套、复合形状、复合路径、实时填色组及子图层等对象。可以展开或收合"图层"面板中的对象,显示或隐藏对象的内容。

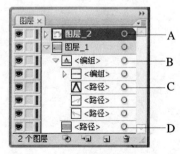

图 3-3-1　A. 顶级图层　　　　　B. 作为编组的子图层
　　　　　　C. 编组中的子图层　　D. 与编组同级的对象

1. 显示图层面板选项

"图层"面板菜单中选择"面板选项",即可打开"图层面板选项"对话框,如图 3-3-2 所示。

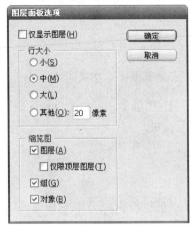

图 3-3-2

2. 改变面板的显示方式

在"图层面板选项"中,选取"仅显示图层",可隐藏"图层"面板中的路径、编组和集合元件。在"行大小"选区中,可选取选项来指定横栏高度(若要自定义大小,输入 12~100 的数值)。若需要缩略图,请选取要显示缩略图预览的图层、组和对象的组合。

注意:处理复杂文件时,在"图层"面板中显示缩略图可能会降低运行速度。关闭图层缩略图即可提升效能。

3. 展开图层及编组

单击图层或编组名称左边的三角形。如果对象是空的,就不会显示三角形,表示其中没有任何内容可以展开。再单击即可收合该对象。

4. 选取图层

在"图层"面板中单击图层名称。也可以在图层列表中任何一处,同时按住 Option + Command 键 + 鼠标单击(Mac OS)或是同时按住 Ctrl+Alt 键加鼠标单击(Windows),然后键入要选取的图层名称或编号(例如,输入 30 可跳至图层 30)。按 Shift 加鼠标单击可选取多个相邻的图层;或按 Command+ 鼠标按键(Mac OS)或 Ctrl+ 鼠标左键(Windows)来选取多个不相邻的图层。

选取图层列表之后,即反白显示该图层,而在面板中对象的最右边显示目前图层标志。用户所描绘或用任何对象工具所建立的任何路径都被放在选取的图层列表中。

3.3.3 新建图层

每一个 Adobe Illustrator CS3 新文件都包含一个 图层。可以使用各种不同的方法来增加图层。

1. 在所选取的图层上建立新图层

可进行下列操作之一。

· 若要使用预设的图层选项，则单击"图层"面板的"创建新图层"按钮即可。

· 若要设定图层选项，可从"图层"面板菜单中选择"新建图层"，或是按住 Option 键（Mac OS）/Alt 键（Windows），单击面板底部的"创建新子图层"按钮。

2. 在所选取的图层之内建立新子图层

可进行下列操作之一。

· 若要使用预设的子图层设定，则单击"图层"面板的"创建新子图层"按钮即可。

· 若要设定子图层选项，从"图层"面板菜单中选择"创建新子图层"，或是按 Alt 键（Windows）/ Option 键（Mac OS），单击"创建新子图层"按钮。

3. 在图层列表最上端建立新图层

在"新建图层"按钮上按 Command 键 + 鼠标按键（Mac OS）或按 Ctrl 键 + 鼠标左键（Windows）。

3.3.4 设定图层选项

使用"图层选项"或"选项"对话框，如图 3-3-3 所示，为"图层"面板中的对象设定选项。

可进行下列操作之一。

图 3-3-3

· 若要设定对象或图层的图层选项，则双击列出的对象。也可以选取该对象，然后从"图层"面板菜单中，选择图层名称"选项"即可。

· 若要在建立新图层时设定图层选项，则从"图层"面板菜单中，选择"新建图层"或"创建新子图层"；或是在"新建图层"或"创建新子图层"按钮上，按 Alt 键 + 鼠标按键（Windows）或是按 Option 键 + 鼠标按键（Mac OS）均可设定图层选项。

在弹出的"图层选项"对话框中，设定一项或多项，如图 3-3-3 所示。

· "名称"用来在"图层"面板中自定图层或对象的名称。

· "锁定"用来防止图层中所含的对象被更改。

· "显示"用来显示画板上图层中所包含的全部对象。

注意：只有"名称"、"显示"、"锁定"等选项才能供对象、编组及集合元件使用。

· "颜色"用来指定图层的色彩设定。可以从菜单中选择颜色，或双击颜色色票来选取颜色。

· "模板"用于将图层设定为模板图层。

· "打印"用于将图层中所含对象制作成可打印对象。

· "预览"用来显示在"预览"显示，而非"外框"显示中的图层所含的对象。

· "变暗图像至"用于将图层中所含链接图像和位图图像的强度减低至所指定的百分比。

3.3.5 改变图层对象的显示

默认状态下，Illustrator CS3 在"图层"面板中为每一个图层指定惟一的颜色。选取图层中的一个或多个对象时，颜色会显示在图层的选取直栏中，也会显示在所选对象的选取直栏中。此外，文件窗口会针对所选对象的边框、路径、锚点和中心点显示相同的颜色。可以使用此颜色，在"图层"面板中快速查找对象的对应图层，也可以视需要改变此图层颜色。

可以在图层中使用图层面板切换图层中对象的显示模式（在"预览"显示与"外框"显示之间）以便在外框中显示某些对象，而在完稿中显示其他对象。可以模糊连接图像与位图图像，使编辑图像上方的对象更为容易。这在描绘位图图像时特别有用。

1. 改变图层的色彩设定

（1）双击"图层"面板中的图层名称，或是选取图层，然后从"图层"面板菜单中选择图层名称"选项"。

（2）在"图层选项"对话框中，从"颜色"弹出菜单中，选择颜色，或是双击色样，开启"颜色"对话框。选取颜色之后，单击"确定"按钮。

2. 在外框或预览中显示图层

可进行下列操作之一。

· 在"图层"面板中的眼睛图示上，按 Command 键 + 鼠标按键（Mac OS）或按 Ctrl 键 + 鼠标按键（Windows），即可在"外框"显示和"预览"显示间切换。

注意：启动"外框"显示时，眼睛图示中心会有空洞，而启动"预览"显示时，中心会填满。

· 在眼睛图示上，按 Option 键 +Command 键 + 鼠标按键（Mac OS）或按 Alt 键 +Ctrl 键 + 鼠标按键（Windows），可切换至"图层"面板中其他所有图层的显示模式。

· 双击"图层"面板中的图层名称，或是选取图层，然后从"图层"面板菜单中选择图层名称"选项"。取消选取"预览"选项，可在"外框"显示中显示图层的所有对象；选取"预览"选项，可在预览显示中显示图层的所有对象。

· 从"图层"面板菜单中选择"预览所有图层"，可在"预览"显示中显示所有图层。

· 如果所有图层都在"预览"显示中，则选取一个或多个图层，然后从"图层"面板菜单中，选择"轮廓化其他图层"，即可显示"外框"显示中未选取的图层。

提示：若要改变整份文件的显示，可以选择"视图"菜单顶端的"外框"或"预览"命令。

3. 模糊位图图像

（1）双击其中包含所要模糊的位图图像，或是选取图层，然后从"图层"面板菜单中选择图层名称"选项"。

（2）在"图层选项"对话框中，选取"变暗图像至"，输入强度百分比（0%~100%），然后单击"确定"按钮。

4. 显示模板图层上的位图图像

（1）选择"文件 > 文档设置"命令。

（2）从对话框上端的弹出菜单中选择"画板"，再选取"以轮廓模式显示图像"选项，然后单击"确定"按钮。

3.3.6 将对象释放到个别的图层上

"释放到图层"命令可以将一个图层的所有对象重新均分到个别的图层，也可以根据对象的堆叠顺序，在每一个图层上建立新的对象。可以使用这项功能来为文件作好准备，以便制作成网络动画作品。

（1）在"图层"面板中选取一个图层或编组。

（2）进行下列操作之一。

· 若要将各对象释放到新图层上，从"图层"面板菜单中选择"释放到图层（顺序）"。

· 若要将对象释放到图层中并复制对象以便建立累积渐增的顺序，从"图层"面板菜单中选择"释放到图层（累积）"。最底层的对象会出现在每一个新图层上，而最顶端的对象只会出现在最顶端的图层中。例如，假设图层 1 包含一个圆形（最底端对象）、正方形和三角形（最顶端对象），则此命令会建立 3 个图层，一个图层包含一个圆形、正方形和三角形；一个图层包含一个圆形和一个正方形；而另一个图层中则只包含一个圆形。这在建立累积渐增的动画顺序时很有用。

3.3.7　收集图层

"收集到新图层中"命令会将"图层"面板中的选取对象移至新图层。

（1）在"图层"面板中，选取要移到新图层的图层，按住 Command（Mac OS）或 Ctrl（Windows）来选取多个不相邻的图层；按住 Shift 键则可选取相邻的图层。

（2）在"图层"面板菜单中，选择"收集到新图层中"命令。

3.3.8　合并图层

合并与拼合图层很类似，都能将对象、编组和子图层合并到单一图层或编组。可以运用合并功能，选取所要合并的对象；运用拼合功能，将对象中所有可见的对象合并到单一的主图层中。在两个选项中，对象的堆叠顺序都维持不变，但其他图层层级属性则不会保留，如剪裁遮色片。

只有在"图层"面板中的相同阶层上的图层才能互相合并。同样，只有在相同图层和相同阶层上的子图层才能互相合并。对象则不能互相合并。

1. 将对象合并到单一图层或编组中

（1）在"图层"面板中选取要合并的图层或子图层。

注意：对象会合并到最后选取的图层或编组中。

（2）在"图层"面板菜单中选择"合并所选图层"命令。

2. 拼合对象

（1）请选取要合并其对象的图层。无法将隐藏、锁定或模板图层的对象拼合。

（2）选择"图层"面板菜单中的"拼合图稿"命令。

如果隐藏的图层包含对象，会弹出提示框，提示是要显示对象，以便进行拼合以汇入图层中；或是要删除对象及隐藏的图层。

3.3.9 找出图层面板中的对象

当在文件窗口中选取对象时，可以使用"定位对象"命令迅速找到"图层"面板中相对应的对象。要在收合图层中找出对象时，这个命令特别有用。

指出对象在图层面板中的位置

（1）在文件窗口中选取一个对象。若选取一个以上的对象，则会指出堆叠顺序中最前方对象的位置。

（2）在"图层"面板菜单中选择"定位对象"命令。如果选取了"仅显示图层"面板选项，这个命令就会变成"定位图层"。

3.3.10 使用图层面板来改变对象的堆叠顺序

文件窗口上对象的堆叠顺序对应于"图层"面板中的对象阶层架构。"图层"面板中最上层图层的对象是在堆叠顺序的前面，而"图层"面板中最下层图层的对象是在堆叠顺序的后面。在图层之内，对象也是依阶层架构排列。

注意：不能将路径、编组或集合元件移到"图层"面板中最上面的位置，只有图层能够留在图层阶层架构的最上面。

1. 使用图层面板来改变对象的堆叠顺序

在"图层"面板中进行下列操作之一。

·在面板中拖曳对象的名称，然后当所要的位置出现黑色插入标记时放开鼠标按钮。黑色插入标记会出现在面板的其他两个对象之间，或出现在图层或编组的左侧和右侧。在图层或编组上方放开的对象会移到该图层或编组中的其他所有对象的上方。

·单击对象的选取直栏（位于目标按钮和卷轴之间），再将其选取颜色框拖曳到不同对象的选取颜色框，然后放开鼠标按钮。将对象的选取颜色框拖曳到对象后，对象就会移到对象的上方；如果将它拖曳到图层或编组，该对象就会移到该图层或编组的其他所有对象上方。

2. 反转图层面板中对象的顺序

（1）选取要反转顺序的对象列表（选取列表后，对象就会在面板中反白）对象必须在图层阶层架构的相同层次上。例如，可以选取最上层的两个图层，但是不能选取位于不同图层的两个路径。

(2) 在"图层"面板菜单中，选择"反向顺序"命令。

3. 利用移至目前图层命令，将对象移入不同图层中

(1) 选取想要移动的对象。其选取颜色框应该显示在"图层"面板的选取直栏中。

(2) 若要指定对象移动的位置，请在"图层"面板中单击所要图层的名称（非其目标图示或选取颜色标记）。

注意: 图层应该反白并显示目前图层标志。在步骤 1 中选取的对象应仍会显示其选取颜色框。

(3) 选择"对象 > 排列 > 发送至当前图层"命令。

提示：也可以利用"剪切"和"贴在前面"命令在图层间移动对象。

3.3.11 在当前的图层贴上对象

"粘贴时记住图层"选项决定对象要贴在图层阶层架构中的位置。根据预设值，"粘贴时记住图层"是关闭的，而对象是贴入"图层"面板内的当前图层里。"粘贴时记住图层"若为开启，则对象会贴入拷贝时所在图层，而不管"图层"面板的作用中图层为何。

提示：如果是在文件之间贴对象，就开启"粘贴时记住图层"，然后让对象自动放在与原来图层名称相同的图层之中。如果目标文件没有相同名称的图层，Illustrator CS3 会建立新图层。

设定粘贴时记住图层选项，则从"图层"面板菜单中，选择"粘贴时记住图层"命令。选项开启时会打勾。

3.3.12 使用图层面板复制对象

可以使用"图层"面板迅速地复制对象、编组以及整个图层。这在制作动画时很有用，也可以在对象中建立各种不同版本的元件。

(1) 在"图层"面板中选取要复制的对象或图层。

(2) 可进行下列操作之一。

· 从"图层"面板菜单中选择"复制"图层名称命令。

· 拖曳面板中的对象至面板下的"新建图层"按钮。

· 开始将对象拖曳到"图层"面板中的新位置上，然后按住 Option 键（Mac OS）或 Alt 键

（Windows）。当标志位于要放置复制对象的地方时，松开鼠标按钮。如果在标志指向图层或编组时松开鼠标按钮，复制对象会新增至图层或编组的上方。如果在标志位于对象之间时松开鼠标按钮，复制对象就会新增至指定的位置。

图形编辑 **4**

学习要点

- 了解变换工具和相关控制面板的功能，包括移动、缩放、旋转、反射、倾斜、弯曲、改变形状、扭曲和自由变换，变换和对齐控制面板等，以及在给定的环境中决定选择何种工具进行操作
- 了解即时变形工具的用途，包括变形、旋转扭曲、缩拢、膨胀、扇贝、晶格化和褶皱工具等
- 了解封套扭曲的创建和修改方法
- 了解路径相关的编辑命令，包括边线转图形、路径偏移等

4.1 改变形状工具及其相关的控制面板

在图形软件中，改变形状工具的使用频率非常高，除了菜单中的变形命令之外，工具箱中常备的改变形状工具有旋转工具、比例缩放工具、镜像工具、倾斜工具以及改变形状工具等。

4.1.1 旋转工具

旋转工具（◯）可以使图形绕固定点旋转。

首先选择工具箱中的椭圆形工具在页面上画一个椭圆，保持椭圆的选中状态，选择工具箱中的旋转工具，此时所选椭圆的中心会有一个 ✦ 图标，如图 4-1-1 所示。

图 4-1-1

当鼠标移到页面上时，是十字交叉的符号，此时可按住鼠标拖曳，✛ 图标所代表的是旋转的固定点。在拖曳过程中，鼠标变成 ▶ 图标，如图 4-1-2 所示，当松开鼠标时，原来的椭圆形被旋转，并且仍保持在选中状态，如图 4-1-3 所示。

如果想通过旋转复制一个新的椭圆形，就在鼠标拖曳旋转的过程中按住键盘上的 Option（Mac OS）/Alt（Windows）键，此时，鼠标变成 ✛ 图标，如图 4-1-4 所示，旋转完成后，原来的椭圆形保持位置不变，新复制的椭圆形相对于原来的椭圆形旋转了一个角度，如图 4-1-5 所示。

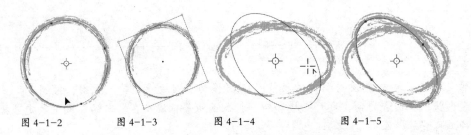

图 4-1-2   图 4-1-3   图 4-1-4   图 4-1-5

图形旋转基准点的位置可随时改变，先单击第一点作为改变后的中心点，再拖移第二点来设定角度。如果拖移的同时按 Shift 键，那么旋转角度即被定为 45°或 90°。

如果想精确控制旋转的角度，选择旋转工具后，首先按住 Option（Mac OS）/Alt（Windows）键，然后单击鼠标（鼠标的击点将成为旋转的固定点，所以单击鼠标之前就要选好位置），此时就会弹出一个"旋转"对话框，如图 4-1-6 所示。若双击工具箱中的工具图标，也会弹出对话框。在角度后面的数字框中可输入旋转的角度值，当选中右下角的"预览"选项后就可看到页面中图形的变化。

在"选项"栏下有"对象"和"图案"两个选项，此时是灰色的，无法选中，这和软件定义的连续图案有关，在后面的章节中将会讲到。

如果要取消旋转，就用鼠标单击"取消"按钮，如果执行旋转命令，单击"确定"按钮。如果要保留原图形，可以复制一个图形进行旋转，然后单击"复制"按钮。对如图 4-1-7 所示的图形进行 3 次旋转和拷贝得到如图 4-1-8 所示的结果。需要注意的是其旋转中心位于三角形图形的左下部。

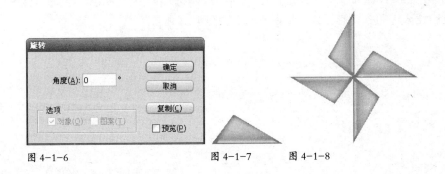

图 4-1-6   图 4-1-7   图 4-1-8

4.1.2 比例缩放工具

比例缩放工具（🔲）可随时对 Illustrator 中的图形物体进行缩放，缩放时和前面讲到的旋转工具一样，也需要先确定固定点，下面举例说明。

使用工具箱中的钢笔工具，在页面上画一组羽毛，保持羽毛的被选中状态，选择工具箱中的比例缩放工具，此时所选羽毛的中心会有一个 ✛ 图标，如图 4-1-9 所示。

当鼠标移到页面上时，是十字交叉的符号，此时可按住鼠标拖曳，✛ 图标所代表的是缩放的基准点，在拖曳过程中，鼠标变成 ▶ 图标。向外拖曳鼠标可将原来的羽毛放大，向内拖曳鼠标可将原来的羽毛缩小，当松开鼠标时，原来的羽毛被缩放，如图 4-1-10 所示。

图 4-1-9   图 4-1-10

如果要通过比例缩放工具复制一个新的羽毛，可在鼠标拖曳缩放的过程中按住键盘上的 Option（Mac OS）/Alt（Windows）键，此时鼠标变成 ✛ 图标，缩放完成后，原来的羽毛保持位置不变，新复制的羽毛相对于原来的羽毛进行了缩放。

羽毛缩放基准点的位置也可随时改变，方法就是用鼠标在将要作为基准点的位置单击，✛ 图标就会移动到新的位置。

如果要精确控制缩放的角度，在工具箱中选择比例缩放工具后，首先按住 Option（Mac OS）/Alt（Windows）键，然后单击鼠标（鼠标的击点将成为缩放的基准点，所以单击鼠标之前就要选好位置），此时就会弹出一个如图 4-1-11 所示的"比例缩放"对话框。若双击工具箱中的工具

图 4-1-11

图标，也会弹出该对话框。当选中"等比"时，可在"比例缩放"后面输入百分比，如果图形有描边或效果，并且描边或效果也要同时缩放，可选中"比例缩放描边和效果"选项；当选中"不等比"时，在下面会出现两个选项，可分别输入水平和垂直的缩放比例。当选中右下角的"预览"选项就可看到页面中图形的变化。

如果要取消缩放命令，就用鼠标单击"取消"按钮；如果要执行缩放命令，就单击"确定"按钮；如果想保留原图形，复制一个图形进行缩放，就单击"复制"按钮。对如图 4-1-12 所示的花瓣图形进行 4 次 80% 的缩小和拷贝，得到如图 4-1-13 所示的效果。需要注意的是其缩放中心位于花瓣的中心。

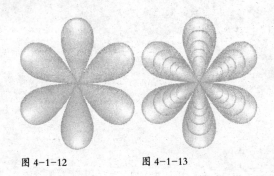

图 4-1-12   图 4-1-13

4.1.3 镜像工具

镜像工具（🔀）可按镜像轴旋转物体。单击工具箱中的旋转工具（🔄）右下脚的小三角，可弹出小工具箱，如图 4-1-14 所示。使用鼠标单击倾斜工具按钮，镜像工具就被选中了。

在使用过程中同样需要先确定基准点，它将成为镜像轴的轴心。首先选择工具箱中的椭圆工具，在页面上画一个脚印，并保持脚印的选中状态，选中工具箱中的镜像工具，此时所选脚印的中心会有一个 ✦ 图标，如图 4-1-15 所示。

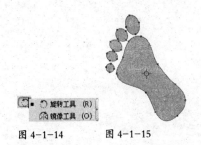

图 4-1-14   图 4-1-15

当鼠标移到页面上时，是十字交叉的符号，此时可按住鼠标拖曳，✦ 图标所代表的是镜像旋转的轴心。可以随时改变对称轴的轴心位置，用鼠标在将要作为轴心的位置单击，✦ 图标就会移动到新的位置成为轴心，如图 4-1-16 所示。在拖曳过程中，鼠标变成 ▶ 图标，当拖动鼠标时，椭圆就会沿对称轴做镜像旋转，如图 4-1-17 所示。

在拖曳过程中，如果按住键盘上的 Shift 键，可强制以 90°的对称轴来执行镜射。如果要通过镜像旋转复制一个新的脚印，就在鼠标拖曳镜像旋转的过程中按住键盘上的 Option（Mac OS）/Alt（Windows）键，此时鼠标变成 ✚ 图标，镜像旋转完成之后，原来的脚印保持位置不变，新复制的脚印相对于原来的脚印镜像旋转了 180°，如图 4-1-18 所示。

如果要精确定义对称轴的角度，首先按住 Option（Mac OS）/Alt（Windows）键，然后单击鼠标（鼠标的击点将成为对称轴的轴心，所以单击鼠标之前就要选好位置)，此时就会弹出一个"镜像"对话框，如图 4-1-19 所示。若双击工具箱中的工具图标，也会弹出该对话框。在"轴"下面有 3 个选项：水平、垂直和角度。当选中"角度"选项后，可在后面的输入框中输入相应的角度值。当选中右下角的"预览"复选项就可看到页面中图形的变化。

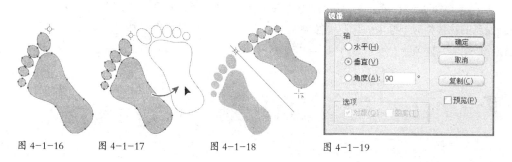

图 4-1-16   图 4-1-17   图 4-1-18   图 4-1-19

如果要取消镜像对称命令，可用鼠标单击"取消"按钮；如果要执行镜像命令，可单击"确定"按钮；如果要保留原图形，可复制一个图形进行镜像对称，可单击"复制"按钮。

4.1.4 倾斜工具

倾斜工具（**⮕**）可使图形发生倾斜，在使用过程中和前面讲的 3 个工具类似，需要先确定基准点。单击工具箱中的比例缩放工具（**⬚**）右下脚的小三角，弹出小工具箱，如图 4-1-20 所示。使用鼠标单击倾斜工具按钮，倾斜工具就被选中了。

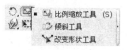

图 4-1-20

利用工具箱中的钢笔工具，在页面上画一房屋，保持房屋的选中状态，选择工具箱中的倾斜工具，此时所选房屋的中心会有一个 ✚ 图标，如图 4-1-21 所示。

当鼠标移到页面上时，是十字交叉的符号，此时可按住鼠标拖曳，✛ 图标所代表的是倾斜的固定点。拖曳过程中，鼠标变成▶ 图标，当拖动鼠标时，房屋就会发生倾斜变形，如图 4-1-22 所示。倾斜的中心点不同，倾斜的效果也不同，如图 4-1-23 所示。

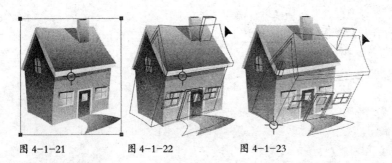

图 4-1-21   图 4-1-22   图 4-1-23

如果要通过倾斜复制一个新的物体，就在鼠标拖曳倾斜的过程中按住键盘上的 Option（Mac OS）/Alt（Windows）键，此时鼠标变成 ✛ 图标，倾斜完成之后，原来的物体保持位置不变，新复制的物体相对于原来的房屋镜像倾斜了一个角度。这一操作用来制作图形的投影非常简洁方便，如图 4-1-24 所示。

ILLUSTRATOR

图 4-1-24

如果要精确定义倾斜的角度，首先按住 Option（Mac OS）/Alt（Windows）键，然后单击鼠标（鼠标的击点将成为倾斜的基准点，所以单击鼠标之前就要选好位置），此时会弹出一个"倾斜"对话框，如图 4-1-25 所示。若双击工具箱中的工具图标，也会弹出此对话框。在"倾斜角度"后面可输入相应的角度值。在"轴"下面有 3 个选项：水平、垂直和角度。当选中"角度"选项后，可在后面的角度框中输入相应的角度值。当选中右下角的"预览"选项就可看到页面中图形的变化。

图 4-1-25

4.1.5 改变形状工具、自由改变形状工具

改变形状工具（￥）可在保持图形形状的同时移动锚点。图 4-1-26 所示为波浪线原图；图 4-1-27 所示为通过直接选择工具（￥）移动路径上的右边端点；图 4-1-28 所示为通过改变形状工具来移动路径上的右边端点，路径依旧保持了原来的形状。

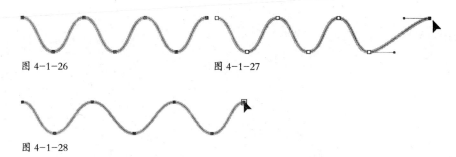

图 4-1-26　　　　　　　　　图 4-1-27

图 4-1-28

当然，通过改变形状工具也可以改变单个锚点的位置，方法如下所述。首先用钢笔工具绘制一个人物，取消选中状态，使用直接选择工具选中其中的一个锚点，然后选择工具箱中的改变形状工具（￥），选中这一锚点。如果要同时移动几个锚点，按键盘上的 Shift 键继续选择；如图 4-1-29 所示。此时使用改变形状工具（￥）在页面内拖曳，被选中的锚点随着移动，而其他锚点位置不变，如图 4-1-30 所示。

图 4-1-29　　　　图 4-1-30

如果此时使用改变形状工具在路径上单击鼠标，路径上就会出现新的曲线锚点。

使用自由改变形状工具（￥）也可以使图形发生倾斜。在使用自由改变形状工具前需要用选择工具选中需要变形的图形，如图 4-1-31 所示，将光标移动到图形选择框上直至出现 ￥ 手柄，如图 4-1-32 所示时，按住鼠标右键不放，这时按住 Option + Command（Mac OS）/Alt + Ctrl（Windows）键就可以对图形进行倾斜处理，如图 4-1-33 所示。按下 Shift + Option + Command（Mac OS）/Shift + Alt + Ctrl（Windows）键可以对图形进行透视处理，如图 4-1-34 所示；如果在拖动的过程中只按住了 Command（Mac OS）/Ctrl（Windows）键，那么就是对图形进行一个角的变

形处理；按 Shift 键组合并进行拖动可使倾斜时一条边固定。

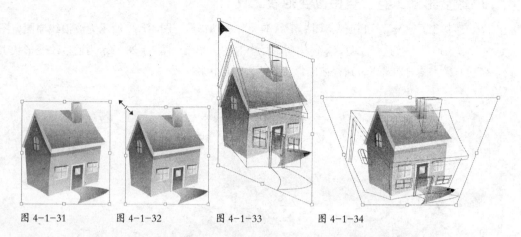

图 4-1-31   图 4-1-32   图 4-1-33   图 4-1-34

使用自由改变形状工具也可以镜像图形。先选中需要进行镜像的图形，使用自由变换工具（ ）选择框的一个手柄拖过相反方向的边或手柄，直到该图形已经达到你所要求的镜像深度，就可以完成图形的镜像。

4.1.6　变换面板

使用变换面板，同样可以移动、缩放、旋转和倾斜图形。图 4-1-35 所示为变换面板的图示。

图 4-1-35

在此面板中左边第一个图标表示图形外框。选择图形外框上不同的点，它后面的两个数字框里出现不同的数值，表示图形相应的点的位置，也可以输入数值，单击"确定"按钮之后图形的位置就发生了变化。W 和 H 后面的数值框里的数值分别表示图形的宽度和高度，改变这两个数值，图形的大小就发生了变化。面板下部的两个数值框分别表示旋转的角度值和倾斜的角度值，在这两个数值框中输入数值，图形就被旋转和倾斜。

4.1.7　再次变换命令和分别变换命令

"对象 > 变换"子菜单中有很多命令，其中移动、缩放、旋转、倾斜和对称命令和工具箱中相应的工具意义相同。再次变换命令与分别变换命令有助于提高变换的效率。选择每个命令都会弹出相应对话框。

1. 再次变换和移动命令结合使用

（1）首先绘制一个如图 4-1-36 所示的图形，并使用选择工具选中图形。

（2）执行"对象 > 变换 > 移动"命令，在弹出的"移动"对话框中设定位移数值，如图 4-1-37 所示，然后单击"复制"按钮，就得到了第二个图形。

（3）执行"对象 > 变换 > 再次变换"命令或快捷键 Command（Mac OS）/Ctrl（Windows）+D，多次执行此命令之后就得到了如图 4-1-38 所示的图形。

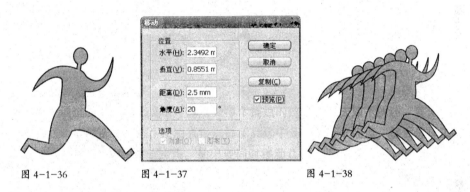

图 4-1-36　　　　　　　图 4-1-37　　　　　　　　图 4-1-38

2. 再次变换和旋转工具结合使用

（1）首先使用钢笔工具画一个三角形，填充浅灰色，如图 4-1-39 所示。

（2）然后选择镜像工具（🔀）对三角形进行镜像复制，改变所得到的三角形的填充色，如图 4-1-40 所示。

（3）再选择旋转工具，按键盘上的 Option（Mac OS）/Alt（Windows）键，在星形右下角处选定固定点，单击鼠标左键，弹出"旋转"对话框，如图 4-1-41 所示，设定"旋转角度"为 15°，单击对话框中的"复制"按钮，得到复制的旋转 15°的三角形。

（4）执行"对象 > 变换 > 再次变换"命令或快捷键 Command（Mac OS）/Ctrl（Windows）+D，多次执行此命令之后就得到了一组如图 4-1-42 所示的效果。

图 4-1-39　　　　图 4-1-40　　　　图 4-1-41　　　　　　　图 4-1-42

3. 再次变换和分别变换命令结合使用

分别变换命令可一次性对图形进行缩放、移动、旋转等变形效果。执行"对象 > 变换 > 分别变换"命令，可以打开"分别变换"对话框，在此对话框中可对各个变形选项进行编辑。

下面举例说明分别变换的使用方法。

（1）绘制出如图 4-1-43 所示的花瓣的形状。

（2）选择花瓣，执行"对象 > 变换 > 分别变换"命令，打开"分别变换"对话框，其中的各项设置如图 4-1-44 所示，单击"复制"按钮。

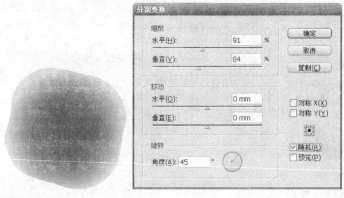

图 4-1-43　　　　　　　图 4-1-44

（3）执行"对象 > 变换 > 再次变换"命令或快捷键 Command（Mac OS）/Ctrl（Windows）+D，多次执行此命令之后就得到了一组如图 4-1-45 所示的效果。

图 4-1-45

4. 分别变换命令

分别变换命令可一次性对多个图形进行同时缩放、移动、旋转等变形效果，其中每个图形都以自身的中心点为缩放、移动、旋转中心。

下面举例说明分别变换的使用方法。

（1）使用椭圆工具绘制如图 4-1-46 所示的系列椭圆。

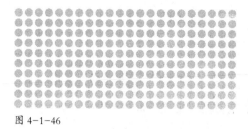

图 4-1-46

（2）使用选择工具按住 Shift 键选中需要进行缩放的椭圆，如图 4-1-47 所示。

（3）执行"对象 > 变换 > 分别变换"命令，在弹出的"分别变换"对话框中设置水平和垂直的缩放为 50％，单击"确定"按钮，得到如图 4-1-48 所示的效果。

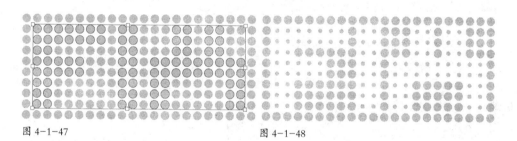

图 4-1-47　　　　　　　　　　图 4-1-48

4.2　即时变形工具的使用

如图 4-2-1 所示，Adobe Illustrator CS3 中的 7 个新的即时变形工具可以令文字、图像和其他物体的交互变形变得轻松。这些工具的使用和 Photoshop 中的涂抹工具有些相像，不同的是，涂抹工具得到的结果是颜色的延伸，而即时变形工具可以实现从扭曲到极其夸张的变形。

图 4-2-1

4.2.1　变形工具

变形工具（ ）能够使对象的形状按照鼠标拖曳的方向产生自然的变形，就像是用黏土塑形一样。图 4-2-2 所示为应用变形工具以前的图形，如果希望踩绳女孩的腿更粗壮一些，可以通过变形工具加粗，最终效果如图 4-2-3 所示。

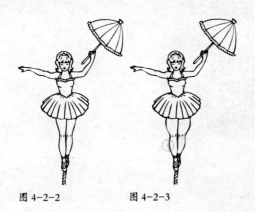

图 4-2-2   图 4-2-3

双击变形工具，打开"变形工具选项"对话框，如图 4-2-4 所示。

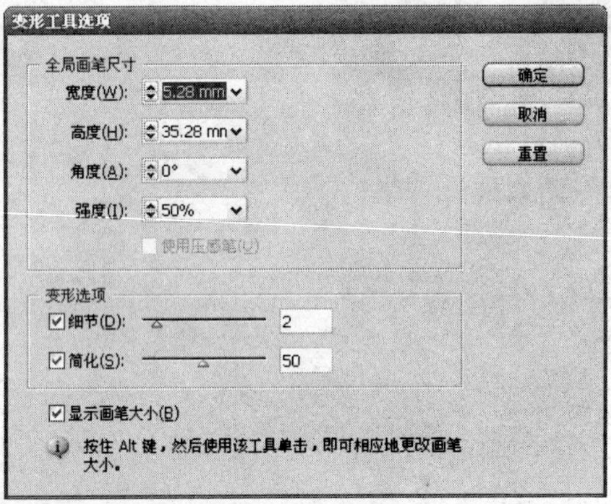

图 4-2-4

宽度——设置变形工具画笔水平方向的直径；

高度——设置变形工具画笔垂直方向的直径；

角度——设置变形工具画笔的角度；

强度——设置变形工具画笔按压的力度；

细节——设置即时变形工具得以应用的精确程度，设置范围是 1 ～ 10，数值越高表现得越细致；

简化——设置即时变形工具得以应用的简单程度，设置范围是 0.2 ～ 100；

显示画笔大小——选择该复选项就会显示应用相应设置的画笔形状。

4.2.2　旋转扭曲工具

旋转扭曲工具（　）和 Adobe Illustrator 老版本中的 Twist（扭转）工具相似，能够使对象的形状形成涡旋的形状。使用方法很简单，只要选择该工具，然后在想要变形的部分单击，单击的范围就会产生涡旋，当然，也可以持续按下鼠标，按下的时间越长，涡旋的程度就越强。

图 4-2-5 所示为应用旋转扭曲工具以前的图形，如果希望踩绳女孩的裙角产生美丽的波纹，可以通过旋转扭曲工具装饰，最终效果如图 4-2-6 所示。

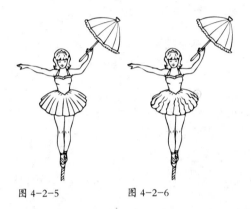

图 4-2-5　　　　　图 4-2-6

双击旋转扭曲工具，打开选项设置对话框，如图 4-2-7 所示。

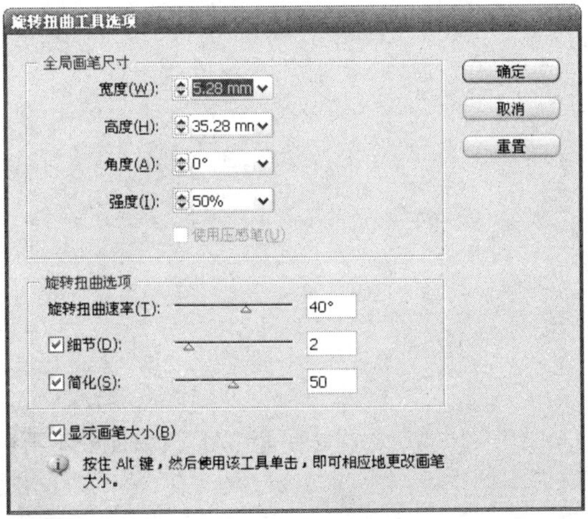

图 4-2-7

宽度——设置旋转扭曲工具画笔水平方向的直径；

高度——设置旋转扭曲工具画笔垂直方向的直径；

角度——设置旋转扭曲工具画笔的角度；

强度——设置旋转扭曲工具画笔按压的力度；

旋转扭曲速率——设置旋转扭曲的方向和速率，负值会顺时针旋转扭曲对象，正值则逆时针旋转扭曲对象，输入的值越接近 -180°或 180°时，对象旋转扭曲的速度越快，接近于 0°的值旋转扭曲速度越慢；

细节——设置即时变形工具得以应用的精确程度，设置范围是 1～10，数值越高表现得越细致；

简化——设置即时变形工具得以应用的简单程度，设置范围是 0.2～100；

显示画笔大小——选择该复选项就会显示应用相应设置的画笔形状。

4.2.3 收缩工具

收缩工具（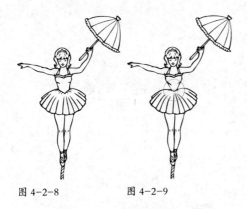）能够使对象的形状形成收缩的效果。收缩工具和旋转扭曲工具的使用方法相似，只要选择该工具，然后在想要变形的部分单击，单击的范围就会产生收缩，当然，也可以持续按下鼠标，按下的时间越长，收缩的程度就越强。

图 4-2-8 所示为应用收缩工具以前的图形，如果希望踩绳女孩的腰部更加纤细，可以通过收缩工具收缩，最终效果如图 4-2-9 所示。

图 4-2-8　　　　　图 4-2-9

双击收缩工具，打开选项设置对话框。对话框中的各选项和旋转扭曲工具类似，此处不再赘述。

4.2.4 膨胀工具

膨胀工具（）的作用结果和收缩工具刚好相反，膨胀工具能够使对象的形状形成膨胀的效果。只要选择膨胀工具，然后在想要变形的部分单击，单击的范围就会产生膨胀，当然，也可以持续按下鼠标，按下的时间越长，膨胀的程度就越强。

图 4-2-10 所示为应用膨胀工具以前的图形，如果希望踩绳女孩的胸部更加饱满，可以通过膨胀工具膨胀，最终效果，如图 4-2-11 所示。

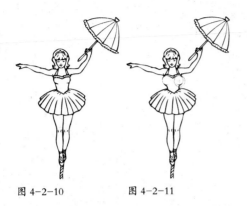

图 4-2-10   图 4-2-11

双击膨胀工具，打开选项设置对话框。对话框中的各选项和旋转扭曲工具类似，此处不再赘述。

4.2.5 扇贝工具

扇贝工具（⬡）能够使对象产生贝壳外表波浪起伏的效果。选择扇贝工具，然后在想要变形的部分单击，单击的范围就会产生波纹效果，当然，也可以持续按下鼠标，按下的时间越长，波动的程度就越强。

图 4-2-12 所示为应用扇贝工具以前的图形，如果希望踩绳女孩的喇叭裙产生羽毛材质的效果，可以通过扇贝工具改变，最终效果，如图 4-2-13 所示。

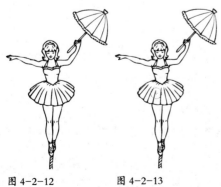

图 4-2-12   图 4-2-13

双击扇贝工具，打开选项设置对话框，如图 4-2-14 所示。

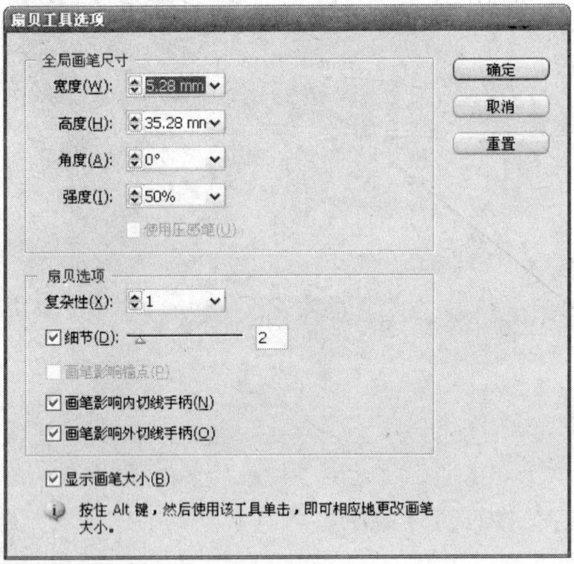

图 4-2-14

复杂性——设置扇贝工具应用到对象的复杂程度，设置范围是 0 ～ 15。

细节——设置即时变形工具得以应用的精确程度，设置范围是 1 ～ 10。数值越高表现得越细致。

画笔影响锚点——选择该复选项，笔刷效果就会应用到锚点上。

画笔影响内切线手柄——选择该复选项，笔刷效果就会应用到锚点方向线手柄的内侧。

画笔影响外切线手柄——选择该复选项，笔刷效果就会应用到锚点方向线手柄的外侧。

4.2.6 晶格化工具

晶格化工具（📰）和扇贝工具相反，它能够使对象表面产生尖锐外凸的效果。选择晶格化工具在想要变形的部分单击，单击的范围就会产生尖锐凸起，当然，也可以持续按下鼠标，按下的时间越长，凸起的程度就越强。

图 4-2-15 所示为应用晶格化工具以前的图形，如果希望踩绳女孩的头发式样产生爆炸般的感觉，可以通过晶格化工具改变，最终效果如图 4-2-16 所示。

双击晶格化工具，打开选项设置对话框。对话框里的设置和扇贝工具类似。

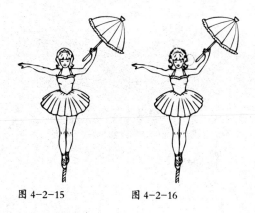

图 4-2-15　　　　图 4-2-16

4.2.7　褶皱工具

褶皱工具（ ）用来制作不规则的波浪，是改变对象形状的工具。选择褶皱工具在想要变形的部分单击，单击的范围就会产生波浪，当然，也可以持续按下鼠标，按下的时间越长，波动的程度就越强烈。

图 4-2-17 所示为应用褶皱工具以前的图形，如果希望产生踩绳女孩在绳子上颤栗般的感觉，可以通过褶皱工具改变线条的表现方式，最终效果如图 4-2-18 所示。

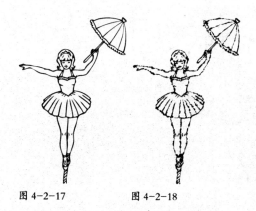

图 4-2-17　　　　图 4-2-18

双击褶皱工具，打开选项设置对话框。对话框里的设置和扇贝工具类似。

4.3　封套扭曲

封套扭曲是对选定对象进行扭曲和改变形状的工具。可以利用画板上的对象来制作封套，或使用预设的变形形状或网络作为封套。可以在任何对象上使用封套，但图表、参考线或链接对象

（不包括 TIFF、GIF 和 JPEG 文件）除外。

4.3.1　用变形建立

"用变形建立"命令可以通过预设的形状建立封套。

如图 4-3-1 所示，使用文字工具创建文字"STUDIO"执行"对象 > 封套扭曲 > 用变形建立"命令，弹出"变形选项"对话框，如图 4-3-2 所示，在"样式"后的弹出菜单中选择变形样式。

图 4-3-1　　　　图 4-3-2

图 4-3-3 所示为文字"STUDIO"使用"用变形建立"命令使用不同样式的效果（以下效果均使用软件默认值）。

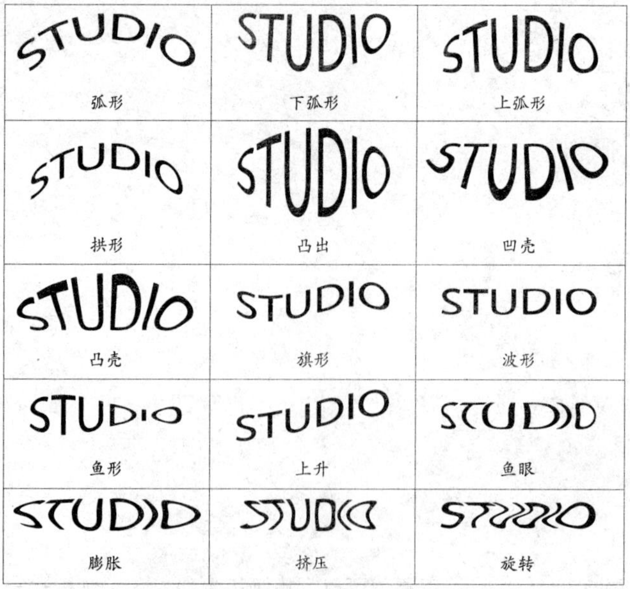

STUDIO 弧形	STUDIO 下弧形	STUDIO 上弧形
STUDIO 拱形	STUDIO 凸出	STUDIO 凹壳
STUDIO 凸壳	STUDIO 旗形	STUDIO 波形
STUDIO 鱼形	STUDIO 上升	STUDIO 鱼眼
STUDIO 膨胀	STUDIO 挤压	STUDIO 旋转

图 4-3-3

4.3.2　用网格建立

设置一种矩形网格作为封套，可使用"用网格建立"命令在"封套网格"对话框中设置行数和列数。

图4-3-4所示为文字创建轮廓后的效果，执行"对象 > 封套扭曲 > 用网格建立"命令，弹出"封套网格"对话框，如图4-3-5所示。

图 4-3-4　　　　　　　　　　　　　　　图 4-3-5

在对话框中设定行数为1，列数为5，单击"确定"按钮，建立如图4-3-6所示封套，使用直接选择工具和转换锚点工具对封套外观进行调整，得到如图4-3-7所示的效果。

图 4-3-6　　　　　　　　　　　　　　　图 4-3-7

4.3.3　用顶层对象建立

设置一个对象作为封套的形状，将形状放置在被封套对象最上方，选择封套的形状和被封套对象，执行"对象 > 封套扭曲 > 用顶层对象建立"命令即可。

下面用案例讲述该命令的使用。

使用绘图工具绘制出如图4-3-8所示的图形，将该图中的渐变执行"对象 > 扩展"命令，弹出"扩展"对话框，进行如图4-3-9所示设置，单击"确定"按钮（渐变和图案作为封套对象进行封套，不能使渐变和图案的形状发生改变）。

使用钢笔工具绘制封套的形状，如图4-3-10所示，选中所有图形，执行"对象 > 封套扭曲 > 用顶层对象建立"命令，得到如图4-3-11所示的封套扭曲效果。

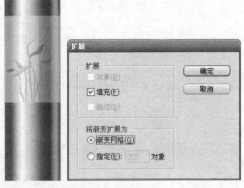

图 4-3-8   图 4-3-9

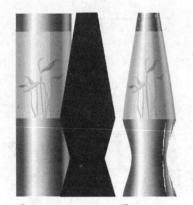

图 4-3-10   图 4-3-11

选择封套结果，执行"对象 > 封套扭曲 > 用网格重置"，弹出"重置封套网格"对话框，设置如图 4-3-12 所示，单击"确定"按钮，得到网格重置结果如图 4-3-13 所示。

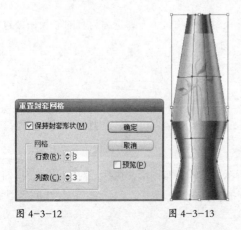

图 4-3-12   图 4-3-13

使用直接选择工具对封套的端点进行调整,调整至如图 4-3-14 所示,最终效果如图 4-3-15 所示。

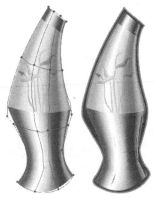

图 4-3-14　　图 4-3-15

4.4　其他编辑命令

其他编辑命令包括轮廓化描边命令、路径偏移命令、图形复制命令以及图形移动命令等。

4.4.1　轮廓化描边

前面已经讲过,边线色不能被设定为渐变色,如果把边线转成图形,就可以在这个区域内进行渐变填充了。如图 4-4-1 所示的图形,处于选择状态的边线只能填充单色,现在对其进行外框化处理。执行"对象 > 路径 > 轮廓化描边"命令,选择的路径就变成了具有填充和边线属性的封闭图形,这时就可以对其填充渐变色了,如图 4-4-2 所示。

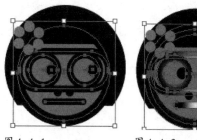

图 4-4-1　　　　图 4-4-2

4.4.2　路径偏移

和"轮廓化描边"处于同一子菜单中的还有一项有关位移路径的命令,执行此命令,即可以原路径为中心生成新的封闭图形,如图 4-4-3 所示,淡色的边框就是由位移路径制作的。

图 4-4-3

绘制一条路径，然后执行"对象 > 路径 > 偏移路径"命令，弹出"位移路径"对话框，如图 4-4-4 所示，其中包含 3 个选项。

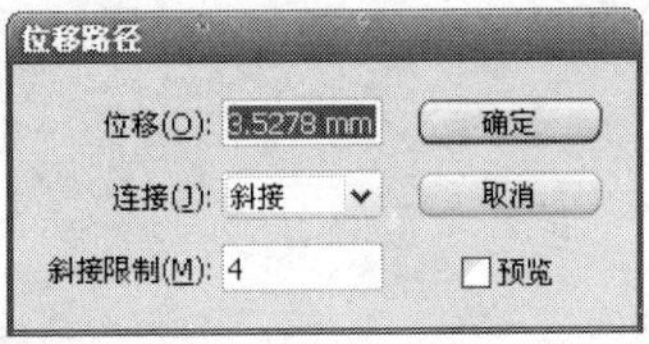

图 4-4-4

· "位移"后面的数字框用来输入位移量。

· "连接"后面有 3 个选项：斜接、圆角、斜角。这 3 个选项用来定义路径拐角处的连接情况。

· "斜接限制"用来控制斜接的角度。当拐角很小时，"斜接"会自动变成"斜角"，否则拐角太尖，"斜接限制"中的数值用来控制变化的角度，数值越高，可容忍的角度越大。下面举例说明此命令。

首先使用钢笔工具绘制一条直线，使其处于选中状态，执行"对象 > 路径 > 位移路径"命令，弹出"位移路径"对话框，对话框中的设置如图 4-4-5 所示。设置完毕后在直线周围出现一个矩形，同时原有直线路径并不消失，如图 4-4-6 所示。

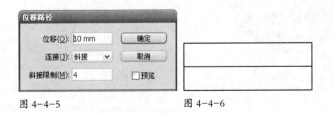

图 4-4-5   图 4-4-6

同样也可对波浪线执行此命令，效果如图 4-4-7 所示，原来的波浪线位于图形中心（位移路径对话框中的设置如图 4-4-8 所示）。

图 4-4-7   图 4-4-8

也可对折线执行此命令，效果如图 4-4-9 所示，原来的折线位于图形中心（位移路径对话框中的设置如图 4-4-10 所示）。

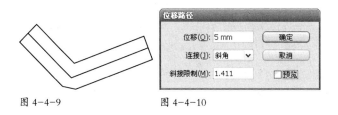

图 4-4-9   图 4-4-10

4.4.3　图形复制

在编辑菜单下包含一系列有关复制的命令：复制、剪切、粘贴、贴在前面和贴在后面等。

·复制：快捷键为 Command（Mac OS）/Ctrl（Windows）+C，是图形复制中最常用到的命令。使用这一命令可将当前选中的图形复制到剪贴板中保存，并且当前的图形并不发生变化。

·剪切：快捷键为 Command（Mac OS）/Ctrl（Windows）+X。此命令是将当前被选中的物体剪到剪贴板中。

剪贴板的内容是一次性存储，当执行第二次"拷贝"命令或"剪切"命令时，所拷贝或剪切的内容会自动替换掉上一次存放在剪贴板中的内容。剪贴板内容暂时存放在系统的内存中，当计算机重新启动时剪贴板中的内容即被清除掉。关于剪贴板选项可以参考"首选项 > 文件处理与剪贴板"。

·粘贴：快捷键为 Command（Mac OS）/Ctrl（Windows）+V。执行这一命令，可把存放在剪贴板中的内容粘贴到工作页面的中心位置。

·贴在前面：将对象直接粘贴到所选对象的前面。

·贴在后面：将对象直接粘贴到所选对象的后面。

·清除：用于将选中的物体彻底清除。

除了以上几个命令之外，Adobe Illustrator 还有另外几种复制图形的方法。例如，使用各种变形工具中的"复制"选项，或者在工作页面上选中待复制的物体后，按住键盘上的 Option（Mac OS）/Alt（Windows）键的同时拖曳所选物体，就会在保留原物体的同时，复制出一个新的、一模一样的物体。

如果要还原到前一步的操作，Adobe Illustrator 提供了"还原"命令，同时还提供了相对应的"重做"命令。这两个命令同样位于编辑菜单下，其快捷键分别为 Command（Mac OS）/Ctrl（Windows）+Z 和 Command（Mac OS）/Ctrl（Windows）+Shift+Z。

4.4.4　图形移动

移动图形的办法有 4 种：直接使用鼠标拖曳图形使之移动；使用键盘移动图形；通过"移动"对话框对图形进行精确的移位；通过变换面板对图形进行精确的移位。详述如下。

使用键盘上的箭头键可以控制所选物体的上下左右的位移距离，距离大小通过"首选项 >常规"中的"键盘增量"后面的数值决定，如图 4-4-11 所示。

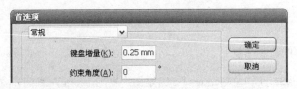

图 4-4-11

执行"对象 > 变换 > 移动"命令，就会弹出"移动"对话框，如图 4-4-12 所示，双击选择工具也可以打开"移动"对话框。

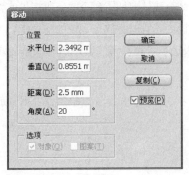

图 4-4-12

在对话框中的"水平"后面的数字框中输入水平的位移量，"垂直"后面的数字框中输入垂直方向的位移量；也可以通过改变"距离"和"角度"后面的数值来移动物体，这两种方法得到的结果相同。当改变"水平"和"垂直"后面的数值时，"距离"和"角度"后面的数值也跟着改变，反之亦然。

在"移动"对话框下面有两个选项是和对象与图案有关，这在后面的章节中会详细讲解。当选中"预览"选项，可随时观看移动后的结果。

对话框中的"复制"按钮表示在保留原来物体的基础上复制一份物体，新复制的物体按照所设定的数值移动，原物体的位置保持不变。

4.4.5 蒙版

在 Adobe Illustrator CS3 中有两种类型的蒙版，一种是剪切蒙版，另一种是不透明蒙版。

1. 剪切蒙版

剪切蒙版可以裁切部分图形，从而只有一部分图形可以透过创建的一个或者多个形状得到显示。在 Adobe Illustrator 中，通过执行"对象 > 剪切蒙版 > 建立"命令对图形进行遮色。

在应用了剪切蒙版之后，可以使用任意的路径编辑工具调整作为蒙版物体的形状，就像调整被遮色的物体一样。可以使用直接选择工具调整路径，也可以使用组选择工具在一个组中隔离物体或选中整个物体。

制作蒙版的路径，可包括一般路径、复合路径（有关复合路径的概念将在下面文字中做详细介绍）以及创建为外框后的文字。由蒙版所遮盖的物体包括数个物体组合的部分、个别物体以及置入的位图。

为了使多个物体作为一个蒙版，首先需要将这些对象同时选中并且把它们制作成复合路径。无论在哪种情况下，由多个物体所形成的复合路径都能制作成一个单一的蒙版。

图 4-4-13 所示的分别为蒙版图形和需要遮色的图形。把蒙版图形"valentine"置于需要遮色的图形之上，使用选择工具选择这两个图形，然后执行"对象 > 剪切蒙版 > 建立"命令，就得到如图 4-4-14 所示的效果，此时蒙版图形的填充及边线色皆为无色。如果要取消蒙版效果，执行"对象 > 剪切蒙版 > 释放"命令即可。

图 4-4-13   图 4-4-14

使用剪切蒙版的技巧如下所述。

· 快速地搜索图形中使用的蒙版。首先取消所有物体的选取，然后执行"选择 > 对象 > 剪切蒙版"命令，这一命令可以搜索到大多数的蒙版，但是它无法搜索被链接的 EPS 或 PDF 文件中的蒙版。

· 在 Adobe Illustrator CS 以前的版本中，蒙版是获得某些效果的惟一的途径。现在可以使用渐变网格创建曾经必须被遮色的混合物体才能获得的效果；路径寻找器也提供了多种修剪方案。但是当图形具有笔画效果时，最好还是使用蒙版来遮色，这是因为在执行路径寻找器某些命令时会删除笔画效果。

· 当文件中存在较多的蒙版时，或者被遮色的物体路径较为复杂时，大量的内存将被占用，可能会导致文件无法打印。检验导致文件无法打印的原因是蒙版问题，可以将蒙版和被遮色的物体选取，然后执行"对象 > 隐藏 > 所选对象"命令将它们暂时隐藏，然后再尝试打印。隐藏蒙版可以释放出更多的内存。

2. 不透明蒙版

不透明蒙版可以将不透明蒙版中填充的颜色、图案或者渐变色施加到下面的图形上。

选择两个图形，位于上面的图形可作为不透明蒙版，如果只选择一个图形，会产生一个空白的蒙版。

一旦产生不透明蒙版，不透明蒙版的图标会出现在被蒙版的图形图标的右边。缺省状态下，在两个图标中间有一个链接符号，这表示蒙版和被蒙版的图形是处于链接状态，在画板上它们会作为一个整体移动。

创建不透明蒙版的步骤。

（1）选择要制作蒙版的图形，如图 4-4-15 所示。确定作为蒙版的图形在被蒙版的图形之上，如图 4-4-16 所示。

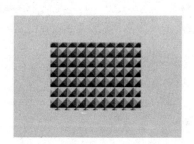

图 4-4-15

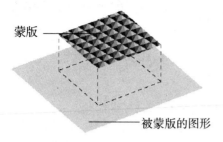

蒙版

被蒙版的图形

图 4-4-16

（2）单击透明度面板右上角的黑色小三角形，在弹出的菜单上选择"建立不透明蒙版"命令。此时，透明度面板显示如图 4-4-17 所示，被蒙版后的图形如图 4-4-18 所示。

图 4-4-17   图 4-4-18

移走或者解除不透明蒙版，可选中欲解除的蒙 版图形，单击透明度面板面板右上角的黑色小三角形，在弹出的菜单上选择"释放不透明蒙版"命令，或者单击透明度面板右上角的黑色小三角形，在弹出的菜单上选择"停用不透明蒙版"命令，此命令可另蒙版在没有移走的情况下被隐藏起来，再现蒙版只需通过选择透明度面板弹出菜单中的"启用不透明蒙版"命令。

编辑不透明蒙版的步骤如下。

（1）进入蒙版编辑状态的两种方式。

·单击透明度面板上蒙版的图标。

·单击透明度面板上蒙版图标的同时，按住 Option（Mac OS）/Alt（Windows）键，画板上只出现蒙版图形。

（2）运用 Illustrator 中任意编辑工具和技巧编辑蒙版。蒙版的任何改变都可在透明度面板上立即显示出来。

（3）单击被蒙版的图形，可退出蒙版编辑状态。

解除蒙版和被蒙版图形的链接关系的两种方式。

· 在透明度面板上，单击被蒙版图形和蒙版之间的链接符号，即可解除两者之间的链接关系。再次单击两图标之间的区域，可恢复两者之间的链接关系。

· 单击透明度面板右上角的黑色小三角形，在弹出的菜单上选择"取消链接不透明蒙版"命令。恢复链接可在弹出的菜单上选择"链接不透明蒙版"命令。

在透明度面板上点选"反向蒙版"选项，蒙版区域以外的被蒙版图形都变成透明的。

基本外观 5

学习要点

· 掌握实时颜色的使用和编辑图稿着色的方法
· 掌握实时上色组的建立和实时上色的使用方法
· 掌握创建、编辑和输入特定的色彩、路径图案、填充图案和渐变的设定及操作过程
· 掌握如何创建混合以及混合选项的使用
· 掌握绘制工具的设定和功能，包括画笔、画笔库、渐变工具、网格工具，并在给定的环境中选择合适的工具完成操作

5.1 编辑图稿着色

5.1.1 实时颜色

Adobe Illustrator CS3 新增加的实时颜色功能可以帮助设计人员非常轻松的应对图稿中众多颜色的协调问题，用于创建不同着色风格的作品也十分便利。

选择一个任意图稿对象，如图 5-1-1 所示，执行"编辑 > 编辑颜色 > 重新着色图稿"命令，弹出"实时颜色"对话框，如图 5-1-2 所示。

在此对话框中我们可以非常方便的编辑现有颜色或控制对图稿的重新着色方式，包括重新指定图稿颜色之间的协调规则、保存新的颜色组、随机更改颜色顺序、随机调整颜色饱和度和亮度、将颜色组的颜色限制为某一色板库中的颜色等。

如果我们对当前的颜色搭配方案比较满意，并且希望以后重新使用这一组颜色，可以单击"新建颜色组"按钮，建立新的图稿组，如图 5-1-3 所示，确定后该图稿组将保存在色板面板中。

图 5-1-1   图 5-1-2

图 5-1-3

　　如果我们希望更加直观的调整图稿中颜色之间的搭配，请单击"编辑"按钮，如图 5-1-4 所示。

　　此时对话框左边平滑色轮中有多个圆圈分别表示了图稿中现用的颜色，它们与中心的连线呈虚线状态，表示此时各颜色之间不会出现协调变化，我们可以单击该区域右下角的链接按钮，使之变为实线，从而建立各颜色之间的协调变化关系。其中，最大的圈中的颜色表示的图稿的主要色调，即基色。我们可以通过拖动这个颜色来同时改变图稿中所有颜色的色相、饱和度及亮度等参数，直至达到满意的结果为止。

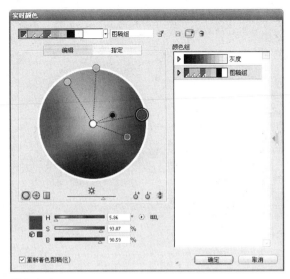

图 5-1-4

我们对图 5-1-1 进行了相应调整后轻松得到了完全不同的色调变化，如图 5-1-5 所示。

还可以指定 Illustrator 中内建的各种协调规则，如图 5-1-6 所示。

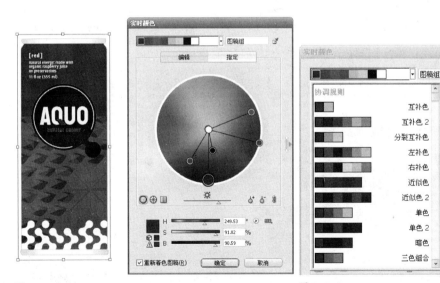

图 5-1-5

图 5-1-6

通过指定色板库可以把图稿中的颜色限制在某一色板库的范围之内，我们可以自由选择个人的偏好设置，如图 5-1-7 所示。

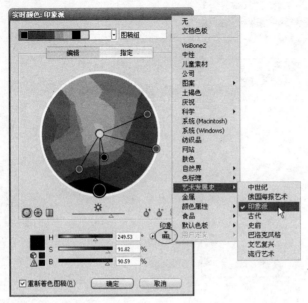

图 5-1-7

在调整过程中，如果对结果不满意，可以随时单击对话框顶部的"从所选图稿获取颜色"按钮以恢复初始状态。

以上是对选定图稿进行颜色协调的操作方法，下面介绍预先定义颜色组的方法。

首先，在色样面板中选择一种颜色作为主色调（基色）。

然后，通过"窗口>颜色参考"命令，打开颜色参考面板，如图 5-1-8 所示。

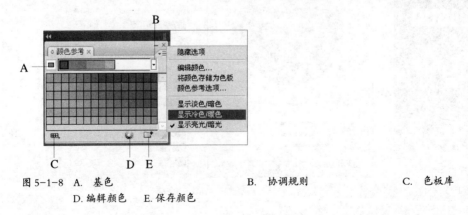

图 5-1-8　A. 基色　　　　　　　　　　　B. 协调规则　　　　　　　C. 色板库
　　　　　　D. 编辑颜色　　E. 保存颜色

通过点击面板底部"编辑颜色"按钮或选择相应的面板菜单命令，可以打开实时颜色对话框，如图 5-1-9 所示。

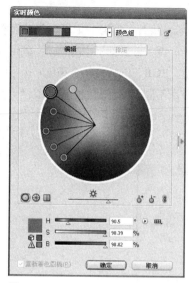

图 5-1-9

选择对话框中的添加颜色工具（![icon]）在色轮上单击可添加一个颜色到组内，选择移去颜色工具（![icon]）在某一颜色圈上单击，可以从组内减去这一颜色。

单击（![icon]）按钮可以显示分段的色轮，单击（![icon]）按钮可以显示相应的颜色条。

单击（![icon]）按钮可以校正超出 Web 安全色域的颜色，单击（![icon]）按钮可以校正超出打印范围的颜色。

5.1.2 编辑颜色

在 Illustrator 中，有多种命令和工具可修改及编辑文件中的颜色。

选择"编辑 > 编辑颜色"命令，弹出子菜单，如图 5-1-10 所示。

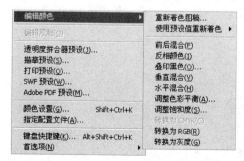

图 5-1-10

1. 调整色彩平衡

在 Illustrator 文件中选择任意一个图像，如图 5-1-11 所示，执行"编辑 > 编辑颜色 > 调整色彩平衡"命令，弹出"调整颜色"对话框，如图 5-1-12 所示。调节此对话框中的选项，就可以对图像颜色进行改变。在"颜色模式"后面有 4 个选项：灰度、RGB、CMYK 和全局色。选中的图形或图像的颜色模式不同，弹出对话框时对应的选项也就有所不同，同样，下面的调节栏也就有所不同。灰度模式对应一个灰度调节栏，RGB 模式对应 3 个颜色调节栏，CMYK 模式对应 4 个颜色调节栏，全局色模式对应一个颜色浓淡度调节栏。

图 5-1-11   图 5-1-12

如果选择图形文件进行调节，图形文件可能包含边线色和填充色两个方面，使用"调整颜色"对话框中"调整选项"下面的两个选项，就可以决定调节"填充"还是"描边"的颜色，如果两项都选择，则表示两种颜色都进行调节。

该对话框中的"转换"选项表示颜色之间的转换，例如，可以把专色转换成 RGB 色进行调节，也可以把 RGB 色转换为 CMYK 色进行调节。转换之前必须先在颜色模式一栏中改变颜色模式，然后再选择"转换"选项就可以在这种颜色模式下调整颜色了。

2. 前后混合

该命令是只针对于图形的命令。如图 5-1-13 所示，在有 3 个以上的图形被选中时，执行此命令可以使最前面的图形颜色和最后面的图形颜色混合，并把这个混合结果置于中间的图形上，如图 5-1-14 所示。

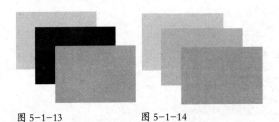

图 5-1-13   图 5-1-14

3. 水平混合

该命令也是针对于图形的命令。如图 5-1-15 所示，表示混合水平放置的图形的颜色，并把混合的最终颜色施加给位于这两个图形中间的图形上，如图 5-1-16 所示。

图 5-1-15　　　　图 5-1-16

4. 垂直混合

该命令同样是针对于图形的命令。如图 5-1-17 所示，表示混合垂直放置的图形的颜色，并把混合的最终颜色施加给位于这两个图形中间的图形上，如图 5-1-18 所示。

图 5-1-17　　　　图 5-1-18

以上 3 个颜色混合命令都是针对于 3 个以上的图形才起作用，而且只能改变图形的填充色，这个填充色不包含图案、渐变色和专色。

5. 其他菜单命令

"转换为 CMYK"命令可把被选择图形或者图像的颜色信息由其他颜色模式转换为 CMYK 颜色模式。

"转换为灰度"命令可把被选择图形或者图像的颜色信息由其他颜色模式转换为灰度颜色模式。这时图形或图像就会以不同的灰度来表示。

"转换为 RGB"命令可把被选择图形或者图像的颜色信息由其他颜色模式转换为 RGB 颜色模式。

"反相颜色"命令可把当前颜色转变为相反色。

"叠印黑色"命令可控制图形中黑色压印的宽度，选择该选项会弹出叠印黑色对话框，在该对话框中输入的数值越大，压印的范围越大。

"调整饱和度"命令可改变图形或者图像的颜色的饱和程度。

5.1.3 修改颜色

1. 在物体之间复制颜色

使用吸管工具可复制 Illustrator 文件中任何对象的颜色，包括其他应用程序存储的颜色。然后使用油漆桶工具将该颜色施加到其他物体上。结合使用这两个工具就可以在屏幕上将任意颜色复制到其他物体上。依据预设值，如图 5-1-19 所示，油漆桶工具及滴管工具会影响物体的所有填充性质。

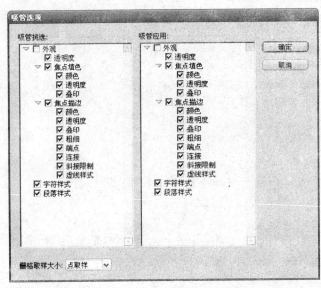

图 5-1-19

2. 使用吸管工具复制颜色

首先选中要填充颜色或改变颜色的对象——小狗，如图 5-1-20 所示，再选择吸管工具，然后在欲作为取样物体的物体上单击圆形，如图 5-1-21 所示，所选物体会自动更新为取样物体的颜色，如图 5-1-22 所示。

图 5-1-20   图 5-1-21   图 5-1-22

3. 使用吸管工具将桌面上的颜色复制到 Illustrator 中

首先选中要填充颜色或改变颜色的对象——小狗，选择吸管工具，在文件的任意处单击，如图 5-1-23 所示，然后拖动鼠标（注意，不要松开鼠标），将游标移至作为取样对象的物体上，松开鼠标，所选物体会自动更新为取样物体的颜色，如图 5-1-24 所示。

图 5-1-23

图 5-1-24

5.2 实时上色

"实时上色"是一种创建彩色图画的直观方法。它不必考虑围绕每个区域使用了多少不同描边、描边绘制的顺序，以及描边之间是如何相互连接的。

当建立了实时上色组后，每条路径都会保持完全可编辑。移动或调整路径形状时，前期已应用的颜色不会像在自然介质作品或图像编辑程序中那样保持在原处，相反，Illustrator 自动将其重新应用于由编辑后的路径所形成的新区域。

简而言之，"实时上色"结合了上色程序的直观与矢量插图程序的强大功能和灵活性。

5.2.1 关于实时上色

实时上色组中可以上色的部分称为边缘和表面。边缘是一条路径与其他路径交叉后，处于交点之间的路径部分。表面是一条边缘或多条边缘所围成的区域。可以通过实时上色选择工具为边缘描边、为表面填色。

图 5-2-1 所示为一条曲线穿过一个圆的效果，选择这两个图形，执行"对象 > 实时上色 > 建立"命令将其转换为实时上色组，使用实时上色选择工具，为每个表面填色、为每条边缘描边，如图 5-2-2 所示。

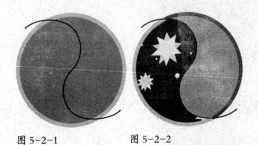

图 5-2-1   图 5-2-2

修改实时上色组中的路径，如图 5-2-3 所示；会同时修改现有的表面和边缘，还可能创建新的表面和边缘，如图 5-2-4 所示。

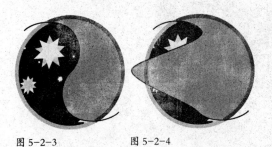

图 5-2-3   图 5-2-4

可以向实时上色组添加更多路径，如图 5-2-5 所示；可以对创建的新表面和边缘进行填色和描边，如图 5-2-6 所示；也可删除路径，如图 5-2-7 所示。

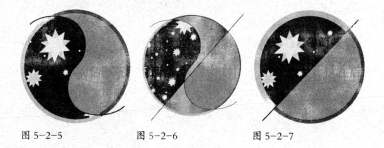

图 5-2-5   图 5-2-6   图 5-2-7

如图 5-2-8 所示，将实时上色组执行"对象 > 实时上色 > 扩展"命令，可以拆分成相应的表面和边缘，如图 5-2-9 所示。

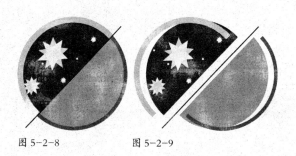

图 5-2-8   图 5-2-9

5.2.2　创建实时上色组

要使用实时上色工具并为表面和边缘上色，首先要创建一个实时上色组。

使用钢笔工具绘制如图 5-2-10 所示的图形，选中后，在工具箱中选择实时上色工具（🖌）在图形上单击或者执行"对象 > 实时上色 > 建立"命令，创建实时上色组。在色板面板中选择颜色，使用实时上色工具可以随心所欲地填色，如图 5-2-11 所示。

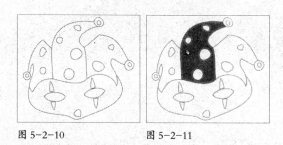

图 5-2-10   图 5-2-11

在工具箱中选择实时上色选择工具（🖌）可挑选实时上色组中的填色和描边进行上色，并可以通过描边面板或控制面板修改描边的宽度，如图 5-2-12 所示。实时上色完成后，使用选择工具选择实时上色组，实时上色组的定界框与其他图形定界框有所不同，如图 5-2-13 所示。

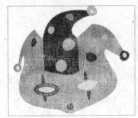 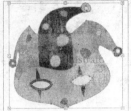

图 5-2-12　　　　　　　　图 5-2-13

5.2.3　在实时上色组中添加路径

在如图 5-2-14 所示的实时上色组中添加一条路径，如图 5-2-15 所示。

图 5-2-14　　　　　　　　图 5-2-15

选中实时上色组和路径，单击控制面板中的合并实时上色按钮或执行"对象 > 实时上色 > 合并"命令，路径添加到实时上色组内，如图 5-2-16 所示，使用实时上色选择工具可以为新的实时上色组重新上色，如图 5-2-17 所示。

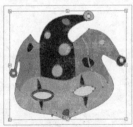 

图 5-2-16　　　　　　　　图 5-2-17

5.2.4　间隙选项

"间隙选项"对话框可以预览并控制实时上色组中可能出现的间隙。间隙是路径和路径之间未对齐而产生的，可以手动编辑路径来封闭间隙，也可以选择"间隙检测"对设置进行微调，以便

Illustrator 可以通过指定的间隙大小来防止颜色渗漏。每个实时上色组都有其自己独立的间隙设置。

下面将以案例的方式讲述间隙选项的使用。

(1) 新建文件，使用铅笔工具绘制出如图 5-2-18 所示的图形。选择所有图形，使用实时上色工具在图形上单击，将其转换为实时上色组。

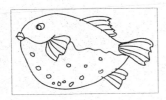

图 5-2-18

(2) 单击控制面板上的间隙选项按钮（▦），弹出"间隙选项"对话框，如图 5-2-19 所示，将"间隙检测"选项前的"√"选中，在"上色停止在"后的选项框里定制间隙的大小或者通过"自定"选项框自定间隙的大小，在"间隙预览颜色"后的选项框里挑选一种与图形稿有差异的颜色便于预览，复选"预览"选项，可以看到线条稿中间隙被自动连接，如图 5-2-20 所示。

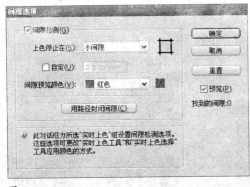

图 5-2-19

图 5-2-20

(3) 预览结果满意后，单击"用路径封闭间隙"按钮，再单击"确定"按钮，即可用实时上色工具为实时上色组进行上色，如图 5-2-21 所示。如图 5-2-22 所示为未使用间隙选项上色的结果。

图 5-2-21　　　　图 5-2-22

5.3 描边面板

图形的描边和填充是分别进行设定的，其中描边如果不是用画笔进行设定，那么它的宽度和线型就由描边面板中的选项确定。

选择"窗口 > 描边"命令，就可以显示或关闭描边面板，如图 5-3-1 所示。下面对该面板中的各选项进行详细说明。

"粗细"用来改变路径的宽度，也就是线的粗细。单击后面的小三角可使数字框中的数字以 1 为单位递增或递减，也可以直接在数字框中输入任意线宽度值，另外用鼠标单击数字框后面的小三角，会弹出一个菜单，在菜单中有一些定义好的数值供选择。

"粗细"右边有 3 个不同的图标，表示 3 种不同的端点，第 1 种是平头端点，第 2 种是圆头端点，第 3 种是方头端点。

"斜接限制"用来控制斜接的角度。

"斜接限制"右侧同样有 3 个图标，表示不同的拐角连接状态，分别为斜接连接、圆角连接和斜角连接。不同的连接方式得到不同的连接结果，如图 5-3-2 所示。

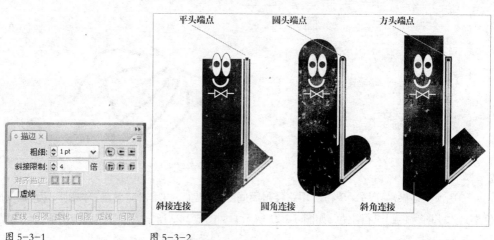

图 5-3-1   图 5-3-2

当拐角连接状态选择"斜接连接"时，"斜接限制"数值框的数值是可以调整的；当拐角连接状态选择"圆角连接"或"斜角连接"时，"斜接限制"数值框呈现灰色，为不可设定项。

当拐角角度很小时，斜接连接选项会自动变成斜角连接。不同的拐角，斜接连接自动变成斜角连接时的"斜接限制"中的数值也不同。"斜接限制"中的数值用来控制变化的角度，数值越高，可容忍的角度越大。下面用图例说明。

在图 5-3-3 和图 5-3-4 所示中，路径的拐角角度相同，并且都选择平头端点和斜接连接，当"斜接限制"中的数值为 6 时，拐角处依然是斜接连接，如图 5-3-3 所示，当"斜接限制"中的数值为 2 时，自动变成了斜角连接，将尖角切除，如图 5-3-4 所示。

在图 5-3-3 和图 5-3-4 所示中，两条路径都选择平头端点和斜接连接，并且"斜接限制"中的数值都为 2，只是拐角角度稍有不同。从图中可以看到，角度大的路径拐角依然为斜接连接，如图 5-3-5 所示，角度小的路径拐角变成了斜角连接，将尖角切除，如图 5-3-6 所示。

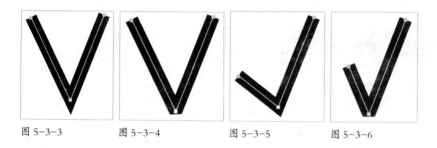

图 5-3-3 图 5-3-4 图 5-3-5 图 5-3-6

"对齐描边"有 3 个选项，可以使用使描边居中对齐（▣）、使描边内侧对齐（▣）或使描边外侧对齐（▣）选项来控制路径上描边的位置。

图 5-3-7 所示为路径使用"使描边居中对齐"选项进行描边；图 5-3-8 所示为路径使用"使描边内侧对齐"选项进行描边；图 5-3-9 所示为路径使用"使描边外侧对齐"选项进行描边。

"虚线"选项是 Illustrator 软件很有特色的一项内容。用鼠标单击"虚线"复选框，将此选项选中，如图 5-3-10 所示，在它的下面有 6 个数字框，可输入相应的数值；数值不同，所得到的虚线的效果也不同，再配合不同的线的粗细及线端的形状，会产生各种各样的效果。

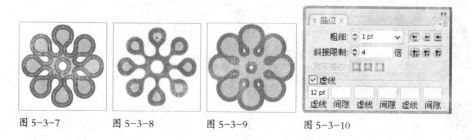

图 5-3-7 图 5-3-8 图 5-3-9 图 5-3-10

定义虚线的数字框下面有文字用来说明每个数字框中数字的含义。其中"虚线"表示虚线线段的长短，前面已经讲过，相同的线段长度，但由于线端的不同，如平头端点、圆头端点或矩形平端，最后的效果截然不同；"间隙"表示虚线中线段之间的空隙；可以在 6 个数字框中输入不同的数字形成不同长度和间隙的虚线。

如图 5-3-11 所示，虚线对话框中不同的数值设定可以得到不同的图。使用描边时，请遵循下列几项原则。

复合边线	颜色	宽度	线端形式	虚线设定
	80%	25	平头端点	2，2
	65%	10	平头端点	2，2
	50%	15	平头端点	2，2
	35%	10	平头端点	2，2
	20%	5	平头端点	2，2
	100%	20	平头端点	无
	White	15	平头端点	3，5
	100	10	平头端点	无
	100%	17.5	平头端点	2.5，2.5
	White	12.5	平头端点	无
	100	7.5	平头端点	2.5，2.5
	White	2.5	平头端点	无
	100%	2	圆头端点	无
	100%	10	圆头端点	0，28
	White	8	圆头端点	0，28
	White	4	圆头端点	0，14
	100	2	圆头端点	0 无，28
	100%	16	圆头端点	0，16
	White	16	平头端点	0，3，1，1，1，10
	100%	12.5	平头端点	7.5，2.5，2.5，2.5
	White	7.5	平头端点	5，10
	100%	5	圆头端点	0，15
	100%	15	平头端点	15，2.5
	White	10	平头端点	12.5，5
	100%	5	平头端点	2.5，15
	100%	2.5	平头端点	10，7.5
	100%	18		无
	White	1		混合
	35%	14		10
	100%	2		10

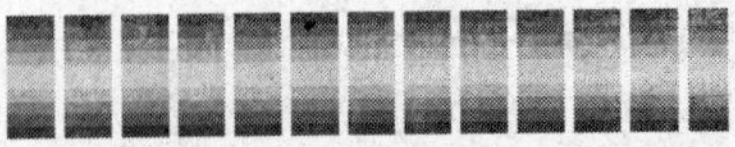

图 5-3-11

· 可以直接对描边填入图案，但无法直接填入渐变。

· 同一路径的描边宽度永远都是一样的。

· 当使用路径查找器面板中的功能来组合、分离或修正路径时，绝大部分描边的特性常会被忽略。

·在描边的设计上，经常通过"编辑 > 复制"和"编辑 > 贴在前面"命令，将多个复制的描边重叠于原描边上，以制作出特殊效果。

图 5-3-11 所示的各描边均使用"使描边居中对齐"选项创建。

5.4 渐变色及网格的制作及应用

Adobe Illustrator CS3 提供了两种制作渐变的工具：渐变工具（▢）和网格工具（▨）。使用渐变工具可以在一个或者多个图形内填充，渐变方向是单一方向；使用网格工具可以在一个图形内创建多个渐变点，产生多个渐变方向。

5.4.1 渐变色的制作及应用

渐变色是指两种或者两种以上的颜色之间混合形成的一种填色方式。只能用于图形内部的填充，不能用于描边填充。

1. 渐变色的制作

使用渐变工具实现渐变颜色填充，需要渐变、颜色、色板面板结合使用。

单击工具箱中的填色，然后单击下面的渐变按钮，如图 5-4-1 所示，就会弹出渐变面板，如图 5-4-2 所示。软件默认的渐变色是黑白渐变。

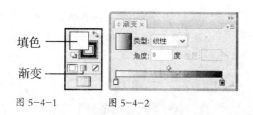

图 5-4-1　　　　图 5-4-2

在渐变面板中，左上角有色块预视当前渐变色，在"类型"后面有两个选项可供选择：线性和径向，分别如图 5-4-3 和图 5-4-4 所示。

图 5-4-3　　　　图 5-4-4

渐变色条下面的每个渐变滑块（⌂）对应一种颜色，如果上半部分的三角是黑色（⌂），表示此图标处于选中状态，可对它所对应的颜色进行调节；如果上半部分的三角是白色（⌂），表示此图标没有被选中，用鼠标单击此图标，就可将其选中。渐变色条左边的颜色为渐变色的起始颜色。

⌂图标的下半部分的四边形中的颜色，是图标对应的渐变色中的颜色。当调节颜色时，图标四边形中的颜色会跟着发生改变。

颜色的改变是通过颜色面板来实现的。可以选择"窗口 > 颜色"命令将颜色面板打开，也可以双击⌂图标后自动弹出颜色面板。颜色为 CMYK 模式的颜色、RGB 模式的颜色或者任意一种专色，在最后输出时被转换为 CMYK 模式的颜色。

渐变色条上面的渐变滑块（◇）所在的位置表示两种颜色混合 50% 的位置，软件内定菱形位置位于两种颜色的中间位置，即颜色为均匀混合。

◇ 未被选中时，呈空心状态，选中后变为黑色，可在"位置"后面的数字框中输入数字控制 ◇ 的位置或对 ◇ 进行拖动以改变渐变滑块的位置。通过移动 ◇ 的位置可以控制渐变颜色的组成比例。图 5-4-5 所示为菱形分别位于两种颜色的不同位置得到的不同渐变效果。

图 5-4-5

在渐变面板中可以通过"角度"改变渐变的方向。在其后面的数值框中输入数值，可以控制渐变的方向。角度值的变化范围为 -180°～180°。在渐变类型为径向类型渐变时，"角度"选项变为灰色，不可设定。

如果要制作多种颜色的渐变，首先打开渐变面板，用鼠标单击渐变色条，使渐变色条处于激活状态，然后在渐变色条下面单击鼠标，就会增加一个 ⌂ 图标，同时上面的菱形也增加了一个，即每增加一个颜色图标，相应地就会增加一个菱形。当增加的 ⌂ 图标处于选中状态时，通过颜色就可以改变它对应的颜色。这一颜色的位置可以通过拖动 ⌂ 图标来直接移动，也可以在选中颜色图标后，通过改变数值框里的数值进行改变。

如果认为在渐变色条中增加的颜色太多，要删除其中的颜色，方法很简单，使用鼠标选中要删除的颜色色标，向下拖动直至拖出渐变面板，松开鼠标，此颜色就被删除了。

定义好的颜色可直接拖到色板面板中，供随时取用。使用鼠标单击渐变面板左上角的渐变填色框，拖动至色板面板中，在此窗口中双击这个渐变色，可以在弹出的对话框中为渐变色定义名称，如图 5-4-6 所示。

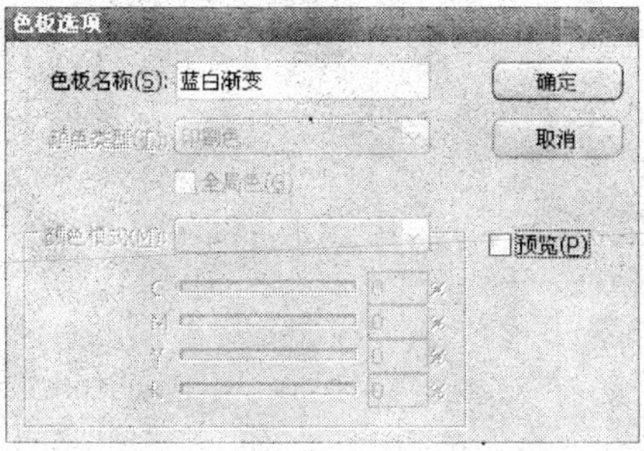

图 5-4-6

2. 渐变色的应用

渐变色主要用于图形的填充，使用工具箱中的渐变工具（ ），可以调节渐变的方向和颜色的组成比例，并且可以随时看到渐变的效果。

在工具箱中选择圆角矩形工具，在工作页面上绘制一个圆角矩形。在色板面板中选择一个渐变色填充图形，如图 5-4-7 所示。

图 5-4-7

如果此渐变色为线性渐变，可以使用渐变工具来改变渐变的方向和渐变颜色的分配。

首先使图形处于选择状态，然后在工具箱中选择渐变工具，在图形上从左上到右下拖动鼠标，放开鼠标键后，圆角矩形内渐变填充的方向就发生了变化，如图 5-4-8 所示，渐变的方向就是刚才使用渐变工具在椭圆内拖动鼠标的方向。此时渐变面板中的角度数值也发生了变化，如图 5-4-9 所示。

图 5-4-8   图 5-4-9

如果要让渐变的方向为水平、垂直或者 45°角的倍数的方向，可在拖动鼠标的同时按住 Shift 键。在图形内拖动线段的长短不同，得到的渐变效果的颜色组成也不同。使用渐变工具在图形内进行拖动时，由于拖动的长度不同，就得到两种不同的渐变效果。拖动的距离较长，得到图 5-4-10 所示渐变效果；拖动的距离较短，得到如图 5-4-11 所示渐变效果。

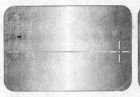 

图 5-4-10　　　　　　图 5-4-11

如果渐变类型为放射状渐变，使用渐变工具可以确定渐变的中心点，也可以控制渐变区域内颜色的组成比例。由于放射状渐变是以一点为圆心向外扩散的一种渐变方式，所以这种渐变没有渐变角度控制。

使用椭圆工具绘制椭圆，填充选择渐变填充，在渐变面板中设定类型为径向渐变，在下面的渐变色条中选择各种颜色进行渐变，这样就完成了对椭圆进行放射状渐变的填充，此时渐变的圆心为图形的中心，如图 5-4-12 所示。

使用渐变工具可以改变渐变的圆心。椭圆处于选中状态，选择渐变工具，在椭圆内部单击并且拖动鼠标，鼠标单击处将成为渐变的圆心，如图 5-4-13 所示，拖动鼠标的距离长短将决定渐变的颜色组成比例。

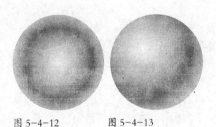

图 5-4-12　　　　图 5-4-13

5.4.2　网格的制作及应用

网格工具（ ）的出现使图形中颜色细微之处的变化的制作简单化，而且易于控制颜色的变化。

网格是指在作用图形或者图像上利用命令或工具形成网格，利用这些网格，可以对图形进行多个方向和多种颜色的渐变填充。

网格的工作原理和渐变相同，它们的不同之处在于：使用渐变工具可以在一个或者多个图形内填充，渐变方向是单一方向；网格工具可以在一个图形内创建多个渐变点，能产生多个渐变方向，如图 5-4-14 所示，图 5-4-15 所示为线稿图。

图 5-4-14   图 5-4-15

网格工具将一个路径对象（或一个位图图像）变形为单个多色填充的对象。当一个对象被变形为网格对象时，就创建了平滑的颜色变化，可以对这种变化进行精确的调整和操作，即颜色被一个网格控制，而你可以移动和调整此网格从而改变一部分颜色，使其变化到另外一部分颜色。网格工具为在单个对象内部改变颜色提供了最精确的工具，网格对图形内填充颜色的渐变提供了精确的控制。

制作网格时，多条直线在图形上交叉形成网格，这些直线被称为网格线，如图 5-4-16 所示，直线的交叉点被称为网格点，4 个网格点组成一个网格片。网格点具有和节点相同的属性。通过调整网格点，可以调整渐变的颜色及方向。

图 5-4-16

1. 创建渐变网格命令

选择"对象 > 创建渐变网格"命令，可以对图形进行网格的填充。

使用椭圆工具在页面内绘制一个椭圆，使椭圆处于选中状态，执行"对象 > 创建渐变网格"

命令，弹出"创建渐变网格"对话框，如图 5-4-17 所示。

图 5-4-17

· 行数：表示将在图形的水平方向上创建网格线的排数，在后面的数字框中直接输入数值即可，数值范围是 1 ～ 50。

· 列数：表示将在图形的垂直方向上创建的网格线的栏数。在后面的数字框中直接输入数值即可，数值范围是 1 ～ 50。

· 外观：表示创建网格渐变后的图形高光部位的表现方式。单击此项后的小三角，在弹出的菜单中包含 3 个选项，分别为平淡色、至中心和至边缘。"平淡色"选项表示图形表面的颜色由初始色均匀分布（选择此选项的结果是只创建了网格，对颜色并未造成变化），"至中心"选项表示图形的中心形成高光效果，"至边缘"选项表示图形的边缘形成高光效果。图 5-4-18 所示为 3 种选项下的图形表现方式（行数和列数数值均设为 4）。

图 5-4-18

· 高光：表示高光处的强度。值越大，高光处的强度越大；值越小，高光处的强度越小。当值为零时，图形的颜色填充没有高光点，成为均匀的颜色填充。图 5-4-19 所示为高光值分别为 50% 和 80% 时得到的两种网格渐变效果（在图形中心形成高光效果）。

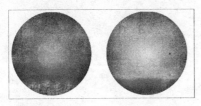

图 5-4-19

2. 扩展命令

选择"对象 > 扩展"命令，可以把线性或放射性渐变填充的图形转变为网格渐变的填充。

例如，先使用椭圆工具绘制椭圆，再填充渐变色，如图 5-4-20 所示。

图 5-4-20

使椭圆处于选中状态，执行"对象 > 扩展"命令，弹出"扩展"对话框，如图 5-4-21 所示，选择"渐变网格"选项，然后用鼠标单击"确定"按钮。椭圆的渐变就成为了网格渐变，如图 5-4-22 所示。

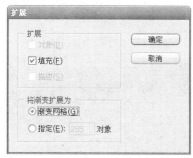 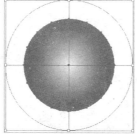

图 5-4-21   图 5-4-22

如果执行扩展命令的图形的描边设有颜色，则执行该命令时，"扩展"栏下的"描边"选项可以被选择。如果图形以图案为填充，则"扩展"栏下的"对象"选项可以被选择，执行此命令后图案成为独立图形。

"将渐变扩展为"下面的两个选项分别为"渐变网格"和"指定对象"。"渐变网格"选项表示把填充变为网格渐变；"指定对象"表示把图形按颜色分解为多个图形，图形的多少由后面数值框内的数值确定。

创建渐变网格和扩展两个命令仅能制作出网格渐变的网格线或者简单的网格渐变，如果对网格点进行调整或者调色，需要使用网格工具。

3. 网格工具

在页面上绘制一个图形，然后在工具箱中选择网格工具（ ）；将鼠标放在图形上时，鼠标

就变为 ⊹ 形状；在图形边缘单击鼠标，图形中的节点就成为网格点，如图 5-4-23 所示；在图形内单击鼠标就会形成网格线，同时鼠标单击的地方就生成了一个网格点，如图 5-4-24 所示。按键盘上的 Option（Mac OS）/Alt（Windows）键，把鼠标放至网格点时，鼠标形状变为 ⊹，此时单击鼠标，就会删除此网格点以及形成此网格点的两条网格线。

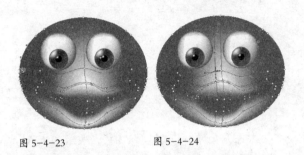

图 5-4-23　　　　　　　图 5-4-24

在网格线上同样可以使用增加节点工具（◊⁺）增加节点，使用删除节点工具（◊⁻）删除节点。对图形创建网格后，可以拖动网格节点及其方向线编辑网格节点，如图 5-4-25 所示，通过颜色面板和色板面板对其上色，如图 5-4-26 所示。

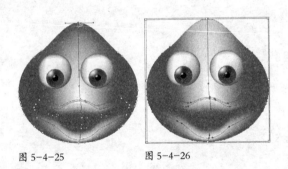

图 5-4-25　　　　　　　图 5-4-26

5.4.3　透明度面板

透明度面板可以将透明效果应用到文件中含有位图图像或者文字的所有对象中。透明度面板把透明度数值应用到叠加的对象中，就可以获得透明效果。

在 Illustrator 中创建图形时，在缺省状态下，颜色的显示是实色的，也就是说，不透明度为 100%。这种状态在 Adobe Illustrator CS3 中得到了改善，通过透明度面板，可以很方便地改变物体的透明度，如图 5-4-27 所示，如果不施加透明效果，图中的窗户玻璃只能是实色，在 Adobe Illustrator CS3 中，只要降低玻璃的不透明度就可以了，如图 5-4-28 所示。通过透明度面板还可以产生其他一系列变化的特性。我们可以以不同的方式对重叠的物体进行颜色混合，产生可以改变物体形状和透明度的蒙版。

玻璃的填充色为40%的青
色，不透明度为100%

图 5-4-27

玻璃的填充色为40%的青
色，不透明度为50%

图 5-4-28

1. 关于透明度面板

透明度面板可以方便地改变一个物体、一组物体或者一个层面透明的程度，当降低图形的不透明度时，该图形下面的图形就可以被看见。

选择"窗口>透明度"命令，可以打开或关闭透明度面板，如图5-4-29所示。

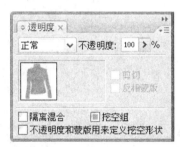

图 5-4-29

单击面板中的混合模式下拉菜单，可以弹出各种颜色的应用混合模式菜单，如图5-4-30所示，在这里可以选择合适的混合模式。

图 5-4-30

正常——软件内定的状态，如图 5-4-31 所示，即使与其他物体重叠也不会显示下面的物体，如图 5-4-32 所示。

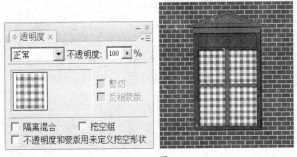

图 5-4-31   图 5-4-32

变暗——对比初始的颜色和混合物体的颜色，选择出更暗的颜色，然后以新的颜色来显示，如图 5-4-33 所示。

图 5-4-33

正片叠底——选取初始物体和混合物体中最深的颜色互相混合形成的状态，通常执行正片叠底模式后的颜色比原来两种颜色都深，如图 5-4-34 所示。

图 5-4-34

颜色加深——对比初始物体的颜色和混合物体的颜色，然后找出低的明度来显示，白色不发生变化，依旧以白色显示，如图 5-4-35 所示。

图 5-4-35

变亮——对比初始物体的颜色与混合对象的颜色，选择更明亮的，使图像显示为更明亮的颜色，如图 5-4-36 所示。

图 5-4-36

滤色——初始物体的颜色与混合物体的明亮颜色互相融合的状态，通常执行屏幕模式后的颜色都比较浅，如图 5-4-37 所示。

图 5-4-37

颜色减淡——对初始物体颜色和混合物体颜色不做区别，从重叠物体中选择高的明度来表现新的颜色，当颜色为黑色时，混合后的结果依然为黑色，如图 5-4-38 所示。

图 5-4-38

叠加——保留初始物体阴影而覆盖以混合对象颜色的状态，整个图形的图案以混合物体的颜色状态显示，如图 5-4-39 所示。

图 5-4-39

柔光——根据初始物体的颜色而显示为明亮或暗淡的颜色。如果初始物体的颜色整体明显超过 50%，图像就会变明亮，如果物体明度低于 50%，图像就会变得暗淡，如图 5-4-40 所示。

图 5-4-40

强光——与柔光相反的一种模式。如果初始物体的颜色整体明显超过 50%，图像就会变暗淡，如果整体明度低于 50%，图像就会变得明亮，如图 5-4-41 所示。

图 5-4-41

差值——对比初始物体颜色和与混合物体颜色的明度，删除更暗淡的颜色而只以明亮明度的颜色显示，如图 5-4-42 所示。

图 5-4-42

排除——与差值功能相似，白色存在时以初始物体的颜色显示，如图 5-4-43 所示。

图 5-4-43

色相——使用混合颜色中除初始物体颜色彩度和明度以外的色调，来表现成新的颜色，如图 5-4-44 所示。

图 5-4-44

饱和度——排除初始物体颜色的色调和明度，使用混合物体颜色的彩度数值来表现成新的颜色，如图 5-4-45 所示。

图 5-4-45

颜色——使用混合物体颜色中除初始物体的颜色明度以外的色调和彩度来表现成新的颜色，如图 5-4-46 所示。

图 5-4-46

亮度——使用混合物体颜色中除初始物体的颜色色相和彩度以外的明度来表现成新的颜色，如图 5-4-47 所示。

图 5-4-47

单击透明度面板右上角的小三角，在弹出的菜单中选择"显示选项"命令，可以显示透明选项，这些选项控制着透明度如何被应用到成组物体和多个物体中，如图 5-4-48 所示。

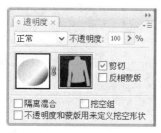

图 5-4-48

将成组物体或图层定为目标，选取"挖空组"选项以保持成组物体中单独的物体或者图层在相互重叠的地方不受每一个物体应用其透明度设置的影响。这对于包含有一个或多个透明物体的混合特别有用。图 5-4-49 所示为没有选择"挖空组"选项的混合物，图 5-4-50 所示为选择了"挖空组"选项的混合物，注意混合体重叠部分的变化。

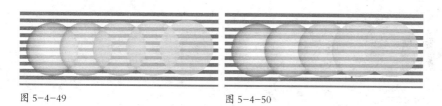

图 5-4-49   图 5-4-50

"隔离混合"选项可以将混合模式与已定位的图层或组进行隔离，以使他们下方的对象不受影响。图 5-4-51 所示为应用"隔离混合"选项前后的对比效果。

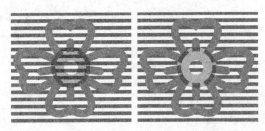

图 5-4-51

"不透明度和蒙版定义挖空形状"创建与对象的不透明度成比例的挖空效果。在接近100%不透明度的蒙版区域，挖空效果会很强；在不透明度较小的区域，挖空效果会较弱。例如，如果使用渐变蒙版作为挖空区，则下方对象会被逐渐挖空，就像使用渐变投下的阴影。您可以使用矢量和栅格对象来创建挖空形状。该技巧对于未使用"正常"模式而是使用混合模式的对象最为有用。

单击面板右上角的小三角按钮，可以弹出透明度面板菜单，如图 5-4-52 所示。

图 5-4-52

显示／隐藏缩览图——显示或隐藏透明度面板中的预览图像。

显示／隐藏选项——显示，如图 5-4-53 所示，或隐藏透明度面板中的选项，如图 5-4-54 所示。

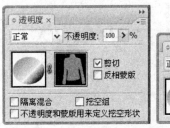

图 5-4-53

图 5-4-54

新建不透明蒙版——与 Photoshop 中蒙版的作用相似。要制作如图 5-4-55 所示的不透明蒙版应参考以下的步骤。

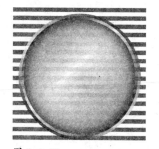

图 5-4-55

（1）首先制作出如图 5-4-56 所示的条形底纹，以便可以明显地观察透明蒙版的效果。

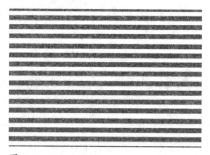

图 5-4-56

（2）选择椭圆工具绘制出如图 5-4-57 所示的圆，填充上如图 5-4-58 所示的渐变色，拷贝该圆（"编辑 > 拷贝"），原位复制该圆（"编辑 > 贴在前面"），将渐变改为色板面板中的"由白至黑径向"渐变色，结果如图 5-4-59 所示。

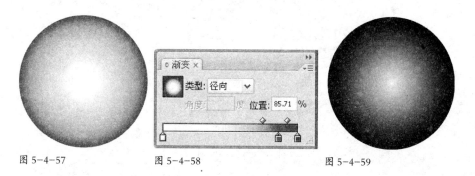

图 5-4-57　　　　　图 5-4-58　　　　　图 5-4-59

（3）同时选中上步绘制的两个圆，再选择透明度面板弹出菜单中的"建立不透明蒙版"命令，面板中的其他设置如图 5-4-60 所示，图 5-4-61 所示为最终的结果。

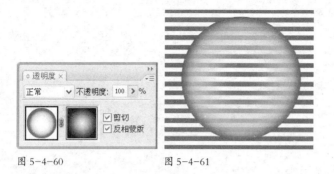

图 5-4-60   图 5-4-61

释放不透明蒙版——即将制作成透明蒙版还原成最初各自独立的物体。

停用不透明蒙版——该命令和"释放不透明蒙版"的区别在于前者释放蒙版而且保留蒙版和被遮蔽的物体，后者是隐藏作为蒙版的物体，只显示被遮蔽的物体，如图 5-4-62 所示。

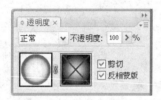

图 5-4-62

取消链接不透明蒙版——将蒙版与图形之间的链接关系取消，如图 5-4-63 所示，图 5-4-64 所示为移动透明蒙版后的结果。

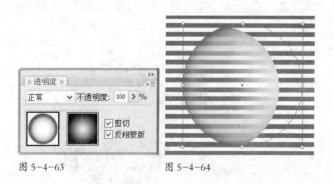

图 5-4-63   图 5-4-64

2. 当对图形施加透明效果时，应记住以下几个问题

· 在缺省状态下，当对一个物体施加透明效果时，物体的填充和描边的透明度都同时发生变化。如果只对填充或者描边施加透明效果，可在外观面板中分别选择填充或者描边，图 5-4-65 所示中的雨伞，就是在外观面板中分别施加了不同的透明度所实现的效果，如图 5-4-66 所示。

图 5-4-65   图 5-4-66

· 使用图层面板，可以对单个的物体、成组的物体以及图层施加透明效果。这也是惟一能够保证将效果施加给欲施加效果图形的方式。

· 输出包含透明图形的文件时，可以将该文件以 Photoshop 文件格式输出，这样可以保留透明的层面。当然，也可以将文件存储或者输出为其他格式的文件，图形中的透明物体将按照"文档设置"对话框中透明度的设置进行拼合，如图 5-4-67 所示。

图 5-4-67

3. 对成组物体施加透明效果

缺省状态下，透明效果是作用在单个物体上的，但也可以将透明效果作用在一组物体或一个层面上，产生的效果就像作用在单个物体上一样。

如图 5-4-68 所示是 3 个部分重叠的成组的圆形；图 5-4-69 所示是将圆形的透明度降为 60%，3 个圆形重叠的部分的颜色发生了混合；图 5-4-70 所示是将 3 个圆形进行编组后，将透明度降为 60%，3 个圆形被作为一个物体，重叠的部分没有发生混合。

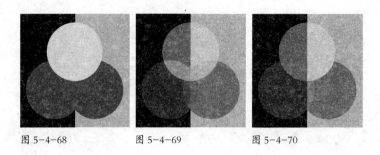

图 5-4-68   图 5-4-69   图 5-4-70

4. 显示透明网格

在 Illustrator 的以往版本中，图形没有填充以及填充为白色在页面中是分辨不出来的。在 Adobe Illustrator CS3 中，如果想要分辨这种状况，可以通过"视图 > 显示透明度网格"来分辨。

如图所示，图 5-4-71 所示是置放在缺省状态下的页面中的图像，图 5-4-72 所示是置放在显示透明度网格页面中的图像，通过透明网格，可以清楚地分辨哪些物体具有填充，哪些物体没有填充。如果要隐藏透明网格，可以选择"视图 > 隐藏透明度网格"命令。

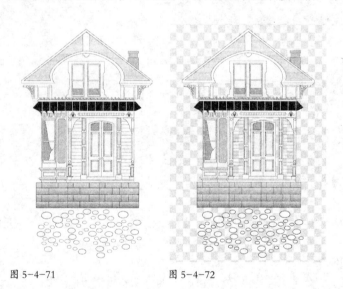

图 5-4-71   图 5-4-72

5.5　混合命令的应用

使用混合工具（▦）和执行"对象 > 混合 > 建立"命令，可以在图形与图形之间产生从颜色到形状的全面混合，甚至描边的粗细和颜色也可以混合，如图 5-5-1 和图 5-5-2 所示。

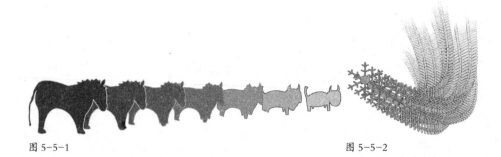

图 5-5-1   图 5-5-2

混合工具不仅能够在闭合图形而且能够在开放路径之间进行，混合工具还可以在两个以上的图形之间进行。

5.5.1 混合步数的确定

双击工具箱中的混合工具，弹出如图 5-5-3 所示的对话框。在此对话框中，可以确定混合的方向以及混合效果。

图 5-5-3

"取向"后面有两个选项，表示混合图形的方向。对齐页面（ ![icon] ）表示混合图形的垂直方向与页面的垂直方向一致，如图 5-5-4 所示，对齐路径（ ![icon] ）表示混合图形的垂直方向与混合路径的垂直方向一致，如图 5-5-5 所示。

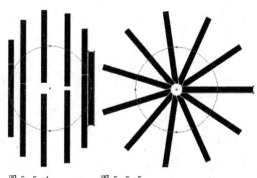

图 5-5-4   图 5-5-5

间距后面的弹出菜单中有 3 个选项，如图 5-5-6 所示。

图 5-5-6

· 平滑颜色：此项表示软件将根据做混合的两个图形的颜色和形状来确定混合步数，一般来说，软件默认的值会产生平滑的颜色渐变和形状变化。图 5-5-7 所示是使用这一选项得到的混合效果。

· 指定的步数：此项可以控制混合步数。选择此项后，后面的数字框中可任意输入混合的步数。图 5-5-8 所示为混合步数是 6 时得到的混合效果。

· 指定的距离：此项控制每一步混合之间的距离。选择此项后，后面的数字框中可任意输入混合的距离。图 5-5-9 所示为混合距离是 100 点时的混合效果。

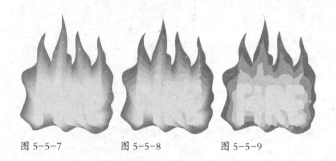

图 5-5-7　　　　图 5-5-8　　　　图 5-5-9

5.5.2　混合图形的制作

制作混合图形之前，页面上必须有两个以上的图形存在。

1. 闭合图形之间的混合

应用画笔工具绘制出闭合的火焰形状，然后再绘制出 FIRE 文字的外轮廓形状。火焰形状和文字的外轮廓之间的位置关系如图 5-5-10 所示。在工具箱中选择混合工具，在火焰形状边缘单击鼠标，然后再在文字的外轮廓边缘单击鼠标，混合就制作完成了，混合效果如图 5-5-11 所示。此时双击混合工具，在弹出的对话框中可以改变混合的方式。鼠标单击点的不同也会影响到混合的形状不同，图 5-5-11 所示的混合效果的单击点分别为两个图形的右下角。如果混合点选择火焰形状的右下角与文字外轮廓的左上角，得到的图形混合效果如图 5-5-12 所示。

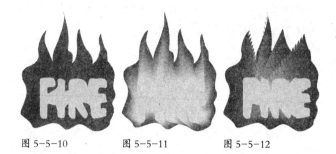

图 5-5-10   图 5-5-11   图 5-5-12

2. 闭合图形描边之间的混合

使用矩形工具绘制矩形，把填充颜色设为无色，描边颜色设为青色，在描边面板中设定描边宽度为 10 点。

选择矩形，执行"编辑 > 复制"命令后再执行"编辑 > 贴在前面"命令，就得到了复制的矩形。把此矩形的填充设定为无色，描边设定为白色，在描边面板中设定描边宽度为 1 点。接着使用键盘上的箭头向下移动第二个矩形。最后两矩形的位置关系如图 5-5-13 所示。

选择工具箱中的混合工具，在两个矩形的边缘分别单击鼠标，得到如图 5-5-14 所示的描边混合效果，混合设置如图 5-5-15 所示。

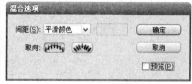

图 5-5-13   图 5-5-14   图 5-5-15

3. 开放路径之间的混合

使用铅笔工具绘制两条开放路径，路径的填充设置为无色，描边设定为深粉和浅粉，位置关系如图 5-5-16 所示。在工具箱中选择混色工具，在第一条路径的左上部位单击鼠标，然后再在第二条路径的下部单击鼠标，就得到了如图 5-5-17 所示的路径混合效果。

图 5-5-16   图 5-5-17

制作混合效果时，图形不一定处于选择状态，鼠标单击点也不一定落在节点上，鼠标落点只要是图形范围之内就可以了，只是落点的不同可能导致混合结果的不同。

4. 点与开放路径之间的混合

使用钢笔工具在页面上单击鼠标，产生一点，填充及描边都设定颜色。在工具箱中选择钢笔工具，在页面上绘制一个半圆，此半圆的填充设定为无色，描边设定为黑色。

由于一点在页面上不易找到，所以使用选择工具在此点处画矩形框，把此点选中，在工具箱中选择混合工具，分别在此点和半圆路径上单击鼠标，就得到了点与开放路径的混合，如图5-5-18所示。

图 5-5-18

5. 多个图形的混合

使用混合工具可以对多个图形进行从形状到颜色的混合，如图5-5-19所示，混合方法和两个物体的混合方法相同，这里就不再赘述。

图 5-5-19

5.5.3 混合图形的编辑

图形进行混合之后，就形成一个整体，这个整体由原图形和图形之间形成的路径组成，如图5-5-20所示。

一般而言，图形与图形之间的路径为直线，两边的节点为直线节点，如图5-5-30所示。可以使用改变节点性质工具改变节点的性质，使路径变为曲线形状，而此时的混合形状也会发生变化，如图 5-5-21 所示，图 5-5-22 所示为通过上述方法制作出的玉米。

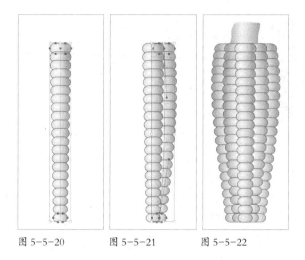

图 5-5-20   图 5-5-21   图 5-5-22

5.5.4 混合的打散

图形混合后，由原始图形和连接在图形之间的路径组成，在这条路径上就包含了一系列颜色和形状均不相同的图形。在混合图形中这些图形是一个整体，不能单独选中，如果想单独选中，必须把路径打散。

选中混合图形，如图 5-5-23 所示，执行"对象 > 扩展"命令或者"对象 > 混合 > 扩展"命令，混合图形就被打散。打散后的图形使用编组选择工具选择并进行移动，如图 5-5-24 所示。

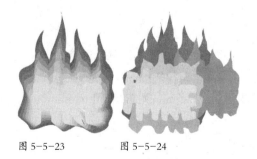

图 5-5-23   图 5-5-24

5.5.5 其他混合命令

1. 替换混合轴

使用钢笔工具在如图 5-5-25 所示的混合图形的旁边绘制一条曲线，把混合图形与路径同时选中，然后执行"对象 > 混合 > 替换混合轴"命令，就得到如图 5-5-26 所示的混合效果，可以清楚地看出混合的路径绘制的路径方向。

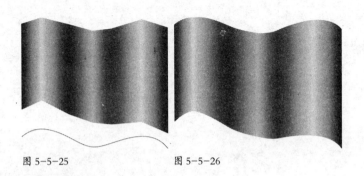

图 5-5-25   图 5-5-26

2. 反向混合轴

针对如图 5-5-27 所示的混合效果，执行"对象 > 混合 > 反向混合轴"命令后，混合效果如图 5-5-28 所示，可以看到图形的位置发生了变化，即混合发生了反转。

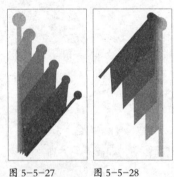

图 5-5-27   图 5-5-28

3. 反向堆叠

"反向堆叠"就是将混合体中后置的对象调换到前面来。如图 5-5-29 所示的鱼的身体，就是通过混合完成的，图 5-5-30 所示是作为混合体的鱼的身体，很清楚，身体的高光在前面，通过执行"对象 > 混合 > 反向堆叠"命令，暗调的颜色被置放到最前面，如图 5-5-31 所示。

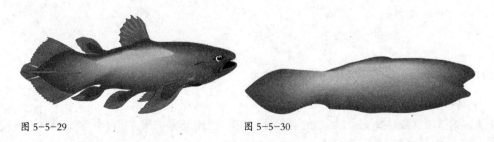

图 5-5-29   图 5-5-30

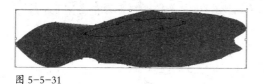

图 5-5-31

5.6 画笔的应用

Adobe Illustrator CS3 提供了强大的自由绘图功能，利用画笔工具配合使用相应的画笔面板，可以绘制出充满艺术格调的作品。不但绘制的过程是轻松而自由的，画笔面板充满灵动的变化，也令繁琐的工作变得简单而更加富有创意。

5.6.1 画笔工具

在工具箱中选择画笔工具（✐），然后在画笔面板中选择一个画笔，直接在工作页面上按住鼠标拖动，绘制一条路径。此时画笔工具右下角显示一个小的叉，如图 5-6-1 所示，来表示正在绘制一条任意形状路径，在绘制过程中，小的叉会消失，如图 5-6-2 所示。选择不同的画笔得到的路径形状也不同。

双击工具箱中的画笔工具，会弹出"画笔工具首选项"对话框，如图 5-6-3 所示，和铅笔工具的预置对话框一样，在该对话框中设置的数值可以控制所画路径的节点数量以及路径的平滑度。

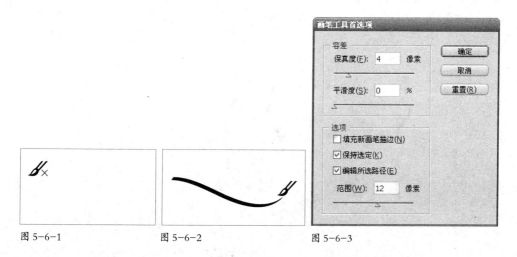

图 5-6-1   图 5-6-2   图 5-6-3

"保真度"值越大，所画曲线上的节点越少；值越小，所画曲线上的节点越多。"平滑度"值越大，所画曲线与画笔移动的方向差别越大；值越小，所画曲线与画笔移动的方向差别越小。

在图 5-6-3 所示的对话框中，"选项"包含 3 个选项。

"填充新画笔描边"选项若被选中，画笔新生成的开放路径将被填充颜色，如图 5-6-4 所示；若未选中此项，则路径的填充状态自动转变为无色，如图 5-6-5 所示。

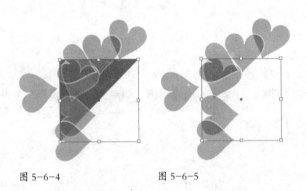

图 5-6-4   图 5-6-5

"保持选定"选项的含义为使新画的路径保持在选中状态。

"编辑所选路径"选项若被选中，表示路径在规定的像素范围内可以编辑。

当"编辑所选路径"被选中，"范围"的数值则处于可调整状态。"范围"的作用在于可以调整可连接的距离。当修改绘制好的路径时，无论是开放的路径还是闭合的路径，当然，该路径处于选择的状态，"范围"的数值决定了画笔起始点和已经存在的路径之间的距离为多大时，画笔的绘制可以修改原有的路径或者说是和原有的路径连接起来。在处于选择状态的路径附近应用画笔绘制新的图形，可以直接改变原来不理想的图形，如图 5-6-6 所示；也可以令多个开放的路径连接起来，如图 5-6-7 所示。

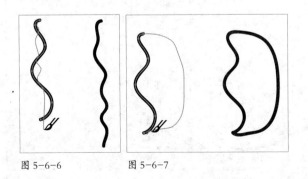

图 5-6-6   图 5-6-7

使用画笔工具在页面上绘画时，拖动鼠标后按住键盘上的 Option（Mac OS）/Alt（Windows）键，在画笔工具的右下角会显示一个小的圆环，如图 5-6-8 所示，表示此时所画的路径是闭合路径；

停止绘画后路径的两个端点就自动连接起来，形成闭合路径，如图 5-6-9 所示。

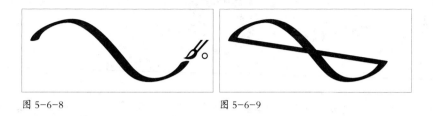

图 5-6-8   图 5-6-9

Adobe Illustrator 为画笔提供了一个专门的画笔面板，该面板为绘制增加了更大的便利性、随意性和出人意料的快捷性。

5.6.2 画笔面板

使用画笔工具时，首先需要选择一支合适的画笔，Adobe Illustrator CS3 提供了丰富的画笔资源。第一次打开 Illustrator 软件时，画笔面板就出现在工作页面上，如图 5-6-10 所示。如果没有，可通过选择"窗口 > 画笔"命令来打开画笔面板。

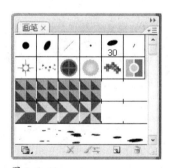

图 5-6-10

在此面板中共包含 4 种类型的画笔。

· 书法画笔：沿着路径中心创建具有书法效果的笔划。

· 散点画笔：沿着路径散布特定的画笔形状。

· 艺术画笔：沿着路径的方向展开画笔。

· 图案画笔：绘制由图案组成的路径，这种图案沿路径不停重复。因为有些图案在路径拐角处和其他部分不同，所以图案画笔中最多的可能包括 5 个部分，即边线拼贴、外角拼贴、内角拼贴、起点拼贴和终点拼贴。图 5-6-11 所示中的 4 个图形依次为使用这 4 种画笔绘制的路径。

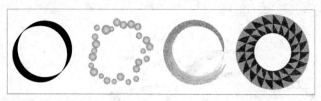

图 5-6-11

在画笔面板的右上角有一个黑色小三角，单击这个黑色小三角，弹出如图 5-6-12 所示的菜单。

图 5-6-12

5.6.3 新建画笔

选择"新建画笔"命令，弹出如图 5-6-13 所示的"新建画笔"对话框。在此对话框中可以选择新建哪种类型的画笔。如果新建的是散点画笔和艺术画笔，在单击"新建画笔"之前必须有被选中的图形；若没有被选中的图形，在对话框中，这两项就是灰色显示，不能被选中。

图 5-6-13

1. 新建书法画笔

选择"新建书法画笔"命令后，单击"确定"按钮，弹出"书法画笔选项"对话框，如图

5-6-14 所示。施加书法画笔的效果如图 5-6-15 所示。

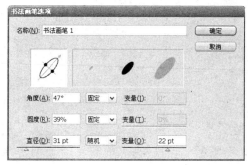

图 5-6-14   图 5-6-15

在"名称"后面的输入框里输入画笔的名称（最多 30 个字符）。在角度、圆度和直径后面的数字框里分别输入画笔的角度、圆度和直径。在这 3 项的后面均有选项框。单击选项框的小三角，可弹出下拉菜单，共包含 7 项内容：固定、随机、压力、光笔轮、倾斜、方位、旋转。

这 7 个选项用于控制画笔的角度、圆度和直径变化的方式，当选择"固定"时，则使用相关数字框的值。选择"随机"时，"变量"成为可选项，如图 5-6-16 所示。这时使用的画笔角度（或者圆度和直径）就具有一个变化范围，这个范围就是使用数字框中的值加减偏差值得到的数值范围。例如，当圆度值为 50%，其后的偏差值为 30% 时，这支画笔的圆度值即在 20% 到 80% 之间随机变化。图 5-6-17 所示是圆度值固定和随机两种情况下得到的两条路径。"压力、光笔轮、倾斜、方位、旋转"选项一般情况下以灰色显示，只有在使用数字化板（配合压感笔使用）时这一项才起作用。压力值越小，画笔棱角越多。

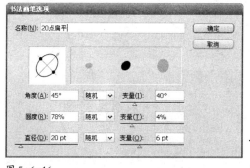

图 5-6-16   图 5-6-17

这几项设置完成之后，单击"确定"按钮，就完成了新的书法画笔的设置，这时，在画笔面板中就增加了一个书法画笔，如图 5-6-18 所示。利用书法效果画笔可以令画面产生更加随意的艺术气息，如图 5-6-19 所示。

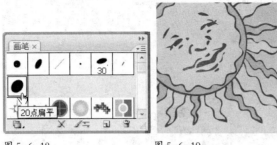

图 5-6-18   图 5-6-19

书法画笔设置完成后，就可以在画笔面板中选择这个画笔进行路径的勾画了。此时，仍然可以使用描边面板中的"粗细"选项来调整路径的宽度，但其他选项对其不再起作用。路径绘制完成之后，同样可以对其中的节点进行调整。

2. 新建散点效果画笔

在新建散点画笔之前，必须在页面上选中一个图形，如图 5-6-20 所示，而且此图形中不能包含使用画笔效果的路径、渐变色和渐层网格等，否则软件不允许使用此图形作为散点画笔的编辑图形。

选择好图形后，单击画笔面板下方的新建画笔按钮（ ），然后在弹出的对话框里选择"新建散点画笔"选项，单击"确定"按钮后弹出"散点画笔选项"对话框，如图 5-6-21 所示。

图 5-6-20   图 5-6-21

在此对话框的右下角有一个矩形框，矩形框内显示的图形就是刚才在页面内选中的图形。各项设置如下。

"名称"后面输入画笔的名字；"大小"控制作为散点的图形大小；"间距"控制散点图形之

间的间隔距离；"分布"控制散点图形在路径两边与路径的远近程度，该值越大，离路径越远；"旋转"控制作为散点图形的旋转角度。

"大小"、"间距"、"分布"和"旋转"后面都有一个相同的选项弹出栏，包含7项内容：固定、随机、压力、光笔轮、倾斜、方位和旋转，其作用与定义书法效果时的作用是一样的。

用鼠标单击"旋转相对于"后面的黑三角按钮，弹出两个选项：页面和路径。选择"页面"选项表示散点图形的旋转角度相对于页面，0°指向页面的顶部；选择"路径"选项表示散点图形的旋转角度相对于路径，0°指向路径的切线方向。

"着色"包含3项内容：方法、主色、提示。

使用鼠标单击"方法"后面的黑色小三角，弹出如图5-6-22所示的菜单。分别表示如下含义（为了方便理解，单击对话框中的"提示"按钮，弹出的如图5-6-23所示的"着色提示"对话框）。

图 5-6-22

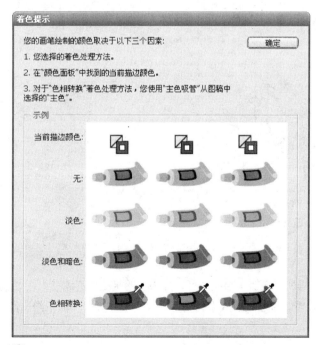

图 5-6-23

·无——表示使用画笔画出的颜色和画笔本身设定的颜色一致。

·淡色——使用工具箱中显示的描边颜色，并以其不同的浓淡度来表示画笔的颜色。一般对只有黑白色变化的画笔使用淡色选项，原来画笔中黑色部分变为工具箱中显示的描边，灰色部分变为工具箱中的描边不同程度的淡色，白色部分不变。

·淡色和暗色——表示使用不同浓淡的工具箱中显示的描边和阴影显示用画笔画出的路径。该选项能够保持原来画笔中的黑色和白色不变，其他颜色以浓淡不同的描边表示。

·色相转换——表示使用描边代替画笔的基准颜色，画笔中的其他颜色也发生相应的变化，变化后的颜色与描边的对应关系和变化前的颜色与基准颜色的对应关系一致。该项保持黑色、白色和灰色不变。对于有多种颜色的画笔，可以改变其基准色。

"主色"默认情况下是待定义图形中最突出的颜色，也可以进行改变。用吸管工具从待定义的图形中吸取不同的颜色，则颜色显示框中的颜色也随之变化。基准颜色设定之后，图形中其他颜色就和该颜色建立了一种对应关系，选择不同的涂色方法、不同的描边颜色，使用相同的画笔画出的颜色效果可能不同。

以上设置完成后，单击图 5-6-23 所示中的"确定"按钮，就完成了新的散点画笔的设置，这时在画笔面板中就增加了一个散点画笔。

图 5-6-24 所示是使用散点效果画笔绘制的路径。

图 5-6-24

使用散点效果画笔可以以路径为基准，随机地绘制图案，如果对随机效果不满意，还可以通过对散点随机性地调整以达到满意效果。通过散点效果画笔可以轻松地在页面上随机绘制图形，如图 5-6-25 所示。

图 5-6-25

3. 新建线条效果画笔

和新建散点画笔类似，在新建线条画笔之前，工作页面上必须有选中的图形，并且此图形中不包含使用画笔设置的路径、渐变色以及渐层网格等。

在"新建画笔"对话框中，选择"新建艺术画笔"，弹出"艺术画笔选项"对话框，如图5-6-26 所示。

图 5-6-26

· 方向：表示线条图形与所画路径之间的关系。左指箭头即图形的左边为路径的结束方向；右指箭头即图形的右边为路径的结束方向；上指箭头即图形的顶部为路径的结束方向；下指箭头即图形的底部为路径的结束方向。

· 大小：表示控制路径的缩放。"宽度"表示画笔的宽度，其中100% 表示画笔宽度与原图形的高度相同。选择"等比"选项，表示画笔的宽度和高度将成比例地缩放。

· 翻转：控制路径中画笔的方向。"横向翻转"选项表示沿路径方向径向，"纵向翻转"选项表示在路径的垂直方向径向。

关于"着色"请参看"散点画笔"中的相关描述。

以上设置完成后，单击"确定"按钮就完成了线条画笔的设置。图 5-6-27 和图 5-6-28 所示为使用线条画笔绘置的路径。

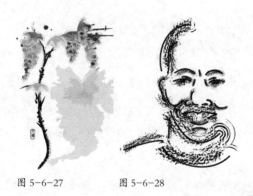

图 5-6-27   图 5-6-28

在定义画笔时，如果线条图形的方向与所画路径的方向一致，则使用线条效果画笔绘制的路径上线条图形与路径等长。

例如，把图 5-6-29 所示的剪刀图形定义为画笔后（定义画笔的选项如图 5-6-30 所示），使用

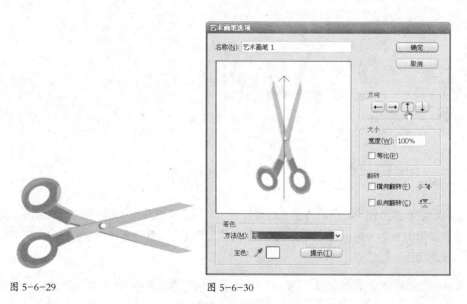

图 5-6-29   图 5-6-30

画笔工具（🖋）在画笔面板中选择这一线条画笔，然后绘制一条路径，如图5-6-31所示，可以看到线条画笔的长度与路径的长度一致。如果我们绘制的路径更长，如图5-6-32所示，那么相应的线条画笔也被拉得更长。当然，线条的拉伸方向也与定义画笔时选项的设置有关。

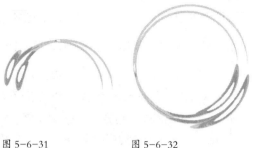

图 5-6-31   图 5-6-32

4．新建图案画笔

在"新建画笔"对话框中选择"新建图案画笔"命令，弹出"图案画笔选项"对话框，如图5-6-33所示。

图 5-6-33

在该对话框中，"名称"选项后面输入画笔的名称。

在名称栏下面有 5 个小的方框，分别代表 5 种图案，从左到右依次为：边线拼贴、外角拼贴、内角拼贴、起点拼贴和终点拼贴。

如果在新建画笔之前，在页面内选中了图形，那么在该对话框中选中的图形就会出现在左边第一个小方框中（边线拼贴），同时在下面图案类型的列表中，"原稿"处于选中状态。若未选中图形，可以选择列表中的图案进行设置。

·大小：用于控制图案相对于原始图形的缩放程度以及图案之间的距离。"缩放"用来调节图案的大小，数值为100%时，图案的大小与原始图形相同；"间距"可用来调节图案单元之间的间隙，当数值为100%时，图案单元之间的间隔为0，也就是说，图案单元之间是紧密相连的。

·翻转：控制路径中图案画笔的方向。"横向翻转"表示图案沿路径方向翻转，"纵向翻转"表示图案在路径的垂直方向翻转。

·适合：表示图案画笔在路径中的匹配。"伸展以适合"表示把图案画笔展开以达到与路径匹配，此时可能会拉伸或缩短图案，如图5-6-34所示。"添加间距以适合"表示增加图案画笔之间的间隔使其与路径匹配，如图5-6-35所示。"近似路径"选项仅用于矩形路径，不改变图案画笔的形状，使图案位于路径的中间部分，路径的两边空白，如图5-6-36所示。

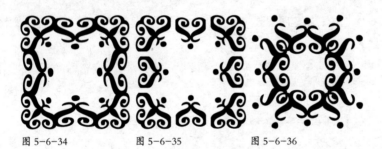

图 5-6-34 　　　　　 图 5-6-35 　　　　　 图 5-6-36

关于"着色"请参看散点画笔中的相关描述。

以上各项设置好之后，单击"确定"按钮就完成了图案画笔的定义。

图案画笔工具在使用上较其他3个画笔难于理解，下面举例说明图案画笔的使用方法。

使用图案画笔之前，首先要绘制图案单元，然后将绘制好的图案单元应用到图案画笔中。

（1）绘制出单独的图案单元，分别为边线拼贴、外角拼贴、内角拼贴，分别如图5-6-37、图5-6-38和图5-6-39所示。在绘制上述图案单元时，一定要注意图案之间的关联性，如图5-6-40所示，

图 5-6-37 　　　　　　　　 图 5-6-38 　　　　 图 5-6-39

本例的外拐角和周边的图案单元之间是无缝连接的，当然并不是所有的外拐角和周边的图案单元都是无缝连接的。如图5-6-41所示，周边的自行车图案和外拐角自行车图案之间有一定的缝隙，但是，它们都是有联系的，所以在做图案单元的设计时，不能孤立地考虑每个单元的设计，要把它们放到一个整体中来考虑。

图 5-6-40   图 5-6-41

内拐角的设计也是一样，如图 5-6-42 所示。

图 5-6-42

（2）将上述 3 个图案分别拖动到色板面板中，3 个图案被作为 Illustrator 认可的图案存放在色板面板中，如图 5-6-43 所示，并对图案进行相应的命名。

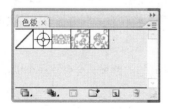

图 5-6-43

（3）打开画笔面板，单击画笔面板底部的"新建画笔"按钮，在"新建画笔"对话框中选择"新建图案画笔"选项，如图 5-6-44 所示。

图 5-6-44

(4)图案画笔对话框中的各项设置,如图 5-6-45 所示。图 5-6-46 所示为施加该图案画笔后的效果。

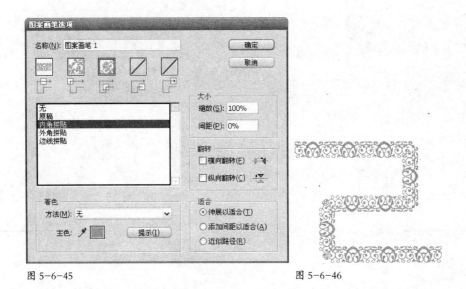

图 5-6-45   图 5-6-46

5.6.4　画笔的修改

使用鼠标双击画笔面板中要进行修改的画笔,会弹出该类型画笔的"画笔选项"对话框,此对话框和新建画笔时的对话框相同,只是多了一个"预览"选项,修改对话框中各选项的数值,通过"预览"可选项进行修改前后的对比。

设置完成后单击"确定"按钮,如果在工作页面上有使用此画笔的路径,会弹出一个提示对话框,如图 5-6-47 所示。

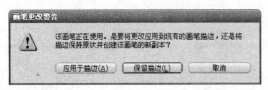

图 5-6-47

其中的"应用于描边"按钮表示把改变后的画笔应用到路径中。

对于不同类型的画笔,"保留描边"选项的含义也有所不同。在书法、散点以及图案画笔改变后,在出现的提示对话框中选择此项,表示对页面上使用此画笔绘制的路径不做改变,而以后使用此画笔新画的路径则使用新的画笔设置。在艺术画笔改变后选择此项的含义表示保持原画笔不变,产生一个新设置情况下的画笔。

"取消"表示取消对画笔所做的修改。

5.6.5 删除画笔

对于工作页面中使用不到的画笔,Adobe Illustrator 提供了简便的删除方法。

使用鼠标单击画笔面板右边的黑色小三角,在弹出的菜单中选择"选择所有未使用的画笔"命令,然后单击画笔面板中的删除画笔按钮(），在弹出的提示框中选择"确定"按钮就可以删除这些无用的画笔了。当然,也可以手动选择无用的画笔进行删除,若要连续选择几个画笔,可在选取时按住键盘上的 Shift 键;若选择的画笔在面板中不同的部分,可按住键盘上的 Command(Mac OS)/Ctrl(Windows)键逐一选择。

如果要删除在工作页面上使用到的画笔,删除时会弹出提示对话框,如图 5-6-48 所示。

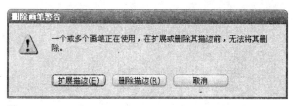

图 5-6-48

"扩展描边"表示把画笔删除之后,使用此画笔绘制的路径自动转变为画笔的原始图形状态。"删除描边"表示从路径中移走此画笔绘制,代之以描边框中的颜色。"取消"表示取消删除画笔操作。

5.6.6 移走画笔

应用画笔工具绘制图形时,并不是每一次都要应用到画笔面板中的画笔效果,可能简单的线条就可以满足绘画的需要。当使用画笔工具时,缺省状态下,Illustrator 会自动将画笔面板中的画笔效果施加到画笔绘制的路径上,如果无需画笔面板中的任何效果,只需在画笔面板的弹出菜单中选择"移去画笔描边"命令或单击画笔面板下方的移去画笔描边(✗)按钮即可。

5.6.7　输入画笔

Adobe Illustrator CS3 提供了丰富的画笔资源库，选择"窗口 > 画笔库"命令，弹出如图5-6-49 所示的菜单，选择这个菜单中的命令，就可以调出画笔素材，如图 5-6-50 所示。

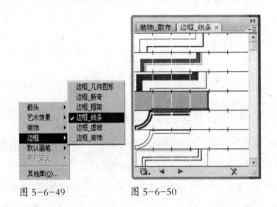

图 5-6-49　　　　　图 5-6-50

在 Illustrator 中新建文件时，页面上会有默认状态下的画笔库出现，但对于编辑过的文件再打开，在画笔面板中只有文件中使用过的画笔存在。

5.7　图案的制作

在图形处理软件中，图案的制作是非常重要的部分。

在 Illustrator 当中，要建立图案，应先设计图案的基本单元图形，如图 5-7-1 所示，然后用鼠标将基本单元图形拖到色板面板中，在色板面板中就会出现新制作的图案，如图 5-7-2 所示；或者执行"编辑 > 定义图案"命令，也可以完成图案的制作。

图 5-7-1　　　　　图 5-7-2

可以使用路径、复合路径或实体填色（或未填色）的文字成为基本单元图形，也可以使用 Adobe Illustrator 软件中任何工具绘制基本单元图形。

Adobe Illustrator CS 以前的版本在基本单元图形的制作过程中，不可使用带有图案、渐变、笔触、渐层网格、点阵图、置入的档案、混合制作的图形以及遮色片的图形，但是渐变色以及使用混和工具产生的混合效果的图形，可以通过选择"对象 > 扩展"命令，使之作为图案制作的素材。但到了 Adobe Illustrator CS3，这些限制有了非常大的变化，除了不可使用带有图案的物体，其他都可以出现在图案单元的制作中，如图 5-7-3 所示。

下面举例说明图案制作的过程。

（1）选取希望成为图案的图形，本例的图形为六角雪花。其描边为无色，填充为彩色：C=0、M=0、Y=0、K=100。选择"视图 > 对齐点"命令，如图 5-7-4 所示。

图 5-7-3   图 5-7-4

（2）使用工具箱中的矩形工具绘制一个矩形。如果要节省图案复制及打印时间，建议使用 2.54cm×2.54cm 的正方形。也可以先在稍大的正方形里制作图案，然后再将其缩小。注意，正方形必须为直角，也就是说，不可使用圆角矩形工具。

为正方形填色。此颜色是最终图案的背景色。如不希望有背景色，可不做填色。选中正方形，执行"对象 > 排列 > 置于底层"命令，将其置于所有图形之后，如图 5-7-5 所示。

（3）把六角雪花移至正方形的左上角，如图 5-7-6 所示。

图 5-7-5   图 5-7-6

（4）选取所有图形。将游标移至正方形左下角的锚点处，同时按住 Option（Mac OS）/Alt（Windows）键 +Shift 键，向右水平拖动以复制正方形和六角雪花。当新的正方形的左上角与旧的正方形的右上角接触时，可放开鼠标，如图 5-7-7 所示。

（5）将复制后的正方形删除，如图 5-7-8 所示。

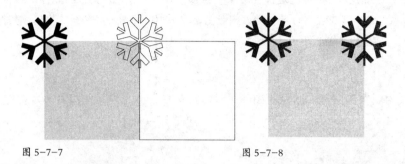

图 5-7-7   图 5-7-8

（6）选取所有图形，同时按住 Option（Mac OS）/Alt（Windows）键 +Shift 键，将游标移至正方形左上角的锚点处，向下垂直拖动以复制正方形和六角雪花。当新的正方形的左上角与旧的正方形的左下角接触时，可放开鼠标。将复制后的正方形删除。

（7）可在正方形内放置另一个六角雪花。

注意：不可将图形重叠。如果认为制作的图案过大时，可在这时将所有图形缩小。

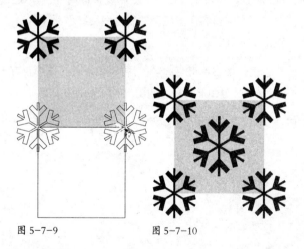

图 5-7-9   图 5-7-10

（8）选取正方形，执行"编辑 > 复制"命令，再执行"编辑 > 贴在后面"命令，将其置于所有图形之后，并将复制得到的正方形改为无填色，无描边。

选取所有图形，执行"编辑 > 定义图案"命令，在弹出的对话框中设定图案的名称（参照通过渐变色制作图案实例的步骤九），然后单击"确定"按钮，在色板面板中就出现了新制作的图案，如图 5-7-11 所示。

也可以把制作的图形设定不同的填充，将正方形填充蓝色，再将雪花的填充改成白色，看一看，最后的图案有没有一点蜡染的味道，如图 5-7-12 所示。

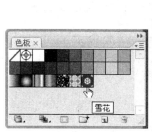

图 5-7-11   图 5-7-12

有关创建图案的小技巧

· 当建立图案拼贴时，放大线稿，可以更精确地对齐成分。

· 为了获得节省图案复制及打印时间，填色图案应该为 0.5inch ～ 11inch 的正方形。

· 图案越复杂，使用它建立的选择就要越小；但是选择越小（及其建立的图案拼贴），建立图案就需要越多的复制。因此，1inch 的正方形的拼贴要比 1/4inch 正方形的拼贴更有效。如果要建立简单的图案，可在图案拼贴的选择内包含多个图形的复制。

· 为了确保有平滑的拼贴，请在定义图案之前封闭路径。

· 如果在图案基本单元周围绘制边框，应确定边框为矩形，并将其置于所有物体之后，并且填充、描边都为无色。

5.8 图案单元的变换

1. 图案单元之间距离的调整

图案单元之间的距离可用自定义来控制。如果没有设置背景矩形框，则软件自动设定图案单元之间的距离为零。设定背景矩形框的描边以及填充均为无色，而且位于图案的最下面，即可通过选择"对象 > 排列 > 置于底层"命令来完成。

2. 变形图案的填充图形

· 使用鼠标变形图案。

首先选中填充图案的物体。然后选择相应的变形工具，例如，欲做填充图案的旋转，则选择工具箱中的旋转工具。按住波浪键（～）然后拖动鼠标，达到预期的变形效果时放开鼠标。

使用鼠标拖动时物体的边界也要跟着变形，但是放开鼠标时边界又会回到原来的状态。

·使用变形工具的对话框变形图案。

在对使用图案进行填充的图形进行旋转和缩放等编辑时，在弹出的对话框中有关于图案是否随图形的改变而改变的选项，下边将逐一讲解。

首先绘制一个图形，如图 5-8-1 所示，把这个图形定义成图案，下面就以填充此图案的矩形为例进行讲解，如图 5-8-2 所示。

图 5-8-1　　图 5-8-2

（1）图案的旋转

首先使矩形处于选中状态。然后选择工具箱中的旋转工具，按住 Option（Mac OS）/Alt（Windows）键的同时在矩形中心单击鼠标，矩形的中心点即成为旋转的中心点，单击鼠标后出现 Rotate 对话框，如图 5-8-3 所示。

在"角度"后面输入的数值为 20°，在选项栏中有"对象"和"图案"两个选项。"对象"表示所绘制的图形，如此例中的矩形；"图案"表示图形中填充的图案。前面的"√"图标显示表示该选项被选中。选中"预览"选项，就可随时看到图形的旋转结果。

设定旋转角度为 20°，分别在选项栏里选中对象、图案以及同时选中对象和图案选项得到的不同旋转效果，分别如图 5-8-4、图 5-8-5 和图 5-8-6 所示。

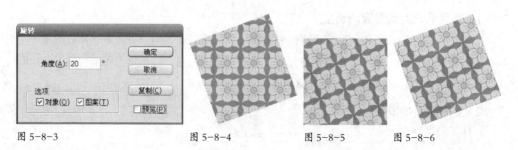

图 5-8-3　　　　　　图 5-8-4　　　　　图 5-8-5　　　　　图 5-8-6

（2）图案的缩放

首先使矩形处于选中状态。然后选择工具箱中的缩放工具，按住 Option（Mac OS）/Alt

（Windows）键的同时在矩形中心单击鼠标，矩形的中心点即成为旋转的中心点，单击鼠标后出现"比例缩放"对话框，如图 5-8-7 所示。

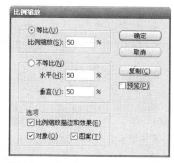

图 5-8-7

在"缩放比例"后面输入的数值为缩放值，在选项栏下面有 3 个选项："对象"和"图案"表示的对象与旋转设置框内这两项表示的对象相同。"比例缩放描边和效果"选项是针对图形中包含描边和效果起作用的。选中"预览"选项，就可随时看到图形的缩放结果。

设定统一缩小比例为 50%，在选项栏里分别选中对象、图案以及同时选中对象和图案选项得到的不同效果，分别如图 5-8-8、图 5-8-9 和图 5-8-10 所示。

（3）图案的镜像

首先使矩形处于选中状态。然后选择工具箱中的镜像工具，按住 Option（Mac OS）/Alt（Windows）键的同时在矩形中心单击鼠标，矩形的中心点即成为旋转的中心点，单击鼠标后出现"镜像"对话框，如图 5-8-11 所示。

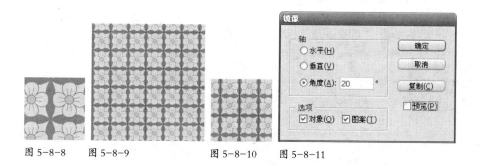

图 5-8-8   图 5-8-9   图 5-8-10   图 5-8-11

在"角度"后面输入的数值为镜像角度，选中"预览"选项，就可随时看到图形的镜像结果。设定镜像角度为 20°，在选项栏里分别选中对象、图案以及同时选中对象和图案选项得到的不同效果，分别如图 5-8-12、图 5-8-13 和图 5-8-14 所示。

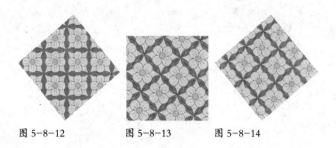

图 5-8-12   图 5-8-13   图 5-8-14

（4）图案的倾斜

首先使矩形处于选中状态，然后选择工具箱中的倾斜工具，按住 Option（Mac OS）/Alt（Windows）键的同时在矩形中心单击鼠标，矩形的中心点即成为旋转的中心点，单击鼠标后出现"倾斜"对话框，如图 5-8-15 所示。

图 5-8-15

设定倾斜角度为 20°，水平轴，在选项栏里分别选中对象、图案以及同时选中对象和图案选项得到的不同效果，分别如图 5-8-16、图 5-8-17 和图 5-8-18 所示。

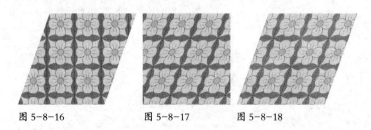

图 5-8-16   图 5-8-17   图 5-8-18

滤镜应用 6

学习要点

- 了解矢量滤镜的效果，包括颜色、创建、变形、钢笔以及风格化等，并在给定的环境中决定选择何种滤镜进行操作
- 了解位图滤镜的效果，包括艺术化、模糊、毛笔笔触、变形、像素化、锐化、素描、风格化以及纹理，并在给定的环境中决定选择何种滤镜进行操作

6.1 矢量图形的转化

Adobe Illustrator 提供了强大的滤镜和效果功能，其中一些功能只对像素图起作用，可通过 Adobe Illustrator 提供的效果菜单中的栅格化命令将矢量图形转化为像素图。当然图形转化为图像也可以通过执行"对象 > 栅格化"命令得以实现，它们两者之间的差异在于，"对象 > 栅格化"命令将对象完全转换成了像素图，但"效果 > 栅格化"命令却并未改变对象的属性，而只是将特效应用到对象的外观上，对象的实际架构还保留着矢量的属性。

下面通过实例进行讲解。

（1）使用工具箱中的图形工具绘制图形，如图 6-1-1 所示。

图 6-1-1

(2) 使用选择工具将图形全选,执行"对象 > 编组"命令,使图形成组,执行"效果 > 栅格化"命令或"对象 > 栅格化"命令,弹出"栅格化"对话框,如图 6-1-2 所示。

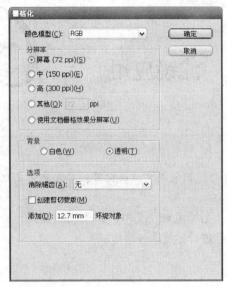

图 6-1-2

如果文件的颜色模式是 RGB,在"颜色模式"后面的弹出项中可以选择图像颜色模式的 RGB、灰度以及位图 3 个选项;反之,如果文件的模式是 CMYK,那么在"颜色模式"后面的弹出项中可以选择图像颜色模式的 CMYK、灰度以及位图 3 个选项。

在"栅格化"对话框中分辨率下面的几个选项决定了图形转化为图像的清晰度。"屏幕"的分辨率设定为 72ppi,"中"的分辨率设定为 150ppi,"高"的分辨率设定为 300ppi,还可以选择"其他"选项,自定转化图像的分辨率。分辨率设置越高,图像颜色变化越细腻。一般情况下,如果图像最后要用于印刷,则选择的分辨率要高一些;如果仅仅用于网上传播,则 72ppi 的分辨率也就足够了。

选择"创建剪切蒙版"选项,生成的图像包含一个蒙版,此时蒙版和图像自动成组,使用群组选择工具可以让选中图像移动,但是移出蒙版部位的图像不再被显示。

图形转化为图像之后就可以进行滤镜处理了。

6.2 关于滤镜菜单

在滤镜菜单下的滤镜选项分为 3 栏,如图 6-2-1 所示,第 1 栏的两个选项会在本章的最后一节讲到;第 2 栏为 Illustrator 滤镜,可以对 Illustrator 产生的矢量图形起作用;第 3 栏为 Photoshop

滤镜，用于对像素图的处理。

图 6-2-1

6.2.1 "创建"命令

"创建"子菜单中有如下两个命令。

1. 对象马赛克

执行此命令的图像被转化为由马赛克的小格子组成的图形，这些小格子为矢量图。

选择如图 6-2-2 所示的像素图，执行"滤镜 > 创建 > 对象马赛克"命令，弹出"对象马赛克"设置对话框，如图 6-2-3 所示。

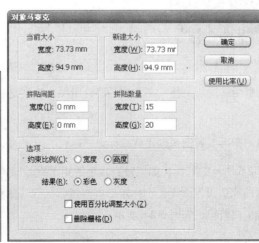

图 6-2-2   图 6-2-3

"新大小"可分别输入转化后的图形的宽度和高度。

"拼贴间距"中的两个值控制拼贴中每个马赛克之间的"宽度"和"高度"距离。

"拼贴数量"表示图形中马赛克的多少。

"选项"中"约束比例"项控制马赛克图形的比例,"结果"项控制马赛克图形以何种颜色方式出现。

"使用百分比调整大小"表示"新大小"将以百分比的形式出现。

"删除栅格"选项呈选中状态时,单击"确定"按钮后,将会以矢量的马赛克图像代替栅格图像;如不选中该选项,单击"确定"按钮后,将得到矢量的马赛克图像,并保持原图。

使用如图 6-2-3 所示的数值对图像进行马赛克处理,然后单击"确定"按钮,可以看到图像发生了变化,变化效果如图 6-2-4 所示。

图 6-2-4

此时就可以使用群组选择工具移动其中的马赛克图形,并改变其填充颜色。

2. 裁剪标记

执行该命令可以对图形或者图像创建剪裁标记,以利于印刷的后期制作。

设计一张如图 6-2-5 所示的名片,如果没有黑色的矩形框,印刷后无法界定名片的大小,这时,可将黑色矩形框的描边设定为无,选择矩形框,然后执行"滤镜 > 创建 > 裁剪标记"命令,矩形框的四周就出现了裁剪线,如图 6-2-6 所示。

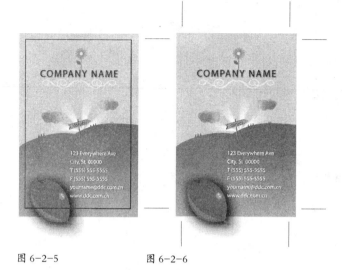

图 6-2-5　　　　图 6-2-6

6.2.2 "扭曲"命令

该滤镜中的子命令可以对矢量图形进行各种变形处理。

1. 收缩和膨胀

在 Illustrator 文件中选择要变形的图形，这里选择的图形如图 6-2-7 所示。执行"滤镜 > 扭曲 > 收缩和膨胀"命令，弹出"收缩和膨胀"对话框，如图 6-2-8 所示。拖动对话框中的滑动栏的小三角使其移动，可以看到数值框里的数值随之变化，小三角移动方向不同，得到的图形变形结果也不同，如图 6-2-9 所示。

图 6-2-7

图 6-2-8

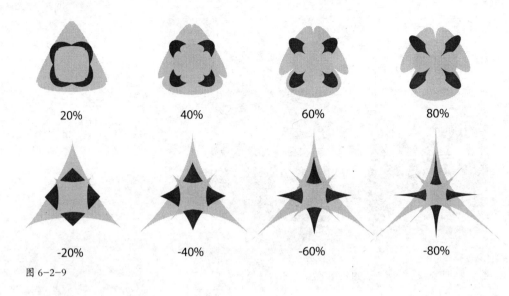

图 6-2-9

2. 粗糙化

执行该命令可使图形的边缘变得粗糙，同时图形的节点增多。当把文字转化成图形后再执行此命令会得到特殊的文字效果。

选择此命令后弹出"粗糙化"对话框，如图 6-2-10 所示。"大小"用来设定变形的程度，数值越大，节点的位移量越大，变形效果越明显；"细节"用来设定每英寸有多少个节点分开的部分。

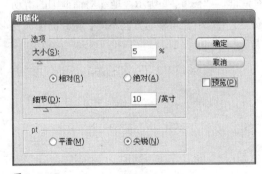

图 6-2-10

选择"相对"则以百分比的方式改变大小；选择"绝对"则以输入数值的方式改变大小；选择"平滑"则变形后的节点为曲线点，当选中其中任何一个节点时，你会发现每个节点都有两个把手；选择"尖锐"选项则变形后的节点为直线点。

图 6-2-11 所示为图 6-2-7 执行"粗糙化"命令使用不同参数的结果。

尖锐

大小：5% 　　　大小：5% 　　　大小：10% 　　　大小：10%
细节：5英寸 　　细节：10英寸 　　细节：5英寸 　　细节：10英寸

平滑

大小：5% 　　　大小：5% 　　　大小：10% 　　　大小：10%
细节：5英寸 　　细节：10英寸 　　细节：5英寸 　　细节：10英寸

图 6-2-11

3. 扭拧

选择图形后，执行"滤镜 > 扭曲 > 扭拧"命令，弹出"扭拧"对话框，该对话框中的"水平"和"垂直"分别代表水平和垂直方向的位移量，选中"预览"选项就可以随时看到图形的变化结果。图 6-2-12 所示为图 6-2-7 执行"扭拧"命令使用不同参数的结果。

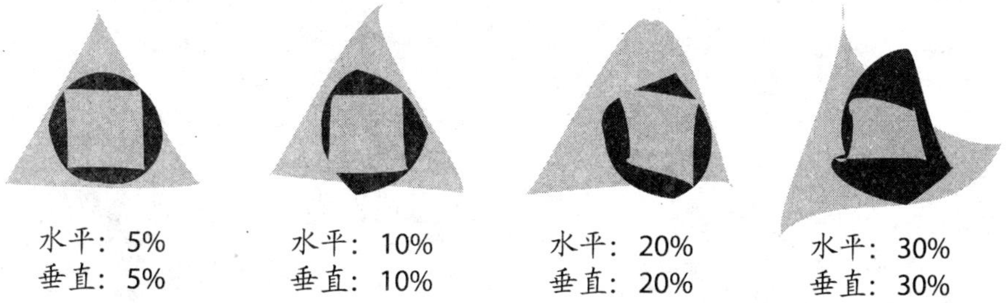

水平：5% 　　　水平：10% 　　　水平：20% 　　　水平：30%
垂直：5% 　　　垂直：10% 　　　垂直：20% 　　　垂直：30%

图 6-2-12

在该对话框中还有 3 个可选项："锚点"表示移动节点在水平方向和垂直方向移动，"导入"控制点表示将控制点向原节点方向移动，"导出"控制点表示将控制点向远离原节点方向移动。

4. 扭转

此命令可通过围绕中心旋转来改变物体外形。在弹出的"扭转"对话框的"角度"后面可输入相应的角度值，软件允许的范围为 -360°～ 360°。图 6-2-13 所示为图 6-2-7 执行"扭转"命令使用不同参数的结果。

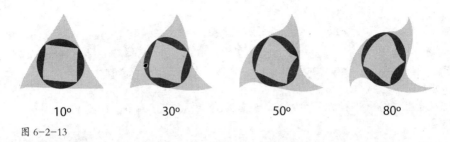

10°　　　30°　　　50°　　　80°

图 6-2-13

5. 波纹效果

选择该命令，弹出"波纹效果"对话框。其中，"大小"用来控制节点移动的程度；"每段的隆起数"用来控制增加节点的数量。图 6-2-14 所示为图 6-2-7 执行"扭转"命令使用不同参数的结果。

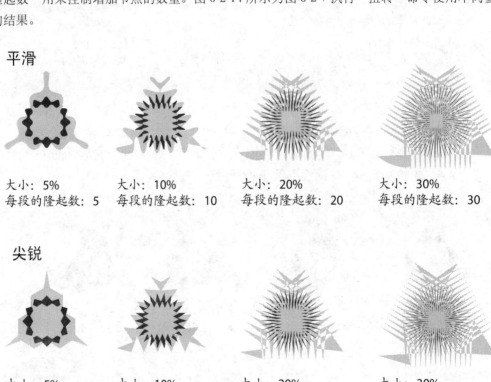

平滑

大小：5%	大小：10%	大小：20%	大小：30%
每段的隆起数：5	每段的隆起数：10	每段的隆起数：20	每段的隆起数：30

尖锐

大小：5%	大小：10%	大小：20%	大小：30%
每段的隆起数：5	每段的隆起数：10	每段的隆起数：20	每段的隆起数：30

图 6-2-14

6. 自由扭曲

选择该命令，弹出"自由扭曲"对话框。其中 4 个控制点可对图形进行透视效果的扭曲。

6.2.3 "风格化"命令

"风格化"子菜单中有 3 个命令。

1. 添加箭头

这一命令主要用于对开放路径加箭头。选择一条路径,执行"滤镜 > 风格化 > 添加箭头"命令,弹出"添加箭头"对话框。在该对话框中有 3 个选项,"起点"表示箭头加在开放路径的起点,"终点"表示箭头加在开放路径的终点,"缩放"后面的数值框中的数值控制箭头的缩放比例。

对话框中提供了 27 种箭头形状,每一个阿拉伯数字代表一种箭头形状,选择不同的阿拉伯数字产生的箭头形状也不相同。根据不同的需要,使用这个命令可得到不同的箭头效果。

2. 投影

使用此命令可对任何图形建立投影,选择此命令弹出"投影"对话框。该对话框中的"模式"用来设定阴影和下面图形的混合模式;"不透明度"用来设定透明度的高低;"x 位移"用来设定阴影在横向方向上的位移量;"y 位移"用来设定阴影在纵向方向上的位移量;"模糊"用来设定阴影的模糊程度;"颜色"用来设定阴影的颜色;"暗度"用来设定投影和原图形颜色之间的加深比例;如果不选择"创建单独阴影"选项,则生成的阴影就和原图形组合为一体。

图 6-2-15 所示是原图形,图 6-2-16 所示为使用"投影"命令制作的阴影效果。

图 6-2-15   图 6-2-16

3. 圆角

执行此命令可将被选择的图形由直角变为圆角。选择此项命令弹出"圆角"对话框,在这个对话框中可以设定圆角"半径"的大小。图 6-2-17 所示为在执行此命令前,图 6-2-18 所示为执行"圆角"命令后的两个图形。

图 6-2-17   图 6-2-18

6.2.4 有关 Photoshop 滤镜

Illustrator CS3 中支持使用来自其他 Adobe 产品（例如 Adobe Photoshop）和非 Adobe 软件开发商的增效滤镜和效果。这些增效滤镜和效果在安装之后，大多都会出现在"滤镜"和"效果"菜单中，且其工作方式与内建的滤镜和效果相同。

滤镜和效果对于链接的位图对象不起作用。当对链接的位图应用一种滤镜或效果时，必须将位图嵌入文档。

有些滤镜和效果可能占用大量内存，特别是应用于高分辨率的位图图像时。

有关 Photoshop 滤镜不在此进行赘述，有兴趣的读者可以参考本系列教材的《Adobe Photoshop CS3 标准培训教材》一书，该书对滤镜已经做了详细说明。

6.2.5 有关滤镜的其他命令

位于滤镜菜单下的前两个命令分别表示重复做上一次的滤镜处理或继续使用此滤镜编辑图像。

如果对一个图像执行了模糊命令，那么选择第 2 个图像想再执行模糊命令，只要选择滤镜菜单下的第 1 个命令就可以了。

如果对图像进行滤镜处理后对处理效果不满意，选择滤镜 菜单下的第 2 个命令就会弹出滤镜对话框，可以继续对图像调节（注意，如果进行了两步以上的滤镜，则第 2 个命令只能显示最后使用的滤镜）。

应注意的是，在对图像的滤镜处理时，很多命令只对 RGB 格式的图像起作用。

艺术效果外观

7

学习要点

· 了解使用外观属性的相关设定和操作过程，包括外观属性的编辑、修改和建立
· 了解使用图形样式面板的相关设定和操作过程，包括图形样式的编辑、修改和建立
· 了解并解释效果菜单提供的各种命令

通过使用效果菜单命令、外观面板和图形样式面板可以将外观属性施加到任何物体、组或者层面。

7.1 关于外观属性、图形样式和效果

外观属性这一概念的提出极大地方便了绘图工作。改变外观属性时只改变物体的外观，其结构不会发生变化。如果对一个物体施加外观属性，然后编辑、删除外观属性，或者将其他外观属性应用到该物体上，位于外观属性之下的物体并没有发生变化，就像假面舞会上舞者带着的面具，面具只是一个表象，表象可以换来换去，但是舞者的脸孔不会随着面具的更换而发生变化。

外观属性包括填充、边线、透明和效果。

例如，将一个六边形执行"滤镜 > 扭曲 > 收缩和膨胀"命令，得到如图 7-1-1 所示结果；将一个六边形执行"效果 > 扭曲 > 收缩和膨胀"命令，得到如图 7-1-2 所示结果，如果把效果删除，仍可恢复最初绘制的六边形的形状，如图 7-1-3 所示。

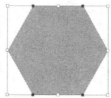

图 7-1-1   图 7-1-2   图 7-1-3

当前选择的外观属性都以清单方式显示在外观面板中，可以方便选择和编辑外观属性的工作。

图形样式是一系列外观属性的集合。图形样式面板可以对物体、组和图层面板存储并执行一系列的外观属性。这一特性可以快速而一致地改变文件中线稿的外观。如果一个图形样式被置换（也就是说，组成图形样式的外观属性发生了变化），施加了该图形样式的所有物体都会发生相应的改变。

效果是外观属性的一种形式，以清单的形式在效果菜单下列出。在 Illustrator 中的其他地方或者是菜单，或者是面板，都可以发现和大部分效果具有相同功能和名称的命令。但是，在效果菜单下列出这些命令并不改变物体的本身，而只改变外观属性。可以对一个路径执行效果菜单下的多个命令变形、光栅化、修改路径或者其他任意命令，但是路径的尺寸、节点和路径的形状却不会发生丝毫变化，只是它的外观变化了。原物体依然具有可编辑性，效果的参数随时可以改变。

7.2　外观面板的使用

执行"窗口 > 外观"命令可以显示或关闭外观面板，如图 7-2-1 所示。在外观面板显示下列 4 种外观属性的类型，如图 7-2-2 所示。

图 7-2-1　　　　图 7-2-2

· 填色：列出了填色的属性，它包括填充类型、颜色、透明度和效果。

· 描边：列出了一些描边属性，它包括边线类型、笔刷、颜色、透明度和效果，其他在此没有列出的边线属性可在描边面板中找到。

· 透明度：列出了透明度和混合模式。

· 效果：列出了效果菜单中的命令。

7.2.1　使用外观面板

下列是关于在外观面板上浏览和编辑外观属性的方法。

· 外观面板上部（黑线以上部分）显示线稿中选择的物体，如图 7-2-3 所示。如果选择的是一个编组，就显示编组，如图 7-2-4 所示。

· 外观面板下部（黑线以下部分）按顺序列出物体被施加的效果。面板下部也显示了透明属性，如图 7-2-5 所示。

图 7-2-3   图 7-2-4   图 7-2-5

· 可以展开填充或者边线的清单，将施加其上的外观属性全部显示出来。

· 在外观面板上可以任意改变外观属性的顺序。

· 点击外观面板右上角的小三角，可弹出菜单，选择菜单中的"添加新描边"或"添加新填色"命令，可以增加另外的填色和描边。例如，先绘制一个灰色填充色和黑色边框的圆角矩形，如图 7-2-6 所示，其外观属性面板如图 7-2-7 所示，在其上增加一个黄色的虚线边框，如图 7-2-8 所示，其外观属性面板如图 7-2-9 所示。对于该边框还可以施加其他的外观属性，如图 7-2-10 所示，效果如图 7-2-11 所示。

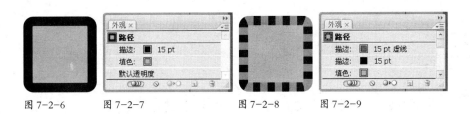

图 7-2-6   图 7-2-7   图 7-2-8   图 7-2-9

图 7-2-10   图 7-2-11

1. 通过拖动将外观属性施加到物体上

首先确定物体没有被选中，拖动外观面板上的左上角的外观图标到该物体上。

2. 记录外观属性

（1）选择下面其中的一步。

· 在线稿中选择一个欲改变外观属性的物体，如图 7-2-12 所示。

· 在图层面板中对物体、组或者图层进行效果定制，如图 7-2-13 所示。

· 在图形样式面板中选择一个图形样式，如图 7-2-14 所示。

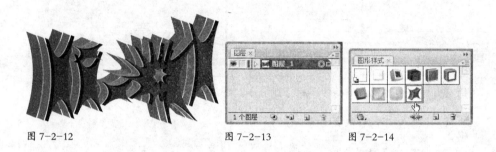

图 7-2-12　　　　　　　　图 7-2-13　　　　　　图 7-2-14

（2）在外观面板中选择要记录的外观属性，如图 7-2-15 所示。

图 7-2-15

（3）在外观面板中向上或向下拖动外观属性（如果需要，单击填充或者描边左面的小三角形，将施加到填充和边线中的外观属性显示出来，这样可以让效果只施加到边线上，而填充没有受影响，反之亦然），拖动外观属性直至想要的位置后松开鼠标键，如图 7-2-16 所示，改变后的结果如图 7-2-17 所示。

图 7-2-16　　　　　图 7-2-17

（4）如果外观属性是图形样式的一部分，它们之间的链接关系将解除。在这种情况下，可以进行下面任何操作。

· 将外观属性再次链接到图形样式中，置换图形样式以前的外观属性，如图 7-2-18 所示。

· 产生一个新的图形样式，如图 7-2-19 所示。

图 7-2-18　　　　图 7-2-19

· 离开未链接的外观属性，选择其他的图形样式。

3. 修改外观属性

（1）同"记录外观属性"的步骤（1）。

（2）在外观面板中，双击要编辑的外观属性，打开其对话框或面板，图 7-2-20 所示为改变前的"收缩和膨胀"对话框，图 7-2-21 所示为改变后的"收缩和膨胀"对话框。改变后的结果如图 7-2-22 所示。

图 7-2-20　　　　　图 7-2-21

图 7-2-22

（3）在外观对话框或面板中编辑外观属性。

（4）同"记录外观属性"中的步骤（4）。

4. 增加另外的填色和描边

（1）在外观面板中，选择下面其中的一步。

· 在外观面板的弹出菜单中，选择"添加新填色"或者"添加新描边"命令，如图 7-2-23 所示。

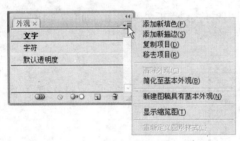

图 7-2-23

· 选择一个填充或者边线，然后单击复制所选项目按钮（圖），或者在弹出的菜单中选择"复制项目"命令。

· 直接将外观属性拖放到复制所选项目按钮（圖）上。

（2）在外观面板中选择新的填色或描边，如图 7-2-24 所示，设定填色或描边，操作完成。

图 7-2-24

7.2.2 编辑外观属性

1. 复制外观属性

在外观面板中选择要复制的外观属性，然后选择下面其中的一步。

· 单击外观面板上复制所选项目按钮（⬛），或者在弹出的菜单中选择"复制项目"命令。

· 直接将外观属性拖动到复制所选项目按钮（⬛）上，如图 7-2-25 所示。图 7-2-26 所示为复制后的外观面板。

图 7-2-25   图 7-2-26

2. 删除外观属性

在外观面板中选择要删除的外观属性。在面板的弹出菜单中选择"移去项目"命令。或单击面板上的删除所选项目按钮（🗑）。或直接将外观属性拖动到 🗑 按钮上。

3. 删除所有的外观属性或删除添充和边线以外的所有的外观属性

· 删除包括填充和边线在内的所有的外观属性,可在外观面板的弹出菜单中选择"清除外观"命令或者单击面板上清除外观按钮（⊘）。

· 删除除填充和边线以外的所有的外观属性，可在外观面板的弹出菜单中选择"简化至基本外观"命令或者单击面板上简化至基本外观按钮（◐◖）。

4. 指定是否将当前的外观属性施加到新的物体上

选择下面其中的一种方法。

· 只将填充和边线施加到新的物体上，可在外观面板的弹出菜单中选择"新建图稿具有基本外观"命令。

· 将当前的全部外观属性施加到一个新的物体上，在外观面板的弹出菜单中不选择"新建图稿具有基本外观"命令。

7.3 图形样式面板的使用

执行"窗口 > 图形样式"命令，可以显示或隐藏图形样式面板，如图 7-3-1 所示。

图形样式是被命名的一系列外观属性的集合，例如颜色、透明、填充图案、效果以及变形。通过 图形样式面板可以完成创建、命名、存储以及将图形样式施加到物体上等各项工作。图 7-3-2 所示文字的金属效果，制作过程比较繁复，图 7-3-3 所示为该效果的外观属性面板。

图 7-3-1　　　　　　图 7-3-2　　　　　　图 7-3-3

如果再制作一个效果一样但是大小不一的按钮，琐碎的设置、大量参数的调整都是令人厌烦的工作，但是，如果将图 7-3-2 所示中所制作的按钮当做一个图形样式，那么剩下的工作仅仅是单击图形样式面板中的合适的图形样式了，只要改变文字，如图 7-3-4 所示，或改变字体和大小，如图 7-3-5 所示，就可以得到满意的效果了。

图 7-3-4　　　　　　　　　图 7-3-5

将图形样式施加到一个物体、组或者层面上，可以不改变物体本身结构，只是物体的外观属性发生了变化，这种变化可在任何时候删除。

7.3.1　使用图形样式面板

1. 对一个选择物施加图形样式

（1）在线稿中选择一个物体，如图 7-3-6 所示，或在"图层"面板上将物体、组或者层进行效果定制（效果 Target）。

（2）通过图形样式面板施加图形样式。可通过下列 3 个途径之一来实现。

· 在图形样式清单中选择欲施加的图形样式。施加图形样式后的结果如图 7-3-7 所示。

图 7-3-6   图 7-3-7

· 首先确定欲施加图形样式的物体没有被选择，直接拖动图形样式到该物体上。

· 使用吸管工具(✎)复制和施加图形样式效果。双击工具箱中的吸管工具,弹出"吸管选项"对话框，依据对话框中的设定，可以将整个图形样式复制和粘贴，也可以将图形样式中部分外观属性复制和粘贴，如图 7-3-8 所示。

图 7-3-8

2. 创建和修改图形样式

（1）在线稿中创建或者选择一个物体，如图 7-3-9 所示，或在图形样式面板中选择一个带有各种外观属性的图形样式，确定没有任何物体和图形样式被选择。

图 7-3-9

(2) 指定想要设定的外观属性，例如，填充和边线等。可以通过外观面板来辅助完成上述操作。

(3) 选择下面其中一种方法。

· 单击图形样式面板底部的新建图形样式按钮（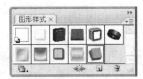），创建一个新的图形样式，该图形样式的名称为缺省名称，如图 7-3-10 所示。

图 7-3-10

· 将外观面板左上角的属性图标拖动到图形样式面板中或者 ▣ 按钮上，创建一个新的图形样式，该图形样式的名称为缺省名称。

· 单击图形样式面板右上角的小三角，在弹出的菜单中选择"新建图形样式"命令，创建一个新的图形样式，在名称栏中输入新图形样式的名称，然后单击"确定"按钮。新的图形样式出现在图形样式面板图形样式清单的底部。

· 按住 Option（Mac OS）/Alt（Windows）键的同时，单击 ▣ 按钮，创建一个新的图形样式，在名称栏中输入新图形样式的名称，然后单击"确定"按钮。

· 直接将图形拖动到图形样式面板中，建立一个新的图形样式。

· 按住 Option（Mac OS）/Alt（Windows）键的同时，在线稿中将一个物体拖动到图形样式面板中的图形样式图标上，置换该图形样式。

· 按住 Option（Mac OS）/Alt（Windows）键的同时，将外观面板左上角的外观图标拖动到图形样式面板中的图形样式图标上，置换该图形样式。

3. 通过合并已经存在的图形样式来创建一个新的图形样式

按住 Command（Mac OS）/Ctrl（Windows）键的同时，在图形样式面板中依次单击要合并的图形样式名称。在图形样式面板的弹出菜单中选择"合并图形样式"命令。新的图形样式包括所选择图形样式的全部的外观属性。

4. 改变图形样式的顺序

在图形样式面板中选择一个图形样式，向上或向下拖动图形样式直至理想的位置。

5. 更改图形样式的名称

在图形样式面板中，双击欲改变名称的图形样式图标。或在图形样式面板的弹出菜单中选择

"图形样式选项"命令，输入图形样式新的名称，然后单击"确定"按钮。

6. 复制图形样式

在图形样式面板中，选择欲复制的图形样式，在图形样式面板的弹出菜单中选择"复制图形样式"命令。

7. 解除图形样式和施加该图形样式物体的链接

选择被施加图形样式的物体、组或者层，在图形样式面板的弹出菜单中选择"断开图形样式链接"命令，或者单击断开图形样式链接按钮（▨）。或改变选择物的任何外观属性，例如填充、边线、透明或者效果。

8. 删除图形样式

在图形样式面板中，选择欲删除的图形样式。在图形样式面板的弹出菜单中选择"删除图形样式"命令。或单击删除图形样式按钮（▨）。或直接将欲删除的图形样式拖动到 ▨ 按钮上。

7.3.2 使用图形样式面板的原则

· 可以将图形样式效果施加到物体、组或者是层上，其中包括位图图像、文字以及矢量图（位图图像必须是嵌入在文件中）。

· 可以对文字施加图形样式效果。施加图形样式效果的文字依然保持可编辑性。

如果要对文字物体施加图形样式效果，只有填色（包括透明）和描边改变，其他诸如另外的填色和描边、笔刷以及效果等都不能施加到文字中。

· 每个图形样式效果都是填色、描边、图案、效果、透明度、混合模式、渐变以及变形等命令的不同组合。

· 每个图形样式效果都可包含多个外观属性，像填色、描边、效果和变形。例如，在一个图形样式中可以有 3 个填色，每个填色都具有不同的透明度和混合模式，同样地，在一个图形样式中可以有多个描边以设计出复杂的描边效果。

· 在图形样式面板中，可以命名和存储自定义的图形样式，并将其施加到其他物体、组或层上。

· 图形样式是非破坏性地改变，也就是说随时可以对图形样式编辑、修改或删除。

· 可以将全部的效果作为图形样式存储和施加到物体上，但是和效果菜单下具有相同名称的但不是列于效果菜单之下的命令，不可以作为图形样式存储和施加到物体上，这些命令对物体的改变是破坏性的改变。

· 改变一个图形样式，那么被施加其效果的物体、组和层的外观属性都会发生相应的变化。

7.3.3　施加图形样式

当将一个图形样式施加到物体、组和层上时，应遵循以下原则。

· 当将一个图形样式施加到一个物体上时，当前的图形样式将取代原有的图形样式或者外观属性。

· 如果同时将一个图形样式施加到多个物体上，每个物体都将呈现图形样式效果。

· 将多个物体中的一个组进行效果定制，可对该组单独施加图形样式效果。在这种情况下，图形样式效果不只对整个组起作用，而且还对该组中的单个物体起作用。组中的物体或者后增加的物体除了原有的外观属性或者图形样式效果，还将呈现前面所述的图形样式效果。

· 将一个图形样式施加到层上的方式和施加到组上的方式是相似的。例如，假定有一个由50%透明度组成的图形样式，将该图形样式施加到一个层上，层上所有的物体包括后增加的物体的透明度都将变成50%。

· 当对一个组或者层施加图形样式效果时，可以控制物体的外观属性的顺序，包括原有的图形样式和后施加的图形样式。

7.3.4　使用图形样式库

选择“窗口 > 图形样式库”子菜单中的图形样式库的名字，或者直接点击图形样式面板左下角的图形样式库菜单按钮，可以将其他文件中的图形样式输入到当前文件中。所有的图形样式都放置在“\Adobe\Adobe Illustrator CS3\ 预设 \ 图形样式”文件夹中，在文件夹中可以增加、删除或者编辑图形样式。一旦输入一个图形样式，就可以在外观面板中改变其外观。

可以按下面的方法输入图形样式到当前文件中的图形样式面板中。

（1）确定图形样式面板已经打开。

（2）选取“窗口 > 图形样式库”命令，或者直接点击图形样式面板左下角的图形样式库菜单按钮，在弹出的子菜单中任意选择一个图形样式库的名字。也可通过“其他库”命令选择不在子菜单中的其他图形样式。

（3）选取一个图形样式，在当前线稿中使用选择的图形样式，该图形样式会自动从图形样式库拷贝至图形样式面板中。或将选择的图形样式拖动到图形样式面板中。

7.4 关于效果菜单

在效果菜单下的滤镜选项分为 4 栏,第 1 栏的两个选项会在本章的最后一节讲到;第 2 栏为文档栅格效果设置;第 3 栏为 Illustrator 特效,其中选项都可以对 Illustrator 产生的大部分图形起作用;第四栏为 Photoshop 特效,一般用于对图形和图像做像素化的处理。

7.4.1 使用效果

效果是外观属性的一种形式,以清单的形式在效果菜单下列出。在 Illustrator 中的其他地方或者是菜单,或者是面板,都可以发现和大部分效果具有相同功能和名称的命令,包括滤镜菜单、对象菜单令和路径查找器面板等。但是,在效果菜单下列出这些命令并不改变物体的本身,而只改变外观属性。可以对一个路径执行效果菜单下的多个命令变形、光栅化、修改路径或者其他任意命令,但是路径的尺寸、节点和路径的形状却不会发生丝毫变化,只是它的外观变化了。原物体依然具有可编辑性,效果的参数随时可以改变。

例如,可利用特效菜单下的"粗糙"命令来改变物体,如图 7-4-1 所示,图 7-4-2 所示为施加粗糙效果后的线稿图,在所有的操作完成后,甚至是文件存储后,如果对上述操作有不满意的地方,还可以重新编辑,如图 7-4-3 所示。

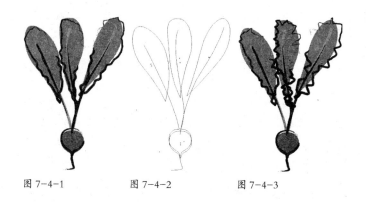

图 7-4-1   图 7-4-2   图 7-4-3

7.4.2 转换为形状

转换为形状用于将现有的物体转换成矩形、圆角矩形和椭圆形。其中有 3 个命令。

"矩形"命令可以使任何形状的物体转换成矩形。首先制作一个需要施加矩形效果的图形,如图 7-4-4 所示,然后执行"效果 > 转换为形状 > 矩形"命令,弹出"形状选项"对话框,如图 7-4-5 所示。施加矩形效果的结果如图 7-4-6 所示。

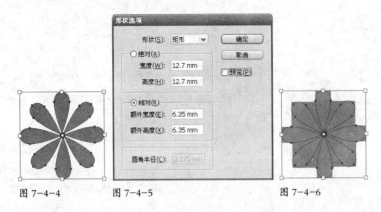

图 7-4-4 　　　　图 7-4-5 　　　　　　图 7-4-6

对话框中的"绝对"选项是指根据下面的宽度值和高度值的大小设定矩形的大小，和原始物体的大小无关。

勾选"相对"选项后，矩形的产生是根据原有物体的宽度和高度进行扩展的，扩展值由"额外宽度"和"额外高度"的扩展量来决定。

"圆角矩形"和"椭圆"命令中的各个选项的应用和"矩形"命令相同，此处不再赘述。图 7-4-7、图 7-4-8 给出的是施加这两个命令的效果图。

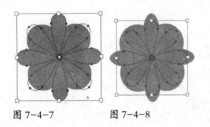

图 7-4-7 　　　　图 7-4-8

注意：以上所有的变化都是在不改变路径的情况下将现有的物体变换成理想的形状。

7.4.3　风格化

在"风格化"子菜单中，除了羽化、内发光、外发光和涂抹 4 个命令外，其他命令在滤镜菜单中都已经介绍过，这里就不再赘述。

"羽化"命令可柔化物体的外部，令物体的内部到外部产生渐进的透明效果，对话框中的"羽化半径"的数值越大，柔化的强度就越大，反之，柔化的强度就越低。羽化命令的作用相当于 Photoshop 中的选区羽化效果。图 7-4-9 所示为羽化前的效果，图 7-4-10 所示为羽化后的效果。

执行"效果 > 风格化 > 内发光"命令，弹出"内发光"对话框，如图 7-4-11 所示，该命令可将发光的效果应用到对象的内部。

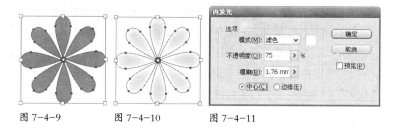

图 7-4-9   图 7-4-10   图 7-4-11

其中"模式"可设定要应用内发光的混合模式;"不透明度"可调整内发光的透明度;"模糊"可调整发光范围大小;"中心"可设定内发光从物体的中心开始;"边缘"可设定内发光从物体的描边开始。图 7-4-13 所示为图 7-4-12 应用内发光命令后的效果。

"外发光"命令可将发光的效果应用到对象的外部。图 7-4-15 所示为图 7-4-14 应用外发光命令后的效果。

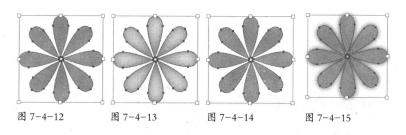

图 7-4-12   图 7-4-13   图 7-4-14   图 7-4-15

"涂抹"命令可以产生类似线条用线条涂鸦的效果。执行"效果 > 风格化 > 涂抹"命令,弹出"涂抹选项"对话框,如图 7-4-16 所示,在"设置"复选框的下拉菜单中可以选择一种已设定好的涂抹风格,或者自定涂抹选项。

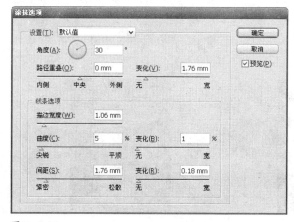

图 7-4-16

"角度"用于控制涂抹线条的方向；"路径重叠"用于控制涂抹线条在路径边界内部距路径边界的量或在路径边界外距路径边界的量，"变化"（路径重叠）用于控制涂抹线条彼此之间的相对长度差异；"描边宽度"用于控制涂抹线条的宽度；"曲度"用于控制涂抹曲线在改变方向之前的曲度，"变化"（曲度）用于控制涂抹曲线彼此之间的相对曲度差异大小；"间距"用于控制涂抹线条之间的折叠间距量，"变化"（间距）用于控制涂抹线条之间的折叠间距差异量。

图 7-4-17 所示为原图，图 7-4-18 所示为使用自定设置的涂抹效果。

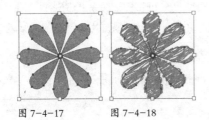

图 7-4-17　　图 7-4-18

7.4.4　SVG 滤镜

SVG 滤镜用于以 SVG 效果支持高质量要求文字和矢量方式的图像。SVG 标准的普及与 Illustrator 中"以 SVG 文件发送"和"接收新 SVG 文件"的功能，实现了完美的互换。像像素图一样，现在对矢量图也可应用高斯模糊等效果了。在软件的 SVG 滤镜子菜单中可执行这些命令。

其中"应用 SVG 滤镜"是指对当选的物体施加 SVG 效果。SVG 效果是一种动态效果，它只有在 SVG 浏览器中进行查看时才停止。

"导入 SVG 滤镜"命令意味着可以自由地在 Illustrator 中导入任何 SVG 滤镜。

下面以图 7-4-19 所示为例，说明"效果 >SVG 滤镜"子菜单中各种命令的使用（请在阅读的时候打开相应的软件命令方便参照和理解）。

"AI_Alpha_1"命令可产生光亮散开的效果，如图 7-4-20 所示。

图 7-4-19　　　　　　　　　　图 7-4-20

"AI_Alpha_4"命令与"AI_Alpha_1"命令的效果相近，可令图像更清晰地显示，如图7-4-21所示。

图7-4-21

"AI_斜角阴影_1"命令可应用斜面数值和阴影而使图像产生立体凸现的效果，如图7-4-22所示。

图7-4-22

"AI_清风"命令可令图像全部显示为黑色，如图7-4-23所示。

图7-4-23

"AI_膨胀_3"命令可使图像膨胀，从而以扩大的形态显现，如图7-4-24所示。

图 7-4-24

"AI_ 膨胀 _6"命令与"AI_ 膨胀 _3"命令相近，以更加扩展的方式表现图像，如图 7-4-25 所示。

图 7-4-25

"AI_ 磨蚀 _3"命令可用黑色突出暗黑部分进行接触，压缩对象来增强效果，如图 7-4-26 所示。

图 7-4-26

"AI_ 磨蚀 _6"命令与"AI_ 磨蚀 _3"命令的效果相同，能更强地显示图像，如图 7-4-27 所示。

图 7-4-27

"AI_高斯模糊_4"命令可柔化处理图像，因焦点不确定而显现成灰白色，如图7-4-28所示。

图 7-4-28

"AI_高斯模糊_7"命令与"AI_高斯模糊_4"命令效果相近，图像会更模糊，如图7-4-29所示。

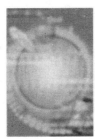

图 7-4-29

"AI_播放像素_1"命令可以像素单位显示图像，做成单一的二元排列形状。在 Illustrator 中无法正确显示，如图 7-4-30 所示。

图 7-4-30

"AI_播放像素_2"命令与"AI_播放像素_1"命令效果相近，颜色会显示得更加丰富，同样，在 Illustrator 中无法正确显示，如图 7-4-31 所示。

图 7-4-31

"AI_暗调_1" 命令可为图像的周围部分添置阴影，阴影有立体感，如图 7-4-32 所示。

图 7-4-32

"AI_暗调_2" 命令与 "AI_暗调_1" 命令效果相近，阴影面积大阴影的立体感更强，如图 7-4-33 所示。

图 7-4-33

"AI_静态" 命令可令图像以点描方式构成，显现为散沙般的静态效果，如图 7-4-34 所示。

图 7-4-34

"AI_ 湍流 _3"命令可破坏图像的固有颜色,整体增加点描方式和氛光效果,如图 7-4-35 所示。

图 7-4-35

"AI_ 湍流 _5"命令与"AI_ 湍流 _3"命令效果相近,但粒子更小,如图 7-4-36 所示。

图 7-4-36

"AI_ 木纹"命令可把木材质地的形状做的高低不平,可以获得粗糙的效果,如图 7-4-37 所示。

图 7-4-37

7.4.5 有关特效的其他命令

位于效果菜单下的前两个命令分别表示重复做上一次的特效处理、继续使用此特效编辑图像。

如果对一个图像执行了偏移路径的命令,那么选择第二个图形想再执行偏移路径命令,只要选择效果菜单下的第一个命令就可以了。

如果对图像进行特效处理后对处理效果不满意,选择效果菜单下的第二个命令就会弹出效果对话框,可以继续对图像调节(注意,如果进行了两步以上的特效,第二个命令只能显示最后使用的特效)。

7.4.6 使用特效命令应遵循的原则

· 只有效果菜单下的各项命令具有可编辑性。

· 羽化、外发光、内发光以及转换形状等命令是效果菜单所独具的命令。

· 对一个物体可以施加多种效果。

· 效果只对文字物体起作用，并不能改变文字物体中的文字规格。

· 可以在外观面板中编辑施加到物体上的效果。

· 因为效果以清单形式显示在外观面板中，所以可将效果以图形样式方式存储。

· 可以任意改变、增加以及删除效果，对施加该效果的物体的结构没有丝毫影响。

7.4.7 文档栅格效果设置

栅格效果是指用来生成像素（而非矢量数据）的效果。栅格效果包括"SVG 滤镜"、"效果"菜单下部区域的所有效果,以及"效果 > 风格化"子菜单中的"投影"、"内发光"、"外发光"和"羽化"命令。

无论何时应用栅格效果，Illustrator 都会使用文档的栅格效果设置来确定最终图像的分辨率。这些设置对于最终图稿有着很大的影响；因此，在使用滤镜和效果之前，一定要先检查一下文档的栅格效果设置，这一点十分重要。

执行"效果 > 文档栅格效果设置"命令,弹出"文档栅格效果设置"对话框,如图 7-4-38 所示。

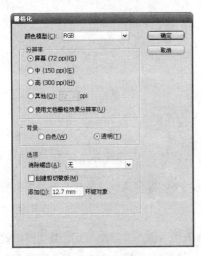

图 7-4-38

　　"分辨率"可以指定矢量图像应用栅格效果的输出分辨率;"背景"用于确定矢量图形的透明区域如何转换为像素;"消除锯齿"应用消除锯齿效果,以改善栅格化图像的锯齿边缘外观;"创建剪切蒙版"创建一个使栅格化图像的背景显示为透明的蒙版。"添加环绕对象"围绕栅格化图像添加指定数量的像素。

　　如图 7-4-39 和图 7-4-40 所示为图形应用了羽化效果后,设置"文档栅格效果选项"的分辨率为"高"和"屏幕"的结果。

图 7-4-39　　　　　图 7-4-40

7.5　通过效果菜单制作 3D 效果

　　效果菜单下的命令大部分都和滤镜菜单中的命令相同,自 Adobe Illustrator CS 开始将 Adobe Dimension 移植到效果菜单中,这一变化让所有怀念 Dimension 的设计师欣喜若狂,也让所有苦于在 Illustrator 中无法制作 3D 效果的朋友拍手叫绝。

绕转物体的设计

　　"绕转"功能适合制作圆柱体型的物体,例如茶壶、茶杯、花瓶等。它的工作原理是以物体中心为轴线,然后将物体剖面的线条"绕转"绕出物体模型的表面形体,如图 7-5-1 所示。

　　(1)在制作绕转物体的时候,首先要绘制一条绕转物体的外轮廓线,如图 7-5-2 所示,将其填充色设定为无,并设定一个描边。

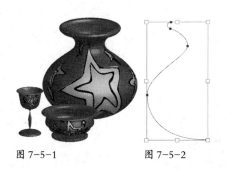

图 7-5-1　　　　　图 7-5-2

（2）执行"效果 >3D> 绕转"命令，打开"3D 绕转选项"对话框，如图 7-5-3 所示，对话框被分成两大部分，在上半部的右边首先可以看到圆圈中物体摆放的位置，也就是物体绕着 x、y、z 3 个坐标轴旋转后的预览图。在这里把圆圈定义为观景框，直接转动在观景框里的物体就可以直接旋转视图。在观景框的左边可以看到设置物体旋转角度的 3 个数值键入框。在圆圈的右下角的数值是物体做广角透视时的角度。

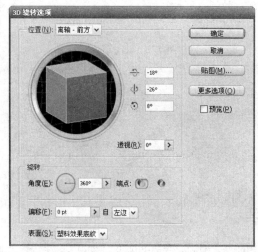

图 7-5-3

下半部分是物体做绕转的数值设定区域，在以后的步骤中，将详细介绍这些参数的设定方法。图 7-5-4 所示是选用绕转缺省设定后绕转成的物体。

图 7-5-4

（3）因为本例要制作一个陶罐，而绘制的轮廓线又是陶罐的左半部，所以，在做绕转时，要将绕转轴设定在右边，如图 7-5-5 所示，结果如图 7-5-6 所示。

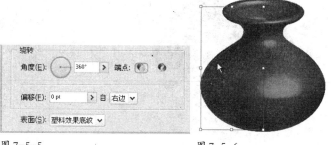

图 7-5-5   图 7-5-6

如果感觉陶罐的直径偏小，还可以设定绕转轴的位置，如图 7-5-7 所示，数值越大，绕转后的物体的直径就越大，如图 7-5-8 所示。

图 7-5-7   图 7-5-8

（4）设定绕转的角度，缺省状态下绕转的角度为 360°，当然，还可以设定小于 360°的任何角度，如图 7-5-9 所示，结果如图 7-5-10 所示。

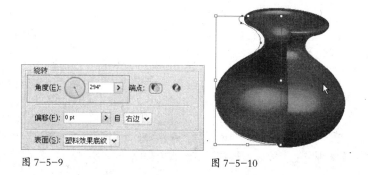

图 7-5-9   图 7-5-10

（5）旋转视图。Illustrator 本身提供了大量的视图表现方式，也可以通过观景框左边的数值键入框直接键入数值，如图 7-5-11 所示。最简单的方法就是直接转动观景框中的物体直至理想的视图表现为止，如图 7-5-12 所示。

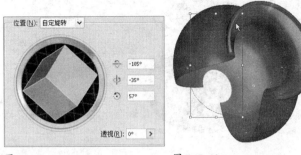

图 7-5-11   图 7-5-12

（6）绕转后的物体有 4 种表现方式：线框、无底纹、扩展底纹以及缺省状态下的塑料效果底纹。图 7-5-13 展现的是线框，图 7-5-14 展现的是无底纹，图 7-5-15 展现的是扩展底纹。

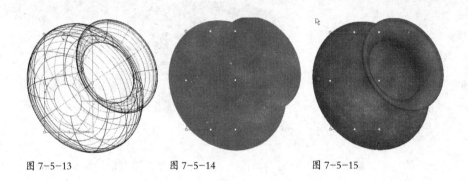

图 7-5-13   图 7-5-14   图 7-5-15

"线框"是模型的最原始的显示状态，也是软件记忆模型的方式。可是看不到颜色、材质。但是在做旋转、改变光源等编辑工作时，它的重新显示时间最短。

"无底纹"是简易色块状态。它只是将模型表面以原色色块填满。这个状态的优点是既没有"扩展底纹"状态的等待刷新时间，也不会被错综复杂的架构线所迷惑。

"塑料效果底纹"是平滑上色状态。这个方式可以将 3D 绘图的优点显示出来，模型可以在编辑状态中显示它们的颜色、灯光状态。可是在重新显示时，时间花费最久。

"扩展底纹"是处于"无底纹"和"塑料效果底纹"的中间状态，它既显示了颜色、灯光状态但是又不够细腻，所以在屏幕刷新速度上较之塑料效果底纹有所提高。

（7）编辑光源。单击"更多选项"按钮，这时看到的是"3D 绕转选项"对话框的全貌，如图 7-5-16 所示。对话框被分成 3 大部分，在最下面的左边我们可以看到光源的编辑预览框，在它的右边是光源的各种参数设定。

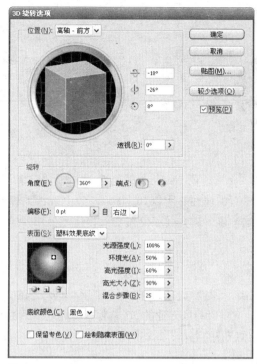

图 7-5-16

　　其中"光源强度"是指从光源表面发射出来的光线明亮度，它的数值可以设定为从 100~0 的数值。图 7-5-17 和图 7-5-18 所示分别为光源强度变化为 40 和 90 的结果。

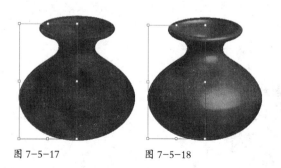

图 7-5-17　　　　图 7-5-18

　　"环境光"是指整体性的光源。一般光源的来源有 3 种，它们分别是整体性光源(类似于太阳光，具有方向性)、聚光灯光源以及灯泡光源。和其他专业的 3D 软件相比，Illustrator 3D 只提供了整体性光源，这令光源的设置具有很大的局限性，但是对于初次上手 3D 的用户，Illustrator 3D 简单的界面和设置方式都会令人在短时间内快速掌控。

　　图 7-5-19 和图 7-5-20 所示分别为环境光变化为 10 和 60 的结果。

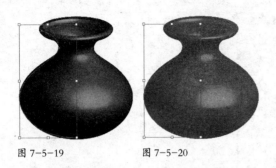

图 7-5-19　　　　图 7-5-20

"高光强度"和"高光大小"是高光的表现强度和范围。从光的属性上来讲，它们近似于光的扩散性和衰退度。而扩散性是聚光灯才具有的属性，所以 Illustrator 3D 在光源的设定上又给用户提供了一定的弹性空间。不同的高光强度、高光面积设置会对物体产生不同的相应影响。

"混合步骤"是混合的步数，相信使用过 Illustrator 的用户对这一选项一定不会陌生，事实上，在 Revoler 中的这一选项和在混合工具中的同名选项具有同样的属性。通过 Illustrator 中的 3D 命令建立的 3D 物体事实上只是 3D 形态的模拟，它并没有像专业的 3D 软件那样建立一个由控制点所组合成的线框物体。Illustrator 中的 3D 物体所有的亮调、暗调的表现都是由混合来完成的，Illustrator 中的 3D 命令事实上就是一个混合编辑器。

说到混合，不能不谈内存。因为在 3D 中用到了大量的混合，所以电脑的大内存配置在这里就显得尤为重要。这里建议内存的配置不低于 1GB。

"混合步骤"的步数越多，颜色过渡的表现就越细腻，如图 7-5-21 所示，反之会出现色调剥离的现象，如图 7-5-22 所示。但是混合的步数越多，需要的内存就越大，如果电脑的内存太小，软件会显示"内存不够，工作无法继续"的警告。

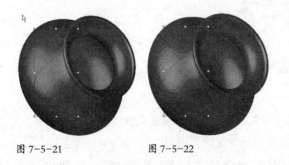

图 7-5-21　　　　图 7-5-22

"底纹颜色"指的是暗调的颜色，默认状态下为黑色。图 7-5-23 所示为当暗调的颜色为深蓝色时，陶罐暗调的颜色的变化。

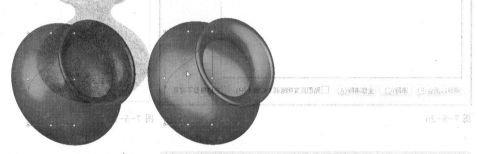

图 7-5-23

光源的数量也是可以编辑的。如果认为一盏光源不够的话，可以单击灯光预览框下部的"新建光源"按钮（⬚）。如果要删除多余的光源，可直接将光源拖到灯光预览框下部的"删除光源"按钮（⬚）上。图 7-5-24 表现的是不同光源数量的设定对模型光感的不同的影响。

图 7-5-24

在"建立新光源"的图标左边的图标，表示的是将光源放置在模型的背后，图 7-5-25 所示为背后光下的陶罐的光感表现。本例光源的设定为默认值。

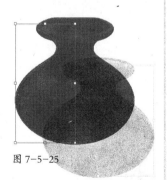

图 7-5-25

（8）贴图。顾名思义就是把一张图贴在模型上。在 Illustrator 中无法设定材质，但是贴图却很方便，甚至可以通过贴图来模拟材质。

单击"贴图"按钮，进入贴图设置对话框，如图 7-5-26 所示。在 Illustrator 中无法完成一个

模型外表面的完整的贴图，Illustrator 会将一个模型分成几个表面来贴。本例中陶罐被分成 5 个表面，选择不同的表面，模型上会有响应的选择。例如第一个表面就是陶罐的罐沿，如图 7-5-27 所示，第 3 个表面就是罐体，如图 7-5-28 和图 7-5-29 所示，罐体正是要贴图的部位。

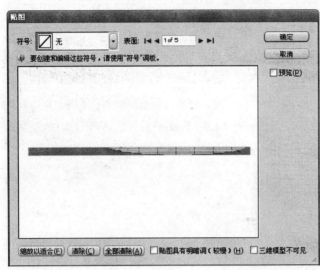

图 7-5-26

图 7-5-27

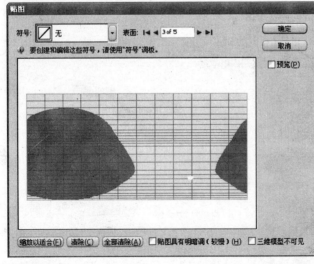

图 7-5-28

图 7-5-29

贴图之前的准备工作：首先绘制作为贴图的图案，如图 7-5-30 所示，建议该图案尽量不使用混合等一些复杂的命令，因为这会需要很大的内存。打开符号面板，将绘制好的图案拖进该面板，将其定义为一个符号，因为作为贴图的图案必须是一个符号。

图 7-5-30

确定符号制作完成，回到贴图对话框，在符号的下拉式菜单中选择刚才定义的符号，如图 7-5-31 所示。直接拖动控制框上的 8 个控制点，可以更改图案的大小。如果希望图案布满选择的整个表面，可以单击预览框下部的"缩放以适合"按钮。这时观察陶罐会发现贴图很漂亮，位置没有问题，但是没有明暗的变化，如图 7-5-32 所示。如果希望贴图和模型一样有光感的变化，需要选择"贴图具有明暗"选项，如图 7-5-33 所示，这时，贴图后的模型就呈现出自然的光感，如图 7-5-34 所示。单击"清除"按钮可以清除该图案，单击"全部清除"按钮可以清除所有的图案。

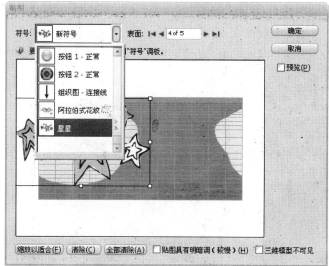

图 7-5-31

图 7-5-32

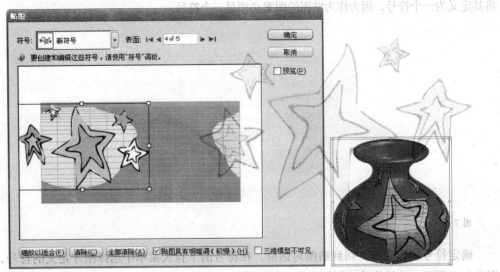

图 7-5-33   图 7-5-34

在贴图对话框中还有一个选项很重要——三维模型不可见，当这一选项处于选择状态，模型本身会被删除掉，只有贴图显示出来，如图 7-5-35 所示。

有些设计不需要模型表现出来，只需要被包裹的贴图变形的形状。图 7-5-36 所示为隐藏了圆柱体上的贴图。

至此，随着陶罐的制作完成，绕转的学习也要告一段落，至于碗和酒杯的制作，其方法和陶罐一样，只是轮廓线有所区别而已，如图 7-5-37 所示。

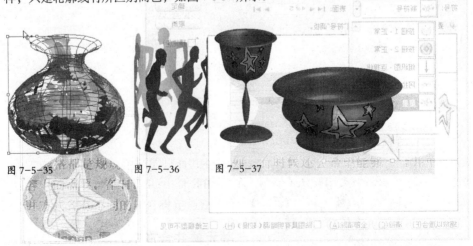

图 7-5-35   图 7-5-36   图 7-5-37

8 文本

学习要点

· 掌握在 Illustrator 中输入、输出文本和标记文本到 Flash 的方法
· 掌握文字工具及相关面板等的基本用法和基本功能
· 掌握路径文字和区域文字的使用方法
· 掌握格式化字符和段落的各种设置
· 熟练使用 CJK 选项

8.1 文字工具简介

Adobe Illustrator CS3 在工具箱中提供了 6 种文字工具，如图 8-1-1 所示。

图 8-1-1

前面 3 个工具用于处理横排文字，其中 **T** 为常规文字工具、**T** 为区域文字工具、 **↘** 为路径文字工具；后面 3 个文字工具用于处理直排文字，其中 **T** 为直排文字工具、 **T** 为直排区域文字工具、 **↘** 为直排路径文字工具。

8.2 置入和输入、输出文字

可以使用文字工具输入文字，或者使用"文件 > 置入"命令置入其他软件生成的文字信息。当然，也可以从其他软件中拷贝文字信息，然后粘贴到 Illustrator CS3 中。

8.2.1 直接输入文字

Illustrator CS3 中文字对象分为 3 类：点文字、区域文字和路径文字。以下是 3 种文字的创建方法。

1. 点文字

使用文字工具（**T**）或直排文字工具（**⫿T**），直接在页面上单击，就会出现闪动的文字插入光标，此时输入文字即可创建点文字。

注意：点文字对象或段落文字对象在被选择时，文字的下方都会出现一条线，这条线被称为"基线"。基线是衡量字符大小的基础位置。

注意：不要使用文字工具（**T**）或直排文字工具（**⫿T**）在开放路径上单击，否则开放路径会转化为路径文字所依附的路径；也不要在封闭路径上单击，否则封闭路径会转化为文字框。

2. 区域文字

可以使用两种方法创建区域文字。

· 单击拖曳：使用文字工具（**T**）或直排文字工具（**⫿T**），在页面上单击并拖曳，拖出的矩形区域便是文字框，如图 8-2-1 所示。

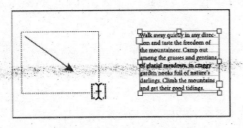

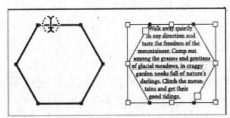

图 8-2-1

· 单击对象：绘制一个任意的形状（无论是填充还是描边属性，Illustrator CS3 会在转化为文字框时自动取消这些属性），使用文字工具（**T**）、直排文字工具（**⫿T**）、区域文字工具（**⬛**）或区域直排文字工具（**⬛**）单击对象的内部，如图 8-2-1 所示。

3. 路径文字

使用水平文字工具（**T**）或路径文字工具（✓），在路径上单击可创建水平路径文字；使用直排文字工具（**⫿T**）或直排路径文字工具（✓），在路径上单击可创建直排路径文字，如图 8-2-2 所示。

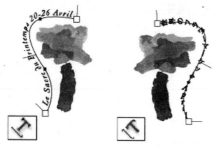

图 8-2-2

提示：删除文档中没有文字的路径。

在使用过程中，要删除页面上包含空白文字框或未输入文字的文字路径，不必逐个选择后删除。选择"对象 > 路径 > 清理"命令，确定在弹出的"清理"对话框中选中了"空文字路径"选项即可，如图 8-2-3 所示。

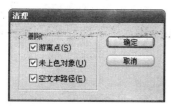

图 8-2-3

8.2.2 通过"置入"命令置入文字

如果需要的文字信息已经在其他软件中生成，可以选择"文件 > 置入"命令置入 Microsoft Word 文件（*.doc）、RTF 文件或纯文字文件（使用 ANSI、Unicode、Shift JIS、GB2312、GB18030、Chinese Big 5 等编码）。

8.2.3 输入特殊文字

字体中单个字符称为"字形（Glyph）"。PostScript 字体包含 256 种字形，随着技术的发展，现在的字体可以包含更加广泛的字形数量，使用 Illustrator CS3 可以很方便地访问这些字形，选择"文字 > 字形"或"窗口 > 文字 > 字形"命令即可。

如图 8-2-4 所示字形面板可以展示系统中各种字体包含的字形，其中有些字形左下角有三角形，代表当前字形含有变体。按住鼠标不放可显示出变体，如图 8-2-5 所示，双击字形便可把它插入到文章中。

图 8-2-4

图 8-2-5

8.2.4　升级旧版本文字

　　Adobe CS 内的软件都使用了最新的 Adobe 文字引擎，提供了更好的显示质量，以及对
OpenType 的良好支持、段落和字符样式的支持。当打开低于版本 CS3 的 Illustrator 文件时，
Illustrator CS3 会弹出警告框提示是否升级，如图 8-2-6 所示。

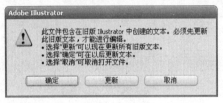

图 8-2-6

　　默认情况下，升级后的文件会在文件名后添加"[转换]"字样，当然，也可以在"首选项"
对话框中的"常规"选项中关闭此功能。

　　如果打开文档时没有更新，也可以在选中文字或文字对象时执行"文字 > 旧版文本 > 更新
所有旧版文本 / 更新所选旧版文本"命令。

8.2.5　输出文字

　　使用文字工具选择想要输出的文字，执行"文件 > 输出"命令，在弹出的对话框中选择输
出格式为 TXT（纯文字文件），单击"保存"按钮后，在弹出的"选项"对话框中可选择平台和
编码方式，其中编码方式可选择 Unicode 或者平台默认编码。

　　　　提示：输出 psd 格式时，Illustrator CS3 中的文字对象可变为 Photoshop 中的 Text 图层。

8.2.6　标记要导出到 Flash 的文本

　　可以将 Illustrator 文本作为静态、动态或输入文本导出到 Flash。通过使用动态文本，可以指
定单击文本时想要打开站点的 URL。具体操作步骤如下：

（1）选择一个文本对象，然后单击"控制"面板中的"Flash 文本"或选择"窗口 > 文字 > Flash 文本"以打开 Flash 文本面板，如图 8-2-7 所示。

图 8-2-7

（2）在类型选项中可以选择要标记的种类。

· 静态文本——将文本作为常规文本对象（在 Flash 中无法动态或以编程方式进行更改）导出到 Flash Player。静态文本的内容和外观是在创作文本时确定的。

· 动态文本——将文本作为动态文本导出，可以在运行时通过 ActionScript 命令和标记以编程方式更新此类文本。可以使用动态文本来显示体育得分、股票报价、头条新闻，或者将其用于需要动态更新文本的类似用途。

· 输入文本——将文本作为输入文本导出，这与动态文本相同，但还允许用户在 Flash Player 中对文本进行编辑。可以将输入文本用于表单、调查表或希望用户输入或编辑文本的其他类似用途。

（3）如有必要可以输入文本对象的实例名称（此选项仅在选择文本标记为动态或输入文本时可用），如果没有输入实例名称，则在 Flash 中使用"图层"面板中的默认文本对象名称来处理文本对象。

（4）在渲染类型中选择文字渲染方法。

· 动画——优化文本以输出到动画。

· 可读性——优化文本以提高可读性。

· 自定——允许为文本指定自定"粗细"和"锐利程度"值。

· 使用设备字体——将字形转换为设备字体。设备字体不能使用消除锯齿功能。

· _sans、_serif 和 _typewriter——在不同平台中映射西文间接字体以确保具有相似的外观。

· Gothic、Tohaba (Gothic Mono) 和 Mincho——在不同平台中映射日文间接字体以确保具有相似的外观。

（5）如果必要，可以选择以下选项。

· 可选择 ⏹️，使导出的文本能够在 Flash 中进行选择。

· 在文本周围显示边框 ⏹️，使文本边框在 Flash 中处于可见状态。

· 编辑字符选项 Ⓐ，打开"字符嵌入"对话框，以在文本对象中嵌入特定字符，如图 8-2-8 所示。

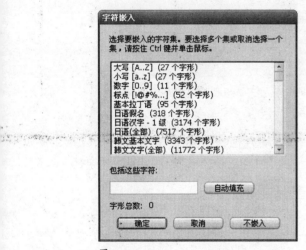

图 8-2-8

（6）（可选）如果将文本标记为动态文本，则可以为单击该文本时要打开的页面指定 URL，然后选择一个目标窗口以指定要载入页面的位置，如图 8-2-9 所示。

图 8-2-9

· _self：指定当前窗口中的当前框架。

· _blank：指定一个新窗口。

· _parent：指定当前框架的父框架。

· _top：指定当前窗口中的顶层框架。

如果将文本标记为输入文本，则指定可以在文本对象中键入的最大字符数。

将文本标记为 Flash 文本后，可通过选择"选择">"对象">"Flash 动态文本"或"Flash 输入文件"，同时选择所有此类文本。

8.3 选择文字

8.3.1 选择字符

在对文字进行编辑、格式修改、填充和描边属性修改以及透明属性等操作前，必须先进行选择。当选中字符后，"外观"面板中会出现"字符"字样，如图 8-3-1 所示。

图 8-3-1

选中字符的方法有以下几种。

· 拖曳选择单个或多个字符，按住 Shift 键并拖曳鼠标，可以加选或减选。

· 将光标插入到一个单词中，双击即可选中这个单词。

· 将光标插入到一个段落中，三击即可选中整行。

· 选择"选择 > 全部"命令可选中当前文字对象中包含的全部文字，快捷键为 Command+A（Mac OS）/Ctrl+A（Windows）。

8.3.2 选择文字对象

如果要对文字对象中所有字符进行字符和段落属性的修改、填充和描边属性修改以及透明属性的设置改变，甚至对文字对象应用效果、透明蒙版，可以首先选中整个文字对象。当选中文字对象后，"外观"面板中会出现"文字"字样，如图 8-3-2 所示。

图 8-3-2

选择文字对象的方法包括以下 3 种。

· 在文档窗口中使用"选择工具（ ）"或"直接选择工具（ ）"单击文字对象进行选择，按住 Shift 键并单击鼠标可以加选对象。

· 在"图层"面板中通过单击文字对象右边的圆形"目标按钮"进行选择，按住 Shift 键单击目标按钮可进行加选或减选。

· 要选中文档中所有的文字对象，可选择"选择 > 对象 > 文本对象"命令。

8.3.3 选择文字路径

文字路径是路径文字排布和流动的依据。可以对文字路径进行填充和描边属性的修改。当选中文字对象后，"外观"面板中会出现"路径"字样，如图 8-3-3 所示。

图 8-3-3

选择文字路径的方法有以下两种。

· 最简便的选择文字路径的方法是在"轮廓"模式下进行选择。

· 使用直接选择工具（ ）或群组选择工具（ ）单击可以选择文字路径。

8.3.4 文字和文字对象的变换

和其他对象一样，文字和文字对象都可以进行旋转、镜像、缩放以及倾斜等变换。用户做的选择将会影响变换的结果。

· 如果想让文字随着定界框的变换而变换，应选择文字，如图 8-3-4（右图）所示。

· 如果只想变换定界框，而不变换文字内容，请选择文字路径（或文字段落文字的定界框），如图 8-3-4（左图）所示。

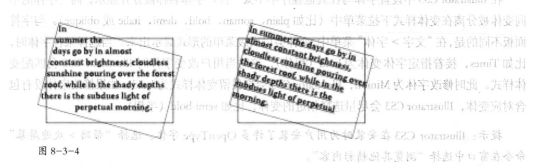

图 8-3-4

8.4 格式化文字

8.4.1 "字符"面板

如图 8-4-1 所示，"字符"面板提供字符级别的各种属性设置，用来格式化选中的文字。在面板中可以对文字字体、大小、间距、旋转、倾斜和语言等进行快捷的设置。通过选择"窗口 > 文字 > 字符"命令可以调出字符面板。

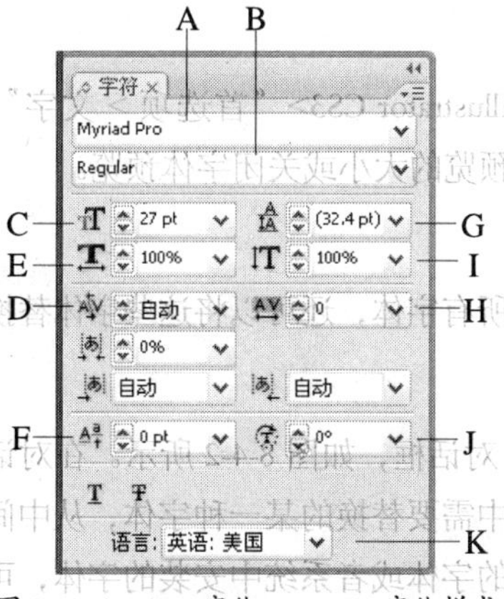

图 8-4-1　A. 字体　　　B. 字体样式　　　C. 字体大小　　　D. 字偶距
　　　　　　E. 水平缩放　F. 基线偏移　　　G. 行距　　　　　H. 字间距
　　　　　　I. 垂直缩放　J. 字符旋转　　　K. 语言

8.4.2 修改字体

1. 修改字体

在 Illustrator CS3 中设置字体与在其他程序中不太一样。字体名称被分开显示，同一字体的不同变体被分离在变体样式下拉菜单中（比如 plain、roman、bold、demi、italic 或 oblique）。与字符面板不同的是，在"文字 > 字体"菜单中，变体会以次级菜单的形式显示出来。当选择某种字体时，比如 Times，接着指定字体变体为 bold（粗体），这时当用户改变字体时 Illustrator CS3 会匹配变体样式。此时修改字体为 Minion，Illustrator CS3 会把保留变体样式为 bold，如果修改字体没有包含对应变体，Illustrator CS3 会尽量选择相近的变体，比如 semi-bold（半粗）。

提示：Illustrator CS3 在安装时为用户安装了许多 OpenType 字体，选择"帮助 > 欢迎屏幕"命令在窗口中选择"浏览其他精彩内容"。

2. 预览字体

为了帮助用户选择字体，选择"文字 > 字体"命令或在"查找字体"对话框中都会以该字体显示字体的名称，而且可以使用以下几种图标区分常用的几种字体类型。

· OpenType（**O**）

· Type 1（**a**）

· True Type（**T T**）

· Multiple Master（**MM**）

· 复合字体（▨▨）

"文字 > 字体"还为用户提供了预览功能，可以在 Illustrator CS3>"首选项 > 文字"（Mac OS）或"编辑 > 首选项 > 文字"（Windows）中改变字体预览的大小或关闭字体预览。

3. 查找字体

使用"查找字体"命令可以查找当前文档中使用了的所有字体，还可以将这些字体替换为当前系统中所有可用的任意字体，而文字的其他属性不变。

选择"文字 > 查找字体"命令，可弹出"查找字体"对话框，如图 8-4-2 所示。在对话框的上部窗格中列出了文档中使用了的所有字体，用户可以选中需要替换的某一种字体，从中间的下拉菜单中可以选择替换字体的来源，可以是文档中已经有的字体或者系统中安装的字体，可替换的字体将在下面的窗格中列出来。选择一种可替换的字体之后，单击右边的"更改"或"全部更改"按钮即可将字体替换。"更改"将替换使用"查找"命令找到的文字，而"全部更改"将替换文档中所有文字。在下部的复选框中可以选择显示替换字体的类型。

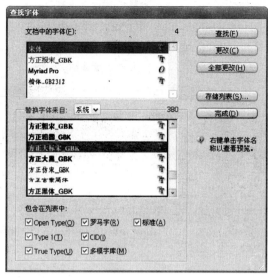

图 8-4-2

8.4.3　文字大小

在字符面板中可以很容易地指定文字的大小和行距，可以从下拉菜单中选择或输入合适的大小。字体大小范围为 0.2pt~1296pt，增量范围为 0.002pt~100pt，行距范围为 0pt~5000pt 增量范围 0.002pt~100pt。

提示：Illustrator CS3 可以在"编辑 > 首选项 > 单位与显示"（Windows）或 Illustrator CS3>"首选项 > 单位与显示"（Mac OS）预置对话框中修改字符面板中的度量单位，包括字体大小、行距及基线偏移，字符常用的单位是 Point（磅，Pt）（1 磅 = 1/72 英寸）。当然也可以设置为其他的单位，比如 inches（英寸，in）、millimeters（毫米，mm）、Q（1 Q = 0.25 mm）或 pixels（像素，pix）。

8.4.4　行距

"行距"指的是两行文字基线间的距离，用户可以自定义行距或使用自动行距。自动行距以当前字体大小为基准，可以在间距调整对话框中进行设置。

8.4.5　字偶距和字距

"字偶距"指的是控制一对字符间的间隙。多数字体都包含一个内部字距表格，它控制着复杂的字符对之间的间隙。比如，LA，P.，To，Tr，Ta，Tu，Te，Ty，Wa，WA，We，Wo，Ya 和 Yo，它们之间的间隙是不相等的。特别是对于字体较小的情况，使用字符内部字偶距调整信息来控制字符对间的间隙是很安全的，对于字体较大时，比如，报纸的标题杂志的刊头，用户可能需要手工地调整特定字符对间的间距来达到一致的效果。Illustrator CS3 允许用户对多个字符进行自动设置或把光标插入到需设置间距的两个字符间进行手动设置，它们的单位都为 1/1000em 空格（全角空格）。其中自动设置包含两种方法：一种是基于字体内部字偶法则的"自动"和基于字符外形特性的"视觉"。大多数专业字体包含上千种字符对间距设置，有些字体却不多。韵律法适合于前者，它能让内建字偶间距设置发挥最大的效能，对于后者情况则建议使用光学。选择多个字符时字符面板会显示当前使用的哪种自动设置，当把光标放在两个字符之间时会显示出这两个字符字偶距的确切值，此段字符如果是自动设置将会用括号把数字括起来，当然可以覆盖自动设置。使用 Alt+ →或←（Option+ →或←）可以增加或减少字偶距，默认的增量是 1/20em，在使用上述快捷键并同时再按下 Ctrl 键（Command）将会把增量添加为 1/10em，当然也可以在预置的单位和增量中设置，增量范围是：1/1000em~100/1000em。

"字距"和字偶距相似，但是字距用在被高亮显示的文字范围中，在选中文字中应用的手工字偶距将被保留，单位同样是 1/1000em。

注意：1em 和当前字体大小的高度相等，比如，字体大小为 12pt 时 1em = 12pt，这意味着字偶距和字间距的调整都是相对于字体尺寸而言的，如图 8-4-3 所示。

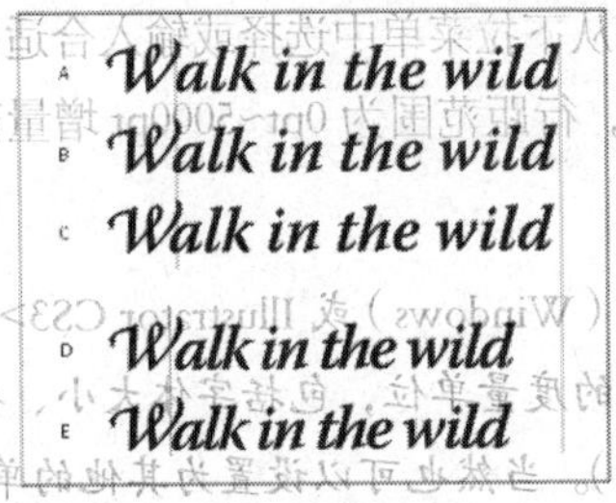

图 8-4-3　A.　原始文字　　B. 使用了视觉字偶距的文字
　　　　　　　C. 在 W 和 a 间使用了人工字偶距的文字　　　　D. 使用了字间距的文字
　　　　　　　E. 同时使用字偶距和字间距

8.4.6　字符缩放

Illustrator CS3 的"水平缩放（**T**）"选项可以让用户通过挤压或扩展来人为创建缩小的或扩大的文字。同样，"垂直缩放（**IT**）"选项可以垂直地缩小或放大字体。

未缩放的文字有 100% 的水平和垂直尺寸数值。用户可以应用从 1%~1000% 的数值。如果应用相同的水平和垂直比例数值，可以使原来的文字进行合适地扩大和缩小。在这种情况下，改变字体尺寸是一个简单的办法。正如已经提到的，在缩放文字时一定要记住，你并没有改变字体的尺寸。举个例子，24pt 字体垂直进行 200% 的放大是 48pt 字体主高度，但是它的字体尺寸仍是 24pt。

提示：如果是点状文字，可以直接使用选择工具或者缩放工具直接对文字进行水平方向的变换，而改变水平缩放的数值。如果进行竖直方向的变换将会同时改变字体的大小和垂直缩放数值。

8.4.7 基线偏移

使用"基线偏移（$A^a_{\#}$）"，直排文字时显示为 。可以调整段落中某些文字在垂直方向上的位置。图 8-4-4 列出了不同的基线偏移值与效果。

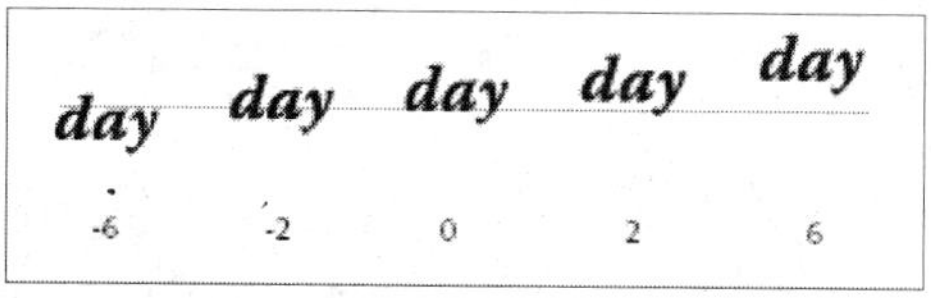

图 8-4-4

8.4.8 字符旋转

Illustrator CS3 支持任意字符的任意角度旋转，在中文竖排版中可以将英文字母或数字旋转 270°以适应竖排中罗马字符的排版习惯。选择"文字 > 文字方向"命令可以更改默认的文字走向。可以在 菜单后输入或选择合适的旋转角度，为选中的文字进行自定义角度的旋转。

8.4.9 语言

Illustrator CS3 使用 Proximity 词典进行拼写和连字符检查，用户可以为文字指定语言，以方便拼写检查和生成连字符。应用方法非常简单，只需要选中文字后在字符面板底部选择适当的语言即可，图 8-4-5 所示为不同语言中的连字符。

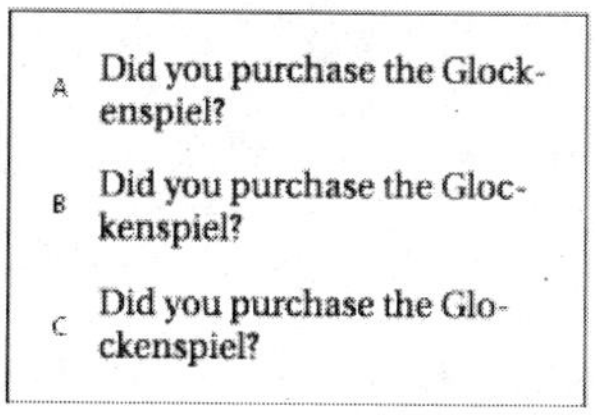

图 8-4-5　A.　"Glockenspiel"　在英文中　　B. "Glockenspiel" 在传统德语中
　　　　　　C. "Glockenspiel" 在新德语中

8.4.10 字符对齐

当一行文字中包含多种大小的字符时，用户可以指定文字如何与最大的字符对齐。提供的选择有罗马字符基线、全角字符外框顶、全角字符外框居中、全角字符外框底、ICF 框顶和 ICF 框底。

ICF 框是指文字可被放置的虚拟框，图 8-4-6 所示为字符对齐选项。

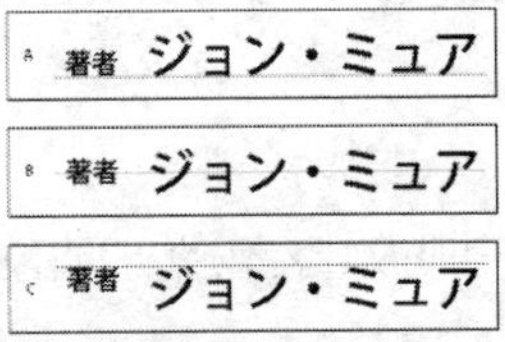

图 8-4-6 　字符对齐选项 　A. 小字符对齐至底部 　　B. 小字符居中对齐 　　C. 小字符对齐至顶部

8.4.11 不断字

Illustrator CS3 自动排文时，到了边框边缘时会自动断行，但有时这种自动断行会错误地断开单词。用户可以使用"不断字"命令来指定不能断开的单词。首先选中单词，然后从字符面板的菜单中选择"不断字"命令。

8.5 格式化段落

8.5.1 "段落"面板

通过"段落"面板可以设置段落文字对齐、缩进、基线对齐、首字下沉的禁排规则设置和字符间距等，如图 8-5-1 所示。面板菜单里面还有保留选项、连字符、段落标尺以及文字书写器等选项，这些都是段落编排的高级选项。要把选项应用到段落上，只需要把光标插入到段落文字中或选中部分文字，或者三击鼠标可以选中整个段落。

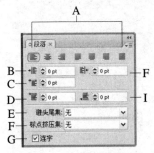

图 8-5-1 　A. 对齐和强制对齐 　　B. 左缩进 　　　C. 首行左缩进 　　D. 段前间距
　　E. 避头尾设置集 　　F. 标点挤压设置集 　　G. 连字符 　　　H. 右缩进 　　　I. 段后距

8.5.2 对齐和强制对齐

面板第一行的对齐选项包含了以下几种对齐方式。

"左对齐（≡）"：在左页边处设置每行的左边界（页边可以是图文框的边界、文字框的插入间距、左缩进或栏的边界），并在一行内尽可能多地容纳较多的单词或音节（如果打开了连字符）。当行尾不能再容纳一个词（或音节）时，它将被置入下一行（从左边开始），在左对齐段落中右面页边是不整齐的。因为每行右端剩余空间，行与行间都不一样，从而产生了参差不齐的边缘。文字方向为竖直时变为顶对齐（ ）。左对齐的效果如图 8-5-2（左图）所示。

"居中对齐（≡）"：居中段落每行的剩余空间被分成两半，并分别置于文字两端，这样虽然使段落的左右边界都不整齐，但文字相对于垂直轴是平衡的。文字方向为竖直时变为（ ）。

"右对齐（≡）"：它和左对齐相反，右边界是平直的，左边界不整齐。文字框很少设置为右对齐。因为右对齐不便于阅读，右对齐有时被用在置于一幅画面左侧的标题，杂志封面上的广告等情况。文字方向为竖直时变为底对齐（ ）。右对齐的效果如图 8-5-2（右图）所示。

图 8-5-2

"两端对齐，末行左对齐（≡）"：每一行的左、右端都充满页边。通过在字符和单词之间平均分配每行多余的空间或在字符和单词间减少空间以容纳增加的字符来形成左右侧同时对齐的效果。强制对齐的段落通常都要用连字符（如果不使用连字符，字母和单词间的间距会变得很不一致），段落最后一行为左对齐。文字方向为竖直时变为"两端对齐，末行顶对齐（ ）"。

"两端对齐，末行居中对齐（≡）"：除最后一行为居中外，其余与"两端对齐，末行左对齐"相同。文字方向为竖直时变为"两端对齐，末行中对齐（ ）"。

"两端对齐，末行右对齐（≡）"：除最后一行为右对齐外，其余与"两端对齐，末行左对齐"相同。文字方向为竖直时变为"两端对齐，末行底对齐（ ）"。

8.5.3　缩进

左右缩进经常用于将一段较长的引用材料包含在一个文字框中，使用也是把注意力吸引到引用文字并把文字从附近图片处移走的一个便捷方法。

"左缩进（→▐≡）"：在字段里输入数值，使被选段落的左边界从左侧页边向右移动，也可以使用上下光标键，每次单击会在数值上增加一个数量点，按住 Shift 键单击增量增加为原来的 10 倍。

"右缩进（≡▐←）"：在字段中输入数值，使被选段落的右边界从右侧页边向左移动，也可以使用上下光标键。

"首行缩进（→≡）"：在字段中输入数值，使被选段落的起始行的左边界向右侧移动，也可以使用上下光标键。首行缩进可以为负值，通过左缩进和负值的首行缩进可以创建悬挂缩进的效果。

8.5.4 段落间距

"段前距（↑≡）"或（▐↑↑）和"段后距（↓≡）或（↓↓▐）"：指定在段落前 / 后插入多少间隔，这是排版中可视化分隔段落的专业方法，这样不必插入多余的断行符。

8.5.5 标点悬挂

当使用左对齐时，由于上下边距或靠近引号、标点和一些大写字母等问题，使得页边看来会很不均匀。要纠正这种不均匀，设计人员可使用悬挂标点功能，可以将一段文字中行首的引号、行尾的标点符号及英文连字符悬浮至文字框或栏边之外。如果要使用悬挂标点功能，选择段落面板菜单中"罗马标点悬挂"，使用标点悬挂前（左图）后（右图）的效果如图 8-5-3 所示。

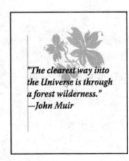

图 8-5-3

8.5.6 连字符

连字符是跟据特定的规则，在行末断行的单词间添加的标识符。只有在使用强制对齐（"两端对齐，末行左对齐"、强制右对齐、强制中对齐和强制齐行）时才会出现连字符，因为这时 Illustrator CS3 为了让左右段落长度相同，不得不断开行末的长单词。Illustrator CS3 通过词典来决定连字符的位置，当然用户也可以自定义。

8.5.7　书写器

Illustrator CS3 为用户提供了两种选择，来实现确定的连字符和强制的关系：单行文字合成和多行文字合成。在段落面板菜单中分别为"Adobe 中日文单行文字书写器"和"Adobe 中日文段落文字书写器"。

QuarkXpress 和 PageMaker 这两个排版软件都使用单行文字书写器注入文字，这种方法在一个段落中运行时是逐行进行的，并且可设定每一行可能会用到的连字符连接和强制对齐设置。这样会忽略改变一行的间隔会对它的上下行带来的影响。当使用单行文字书写器时要应用下列规则。

- 调整词间距的方法优先于连字符连接。

- 连字符连接优先于字形缩放。

- 如果必须要调整间距，减小间距优先于增加间距。

Illustrator CS3 的段落文字书写器是默认选择，它可以一次看到多行，如果有间距不好的行可以通过调整前面行间隔而被修正，书写器会自动重新设计前面的行。段落书写器遵守以下原则。

- 最优先考虑的是字符间距和词间距的均衡性。断点的取舍是由它们在理想字段中设置引起的词和字符间距的多少决定的。

- 不一致的间距要优先于使用连字符。一个不需要连字符连接的断点要优先于用连字符连接的断点。

- 把所有可能的断点排列起来，好的断点优先于不好的断点。

提示：使用吸管工具（🖊）可以将其他（单击处）文字的属性应用到选择的文字上；使用油漆桶工具🪣）可以将选择文字的属性应用到单击文字上。双击工具箱中这两个工具，可在弹出的对话框中设置应用属性的类型。

8.5.8　Tab（定位符）

1. 设置定位符

在 Adobe Illustrator CS3 中使用定位尺可以对文字进行缩排定位。

选择"文字 > 制表符"命令，就会弹出"制表符"面板，如图 8-5-4 所示。在"制表符"面板中最上面一排为定位标志，由左至右分别为左齐、居中、右齐和小数点对齐。图 8-5-5 所示为按照居中对齐的情形。

图 8-5-4   图 8-5-5

在工具箱中选择文字工具，并在页面上画一个文字框，使用鼠标单击定位尺右上角的调节框，定位尺自动调节到文字框上面，和文字框对齐。

在文字框中输入文字，并在需要以后对齐的地方按 Tab 键代替空格键。

使用文字工具将文字选中，用鼠标单击定位尺中的左齐图标，然后在有刻度的标尺上单击鼠标，出现定位标记。用鼠标拖动定位标记到合适的位置，刚才用过 Tab 键的地方即可与这个标记对齐。

如果想定位右对齐或居中对齐，选中定位标记后，使用鼠标单击定位尺上表示右对齐或居中对齐的图标就可以了。

缩排符号可以控制文字的缩排。

2. 重复定位符
使用面板菜单中的"重复定位符"命令可以复制出多个等距的定位符。

3. 前导符
默认情况下，定位符与定位符之间使用空白填满，但是在某些情况下（比如制作目录），需要使用特殊符号来填充，就必须使用"前导符"。在选中文字的情况下，在"前导符"里输入填充的符号即可。

8.5.9　字符 / 段落样式

Illustrator CS3 中可创建两种样式，即字符样式和段落样式。

· "字符样式"是一系列字符级格式，在单步执行中，可应用于一段高亮显示的文字中。

· "段落样式"是一系列字符及段落格式，在单步执行中，可应用于选中的段落，如图 8-5-6 所示。

图 8-5-6

若使用样式来格式化数百篇文字后发现并不喜欢该样式的文字，很简单，只需修改样式就行了。若修改了样式，用旧样式进行格式化的文字将自动更新。

8.6 区域文字

8.6.1 改变文字域的大小

用户可以随时修改区域文字的形状和大小。只需要执行以下的几种操作之一。

·使用"选择"工具或通过图层面板选择文字对象，拖动定界框上的控制手柄。图 8-6-1 所示为改变文字框的大小。

·使用"选择"工具修改文字对象的尺寸。

·使用"直接选择（ ）"工具选择文字对象外框路径或锚点，并调整对象形状，如图 8-6-2 所示。

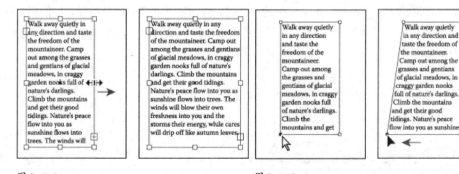

图 8-6-1   图 8-6-2

·使用"选择"工具或通过图层面板选择文字对象，选择"文字 > 区域文字选项"命令，在对话框中输入合适的"宽度"和"高度"值，单击"确定"按钮。如果文字区域不是矩形，这里的宽度和高度是定义的文字对象定界框的尺寸。

　　注意：不能在选中文字对象时使用"变换"面板直接改变大小，这样会同时缩小文字对象中的内容。

8.6.2　区域文字选项

　　选中文字对象后，选择"文字 > 区域文字选项"命令，并在弹出的"区域文字选项"对话框中输入数值即可，如图 8-6-3 所示。

图 8-6-3

1. 调整文字和边框间间距

　　当操作文字对象时，用户可以定义文字的边缘与定界路径（文字对象外边缘）的间距，这个间距被称为"内间距"。图 8-6-4 所示为文中没有应用内插间距（左图）与文字应用了内插间距（右图）的对比效果图。

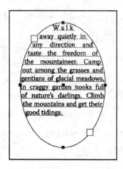 

图 8-6-4

2. 首行位置

在"区域文字选项"对话框中，可以控制文字的第一行和文字对象的顶部的对齐方式。在该对话框中，使用"首行基线偏移"来控制。图 8-6-5 所示为"首行基线偏移"设置为"大写字母高度"（左图）及"首行基线偏移"设置为"行距"（右图）的效果图。

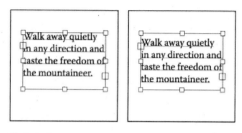

图 8-6-5

"首行基线"提供以下几种选项以供选择。

· 字母上缘：以小写字母 d 的顶部为基准。

· 大写字母高度：以大写字母的顶部为基准。

· 行距：以文字基线向上方加上文字的行距值的高度为基准。

· x 高度：以小写字母 x 的顶部为基准。

· 全角字框高度：以亚洲字符全角字符的顶部为基准。

· 固定：指定从基线向上偏移，指定"最小"值。

3. 分栏和分行

在"区域文字选项"对话框中，可以指定文字对象的分栏和分行。如图 8-6-6 所示为单行和单栏的文字对象（左图）和多行多栏的文字对象（右图）。

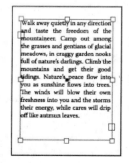

图 8-6-6

· 栏 / 行数：指定分栏和分行的数量，图 8-6-7A 所示为原始栏宽。

· 跨距：指定多行或多栏中单行或单列，图 8-6-7B 所示为选中"固定"选项，并改变文字框大小后的效果。

· 固定：指定在修改文字对象的总宽度时栏宽是否发生变化，如图 8-6-7C 所示为未选中固定选项，并改变文字框大小后的效果。

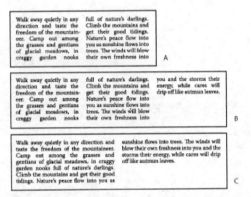

图 8-6-7　A．原始栏宽　　　　B．选中"固定"选项，并改变文字框大小后
　　　　　　　C．未选中"固定"选项，并改变文字框大小后

· 间距：用于指定栏 / 行间的间距。

在对话框的"选项"区域中，可以为多行 / 多栏的文字指定文字的流向：按行从左到右 或按行从右到左 。

8.6.3　适合标题

选择"文字 > 适合标题"命令，可将标题和正文对齐，图 8-6-8 所示为原始文字(左图)与应用"适合标题"命令后（右图）的效果。

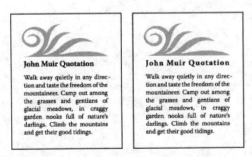

图 8-6-8

8.6.4 串接文字

文字在多个文字框间保持串接的关系被称为串接。要查看串接的方式可以选择"视图 > 显示文字串接"命令。串接可以跨页，但是不能在不同文档间进行。要想详细了解串接首先要认识四种和串接相关的符号。

· 每个文字框都包含一个入口和一个出口。

· 空的出口图标代表这个文字框是文章仅有的一个或最后一个文字框，在文字框中文章末尾还有一个不可见的非打印字符 #。

· 在入口或出口图标中出现一个三角箭头，表明文字框已和其他串接。

· 出口图标中出现一个红色加号（+）表明当前文字框包含溢流文字。

使用选择工具单击文字框的出口，此时光标变为已加载文字的光标（），移动光标到需要串接的文字框上方，此时光标变为链接光标（），单击便可把两个文字框串接起来，如图 8-6-9 所示。

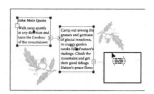

图 8-6-9

1. 取消串接
· 要取消串接可以单击文字框的出口或入口，并串接到其他文字框。

· 双击文字框出口也可以断开文字框间的串接关系。

2. 在串接中插入文字框
使用选择工具单击文字框的出口，移动光标到需要添加的文字框上方单击或绘制一个新文字框，Illustrator CS3 会自动把这个文字框添加到串接中。

3. 在串接中删除文字框
使用选择工具选择要删除的文字框，按下键盘上 Delete 键即可删除文字框，其他文字框的串接将不受影响。如果删除了文字流中最后一个文字框，多余的文字将变为溢流文字。

8.6.5 文本绕排

可以让文字沿着任何对象（包括另一个文字对象、置入的图片和其他在 Illustrator CS3 中绘制的对象）排布。文字绕排是根据对象的堆栈顺序来进行的，在 Illustrator CS3 中需要文字绕着它的这个对象必须放在文字对象的上层。图 8-6-10 所示为绕排对象（山和太阳）和绕排文字（ACAA……）的位置关系。

　　建议：在同一个图层中包含多个文字对象时，绕排时建议将不参与绕排的文字对象移至其他图层。

　　选中需绕排的对象之后，选择"对象 > 文本绕排 > 建立"命令，可直接建立文本绕排效果。

　　选择"对象 > 文本绕排 > 文本绕排选项"命令可弹出"文本绕排选项"对话框设置参数，如图 8-6-11 所示。

图 8-6-10　　　　　　　　　　　　　　　　　　　　　图 8-6-11

　　·　"偏移"指定文字与绕排对象之间的间距，可以输入负值。

　　·　"反向绕排"：反转文字在对象的内外位置。未选中"反向绕排"（左图）及选中"反向绕排"（右图）的效果如图 8-6-12 所示。

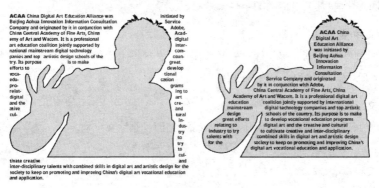

图 8-6-12

　　如果想取消绕排，选择"对象 > 文本绕排 > 释放"命令即可。

8.7 路径文字

8.7.1 调整文字在路径上的位置

将文字沿着路径输入后，还可以编辑文字在路径上的位置。 路径上的文字被分别位于路径起点、中点和终点的 3 条线包围起来，拖曳位于中点的竖线（⊥）图标可以让文字沿着路径滑动，如图 8-7-1 所示。

翻转文字在路径上的方向，可进行如下操作。

· 选中路径文字对象，选中位于中点的竖线（⊥）图标，拖曳至路径另一侧，如图 8-7-2 所示。

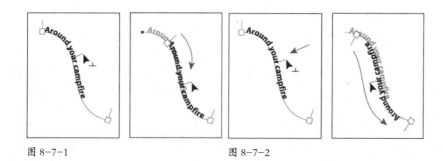

图 8-7-1   图 8-7-2

· 选择"文字 > 路径文字 > 路径文字选项"命令，在打开的对话框中选择"翻转"，并单击"确认"按钮即可。

8.7.2 路径文字

1. 路径文字效果

Illustrator CS3 新增了路径文字的效果，选择"文字 > 路径文字 > 路径文字选项"命令，在弹出的对话框中可以调整路径文字的效果及对齐方式等，如图 8-7-3 所示。

图 8-7-3

2. 调整路径文字的垂直对齐方式

在"路径文字选项"对话框中可以指定文字与路径对齐的方式。Illustrator CS3 提供了以下几种选项。

· 字母上缘：按照当前字体最高点连线为基准。

· 字母下缘：按照当前字体最低点连线为基准。

· 中央：按照当前字体"字母上缘"和"字母下缘"间距的一半为基准。

· 基线：以字体基线为基准。

提示：为了更好地控制文字在路径上的位置，可以使用"字符"面板上的"基线偏移"选项。

3. 调整路径文字效果

选择"文字 > 路径文字"命令或在"路径文字选项"对话框中可以指定需要的路径文字效果，
如图 8-7-4 所示。

图 8-7-4　A. 彩虹　　B. 倾斜　　C. 3　　　D 带状　　D. 阶梯　　E.重力

8.8　查找 / 替换

选择"编辑 > 查找和替换"命令。

首先，使用文字工具选中文字块，然后选择"编辑 > 查找和替换"命令，弹出"查找和替换"
对话框，如图 8-8-1 所示。

图 8-8-1

在"查找"下面的文字输入框中输入要查找的单词或字母，将要替换的单词或字母输入"替换为"下面的文字输入框中。然后单击"查找下一个"按钮，在选中的文字块中就会高亮反白表示选中的单词，此时，用鼠标单击"替换"按钮，选中的单词就会被替换。若单击"替换全部"按钮，文字块中所有相同的单词或者字母都将被替换。

在此对话框下面还包含几项可选项，选项的含义分别为："全字匹配"表示查找整个单词，"区分大小写"表示查找的单词或字母必须与输入的单词或字母大小写一致，"向前搜索"表示查找之前的搜索内容。"查找隐藏图层"和"查找锁定图层"可分别查找隐藏的或锁定的图层中的内容。

8.9 拼写检查

8.9.1 拼写检查

选择"编辑 > 拼写检查"命令，可查找英文的拼写错误。当选择此命令时，首先对所选中的文字块进行检查，在弹出的"拼写检查"对话框中列出错拼的单词和建议修改的意见，如图 8-9-1 所示。

图 8-9-1

8.9.2 编辑自定义词典

当用户执行拼写检查时，常常会发现一些词语与词典中不匹配但实际上并没有错，例如，Illustrator CS3 英文词典中只有 E-mail 一种形式，Email 和 email 都会被认为拼写错误。此时我们可以自定义词典。

向词典中添加词语的步骤如下所述。

(1) 选择"编辑">编辑自定词典"命令，弹出"编辑自定词典"对话框。

(2) 在"单词"字段中输入或粘贴一个单词，这个词可以包含特殊字符比如重音、连字符、空格等。

(3) 单击"添加"按钮。

(4) 继续添加或删除词语，完成后单击"完成"按钮。

8.10　更改大小写

"更改大小写"命令可以将选中的字符进行大小写修改，如图 8-10-1 所示。

图 8-10-1

· 要将所有字符全部改为大写，选择"大写"选项。

· 要将所有字符全部改为小写，选择"小写"选项。

· 要让每个单词的词首大写，选择"词首大写"选项。

· 要让每句的句首大写，选择"句首大写"选项。

8.11　智能标点

选择"文字 > 智能标点"命令，弹出"智能标点"对话框，在"替换符号"下面有若干选项，如图 8-11-1 所示。"ff, fi, ffi 连字"和"ff、fl、ffl 连字"，表示当文字块中出现类似这几种情况时，会自动连字。

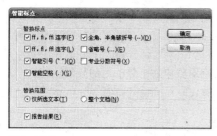

图 8-11-1

- "智能引号"：可将英文中的双引号（""）或单引号（"）转换成（""）或（''）。

- "智能空格"：可将（.）符号后面的多个空格变成单个空格。

"全角、半角破折号"选项：可将两个或三个连续的虚线(--)和(---)变成一个长的破折号(——)。

- "省略号"选项：可将三个连续的（...）符号转变成（…）。

- "专业分数符号"：当小数用分数形式表现时，此选项可正确地表现分数的分子和分母。

8.12 显示隐藏字符

在使用文字时，非打印字符默认情况下都不会显示出来，例如空白、断行、制表符以及行末、段末等。为了更好地操作文字，可以将这些字符显示出来，选择"文字 > 显示隐藏字符"命令即可。

8.13 创建外框

文字转为路径（通常称为"转曲"）后文字将不再具有文字属性（如字号、行距及字距等），而变为由贝塞尔曲线构成的对象。这些贝塞尔曲线有可能包含复合路径以便形成具有"漏空"效果的对象（例如字母"O"和"P"）。图 8-13-1A 所示为原始文字对象，图 8-13-1B 为创建外框后的对象，可以使用工具编辑外框路径上的锚点。

图 8-13-1

转化方法如下。

· 选择 "文字 > 制创建外框" 命令。

· 选择 "效果 > 路径 > 轮廓化对象" 命令可将文字对象添加上外框后的外观属性。

通常，将文字转化为路径，有以下几种情况。

· 要对字符进行图形变换或者扭曲组成字母、单词的路径、锚点。

· 要把文字输出到其他程序并要保持间距和格式。

· 不知道客户或输出中心是否有已应用的字体。

注意：位图字体和外框保护字体不能被转化为路径。

8.14　CJK 选项

CJK 是中 (Chinese)、日 (Japanese)、韩 (Korean) 3 国文字的简称，这 3 种文字都为双字节字符，统称 CJK 字符。

8.14.1　关于 CJK 字符使用提示

显示

为了正确地显示 CJK 字符，在预置中选中 "显示亚洲选项"。不仅如此，还可以在预置中选择字体名称是以本国语言显示还是以英文显示，还可以指定字符度量单位。

显示亚洲字符操作如下。

(1) 选择 Illustrator CS3>"首选项"> 文字 (Mac OS) /"编辑 > 首选项"> 文字 (Windows) 命令。

(2) 选择 "显示亚洲选项"。

用英文显示 CJK 字体名称操作如下。

(1) 选择 Illustrator CS3>"首选项"> 文字 (Mac OS)"/"编辑 > 首选项 > 文字 (Windows)"命令。

(2) 选择 "使用英语显示字体名称"命令。

改变字符度量单位操作如下。

(1) 选择 Illustrator CS3>"首选项"> 单位与显示 (Mac OS)"/"编辑 > 首选项"> 单位与显示 (Windows)"命令。

（2）在"亚洲文字"菜单中选择一种单位即可。

8.14.2 复合字体

很多时候在用户要出版的刊物中，经常会出现中英文夹杂或是与阿拉伯数字夹杂的现象。用户为了让它们之间很协调或者很凸显，就会把它们设置成不同的字体。可是大篇幅文字中英文和数字是跳着出现的，逐一查找变换字体又太繁琐。对于专业排版软件来说可以使用复合字体来解决这个问题。

复合字体是为亚洲语种开发的一种功能，主要作用是区分中英文字体，调整中英文字体基线不齐，达到版面美观的目的。另外还可实现有角中文与有角英文，无角英文与无角中文字体之间的搭配使用，达到更好的效果。复合字体对系统中的中文、英文进行设计，如中文用黑体，英文用 Arial，设置生成一种新的字体组合，中文和英文字体之间的基线可以进行微调整，以更加美化版面。复合字体的应用，在高档的出版物是中常见的，比如港台的一些时尚的刊物，都是应用了复合字体的设计。因为中文字体中自带的英文不太美观，所以，大家要设计出漂亮的版面，在设计里应用复合字体是很有必要的。

提示：Illustrator CS3 和 InDesign CS3 的复合字体可以通用，只需将 InDesign 的复合字体文件拷贝到 Illustrator CS3 安装目录下 Adobe Illustrator CS3 CS\Fonts\Composite Fonts 文件夹中即可。

1. 创建复合字体

（1）选择"文字 > 复合字体"命令，如图 8-14-1 所示。

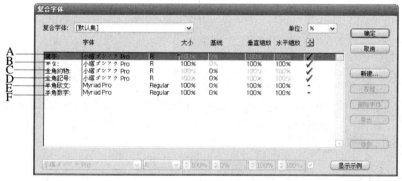

图 8-14-1　A. 日文汉字　　B. 假名　　　C. 标点符号　　　D. 符号　　　E. 罗马字　　　F. 数字

（2）单击"新建"按钮，输入复合字体的名称，单击"确定"按钮。如果在此之前，已经有新建的复合字体，可以在这个字符的基础之上进行设置。

（3）按照字符分类选择字体，如图 8-14-1 所示。

（4）选择一种度量单位，Illustrator CS3 提供了两种：% 和 Q。

（5）为每一种字符分类设置参数。

（6）单击"显示范例"，可显示范例，可以设置范例的显示。

· 单击右边的多种图标可显示不同的参考线：ICF 框 字，全角字符框 字，基线 Ba，大写字母线 CH，最大上行线 / 下行线 Ap，最大上行线 d 及 x- 高度 X。

· 可在"视图缩放"下拉菜单中选择一种视图比例。

（7）单击"保存"按钮，保存复合字体，单击"确定"按钮，退出对话框。

2. 自定义字符分类

（1）在"复合字体"对话框中单击"自定"按钮。

（2）输入字符分类的名称。

（3）添加分类中的字符。

（4）完成输入后单击"保存"按钮，单击"确定"按钮退出对话框。

注意：自定义的字符分类列表中，如果不同分类中有相同的字符，下方的分类将代替上方分类。

3. 导出复合字体

（1）单击"复合字体"对话框中的"输出"按钮。

（2）选择导出位置，并输入名称，单击"保存"按钮。

注意： 从 Illustrator CS3 中导出的复合字体可以和 Adobe InDesign 2.0 或更高版本通用。

8.14.3 比例间距

应用"比例间距"到字符时，会在不缩放字符的前提下，在字符前后插入空白间距 （aki）。用户可以直接在"字符"面板上的 Tsume （あ）选项中修改数值。使用"比例间距"可以很方便地控制 CJK 字符间的间距。图 8-14-2 左图所示为没有应用"比例间距"的字符，右图所示为应用了"比例间距"的字符的效果。

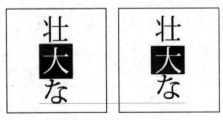

图 8-14-2

8.14.4 直排内横排

"直排内横排"是指将处在直排文字中的一部分文字(通常是数字、日期)水平放置。图8-14-3(左图)所示为数字没有应用"直排内横排"的效果,右图所示为数字应用了"直排内横排"后被旋转的效果。

在"直排内横排"对话框中还可以设置文字向上、下、左、右偏移。

提示:使用"字符"面板中的"比例间距(🔲)"或"字间距(🔲)"可以调节应用了"直排内横排"的字符的间距。选择字符面板浮动菜单中的"直排内横排"或"直排内横排设置"可以应用"直排内横排"。

在"字符"面板浮动菜单中,选择"标准竖直罗马对齐方式"命令即可让半角数字、罗马字符在竖排段落中应用"标准竖直罗马对齐方式",如图8-14-4所示为罗马字符旋转前后的效果。

图 8-14-3

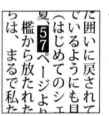

图 8-14-4

8.14.5 分行缩排

"字符"面板菜单中的"分行缩排"选项可以将选中的多个字符水平或竖直地堆叠成一行或多行,而宽度却只有指定数量正常字符宽,如图8-14-5所示。

图 8-14-5

"字符"面板菜单中的"分行缩排设置"提供了以下一些设置选项。

· 行数：指定堆叠为多少行。

· 行距：决定行间的间距。

· 缩放：指定单个 warichu 字符缩放的比例。

· 对齐方式：指定应用后的字符的对齐方式。

· 换行选项 s：指定在一行内包含多少个字符。

8.14.6　禁则

避头尾法则是指在中文排版中，某些特殊的标点符号是禁止在行首或行尾出现的，这就是我们常说的中文排版禁则。在 Illustrator CS3 的段落控制板中的避头尾设置，除了提供两种默认的预设以外，还可以自定义避头尾。用户可以分别设置禁止在行首出现的字符、禁止在行尾出现的字符、悬浮的标点以及不可分割的字符。

下表列出了常用的两种设置。

宽松设置
不能位于行首的字符
不能位于行尾的字符
严格设置
不能位于行首的字符
不能位于行尾的字符

8.14.7　标点挤压设置

"标点挤压设置"指定 CJK 字符、罗马字符、数字、标点、符号、特殊字符、行首、行尾，还可以指定缩进。

Illustrator CS3 提供了日本工业标准"Japanese Industrial Standards （JIS，JISx4051-1995)"规定的几种设置。

"标点挤压设置"是段落级别的属性，要为文字指定"标点挤压设置"，只需要从"段落"面板中的"标点挤压设置集"下拉菜单中选择即可。

创建"标点挤压设置集"

如果要创建一个"标点挤压设置集"，打开如图 8-14-6 所示的"标点挤压设置"对话框。

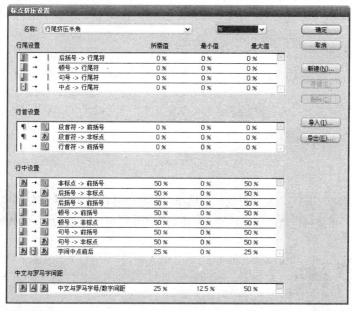

图 8-14-6

（1）执行以下操作之一。

· 选择"文字 > 标点挤压设置命令。

· 在"段落"面板中的"标点挤压设置集"下拉菜单中选择"标点挤压设置"命令。

（2）在弹出的"标点挤压设置"对话框中单击"新建"按钮。

（3）输入名称和基础的间距挤压设置集。

（4）从"单位"下拉菜单中选择单位：百分比 % 或全角空格。

（5）为每一种选项指定"所需值"、"最小值"和"最大值"。这里的"最小值"用来限制在应用禁则时最小的间距。"最大值"是在应用强制对齐时最大间距。最小值≤所需值≤最大值。

(6) 单击"保存"或"确定"按钮，即可关闭对话框。

8.14.8 中文标点溢出

"中文标点溢出"用于将单 / 双字节句号、单 / 双字节逗号悬挂到段落定界框外边，类似于 InDesign 中的标点悬挂功能。

(1) 只需要从"段落"面板菜单中选择"中文标点溢出"即可实现。

(2) 在子菜单中有如下选项，可供选择。

· 无：取消标点悬挂。

· 常规：打开标点悬挂功能。

· 强制：强制某些行末带有标点的行进行标点悬挂。

注意：当"避头尾法则"设置为"无"时，将单 / 双字节句号，单 / 双字节逗号悬挂到段落定界框外边将不可用。

8.14.9 重复字符处理

用户可以通过"段落"面板中的"重复字符处理"选项，控制如何处理日文中重复的字符。图 8-14-7 左图所示为未使用"重复字符处理"的效果，右图为使用了"重复字符处理"的效果。

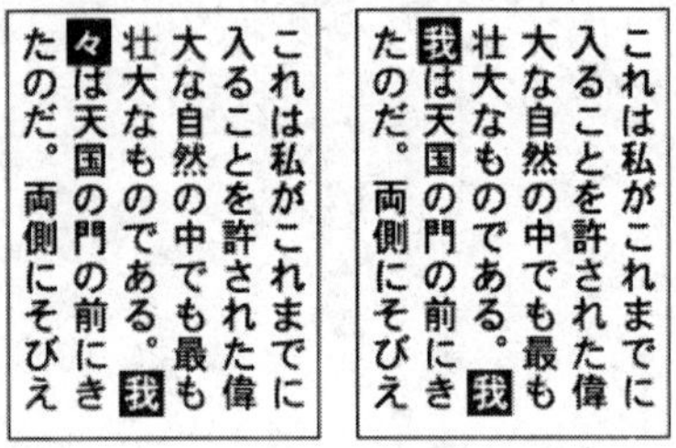

图 8-14-7

8.15 OpenType 选项

8.15.1 OpenType 简介

由 Adobe 和 Microsoft 联合开发的 OpenType 字体技术基于 Unicode 标准，可容纳多达 65000 个字符，能够完全支持中文字符集，并且可以很容易地包含多种非标准字符，如日文、少数民族文字及更多的特殊字符。

8.15.2　OpenType 面板

选择"窗口 > 文字 >OpenType"命令，可以显示 OpenType 面板，如图 8-15-1 所示，在上面可以直接为选中的文字应用 OpenType 字体特性。

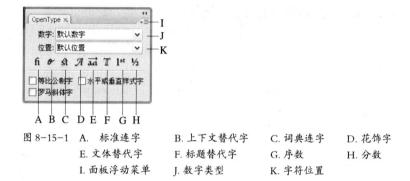

图 8-15-1　A. 标准连字　　　B. 上下文替代字　　　C. 词典连字　　　D. 花饰字
　　　　　　E. 文体替代字　　　F. 标题替代字　　　G. 序数　　　　　H. 分数
　　　　　　I. 面板浮动菜单　　J. 数字类型　　　　K. 字符位置

以下为常见的 OpenType 字体特性效果。

原始文字	FINESSE BEAUTY
标题替代字	FINESSE BEAUTY

专门为大字号字符设计的字形，通常作为标题，全部为大写。

原始文字	new azaleas bloom where
标准连字	new azaleas bloom where

和基本字符格式中的"标准连字"特性一样，根据相邻字符设置是否连字，"上下文替代字"带有很强的手写外观。包括的常规连字有 ff,fl,fi,ffi,ffl,fj,ffj。

原始文字	Aidan Sue Veronica
花饰字	Aidan Sue Veronica

为了美化字体外观，通常对单词的起始字母和结束字母作花体修饰。

原始文字	1st 2nd 3rd 4th 2a 2o No
序数	1st 2nd 3rd 4th 2a 2o No

专门为序数词字符设计的字形。

原始文字	Most eſſential effects
可选连字	Most eſſential effects

除"标准连字"包含的常规连字字符外的非常规连字，包括 ct,sp,st 和 fh。

原始文字	11/8 31/2 22/7 511/12 81,234/4,567
分数	1⅛ 3½ 2²⁄₇ 5¹¹⁄₁₂ 8¹,²³⁴⁄₄,₅₆₇

专门为分数字符设计的字形。

	全高	变高
定宽	012345.6789	012345.6789
变宽	012345.6789	012345.6789

默认数字为当前字体使用默认样式。

定宽，全高使用宽度相同的全高数字（如果当前字体可以使用此选项）。此选项适合用于每一行数字都必须对齐的情况下（例如在表格中）。

变宽，全高使用宽度不同的全高数字（如果当前字体可以使用此选项）。建议对使用全部大写的文本使用此选项。

变宽，变高使用宽度和高度均不同的数字（如果当前字体可以使用此选项）。这一选项建议用于没有使用全部大写，而且具有古典和复杂外观的文本。

定宽，变高使用高度不同而固定等宽的数字（如果当前字体可以使用此选项）。当您希望变高数字呈现经典外观，但又要让数字在各列中对齐时（如年报）时，建议使用此选项。

图表制作 9

学习要点

- 了解图表的各种形式和设定方法
- 掌握各类图表工具的使用方法
- 了解创建自定义图表的过程

为了获得对各种数据的统计和比较直观的视觉效果，人们通常采用图表来表达数据，如图 9-0-1 所示。Adobe Illustrator 非常周全地考虑到这一点，因此提供了丰富的图表类型和强大的图表功能，用户在使用图表来对数据进行统计和比较时，会得心应手。

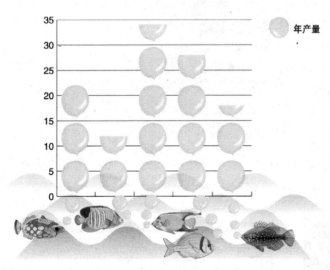

图 9-0-1

Adobe Illustrator 在"对象"菜单下提供了一个"图表"菜单，如图 9-0-2 所示，还在工具箱中提供了 9 种图表工具，如图 9-0-3 所示。

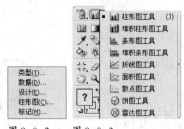

图 9-0-2　　图 9-0-3

9.1　创建图表

9.1.1　设定图表的宽度和高度

创建图表，首先需要确定图表的宽度和高度。

方法一：在工具箱中选择任一图表工具，在需要绘制图表处。按住鼠标键，直接在页面上拖动，如图 9-1-1 所示，拖动的矩形框大小即为所创建图表的大小。

方法二：在工具箱中选择任一图表工具，在需要绘制图表处，单击鼠标键，弹出"图表"对话框，如图 9-1-2 所示，在此对话框中可以设置图表的宽度和高度。

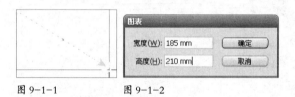

图 9-1-1　　　　　图 9-1-2

9.1.2　图表数据输入框

图表的宽度和高度设定后，单击"确定"按钮，弹出符合设计形状和大小的图表和图表数据输入框，如图 9-1-3 和图 9-1-4 所示。

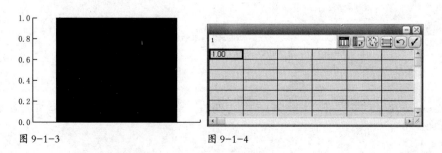

图 9-1-3　　　　　图 9-1-4

在图表数据输入框中，第一排除了数据输入栏之外还有其他几个小按钮，从左至右代表的含义分别为：导入数据（▦）表示输入其他软件产生的数据；换位行 / 列（▥）表示转换横向和纵向数据；切换 X/Y（↻）表示切换 X 轴和 Y 轴的位置；单元格样式（▤）表示调节数据格大小和小数点位数，双击该图标，弹出"单元格样式"对话框，如图 9-1-5 所示，在对话框的"小数位栏"表示控制小数点的位数，"列宽度"表示控制数据框中的栏宽；恢复（↰）表示使数据输入框中的数据恢复到初始状态；应用（✓）表示应用新设定的数据。

图 9-1-5

1. 在数据输入框中输入数据有 3 种方式

（1）直接在数据输入栏输入数据。

（2）输入其他软件产生的数据。单击 ▦ 按钮，导入其他软件产生的数据。

（3）使用"拷贝"和"粘贴"的方式从别的文件或图表中粘贴数据。

2. 输入数据

在数据输入栏输入数据，然后按键盘上的回车键，数据进入下面的数据格中。连续地输入数据，数据在同一栏的数据格中向下传递，如图 9-1-6 所示。

如果想在第二栏中输入数据，可使用鼠标单击第二栏，把第二栏的一个数据格选中，如图 9-1-7 所示，在数据输入栏输入数据，然后按键盘上的回车键，就可以把数据输入第二栏的数据格中。

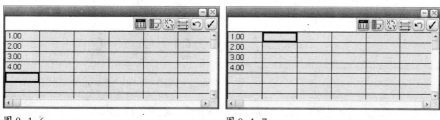

图 9-1-6   图 9-1-7

数据输入完成后，单击 ✓ 按钮，可以看到数据设置完成后的图表效果。也可以直接关闭图表数据输入框，在弹出的对话框中选择"是"按钮，如图 9-1-8 所示，图表就制作完成了。制作完成的图表自动成组，如图 9-1-9 所示。

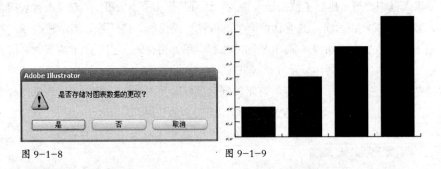

图 9-1-8   图 9-1-9

使用图表统计的对象可能并不只一组，可能有几个对象几种类别的比较。下面举例说明这种图表的制作。

3. 图表制作应用实例：A、B 两部门自 1995 年以来的年产量比较

以 A 部门 1995 年的年产量为系数，A、B 两部门在 1995 年、1996 年、1997 年及 1998 年的年产量分别为 1 和 5、6 和 4、7 和 3、9 和 2。现在制作图表来直观地表示这两个部门的年产量。

在工具箱中选择图表工具，在页面上使用鼠标拖动，拖动的矩形框大小即图表的大小。

在弹出的图表数据输入框中，第一排输入部门名称，第一栏输入年度。第一栏和第一排相交的数据格保持空白。图表不能识别年度，所以在年度两边加上双引号（"　"）。软件可以自动识别字母，所以在字母两边不用加双引号。

图表数据输入框的设置如图 9-1-10 所示。单击输入框中的试用图标，然后关闭输入框，就会得到如图 9-1-11 所示的图表效果。

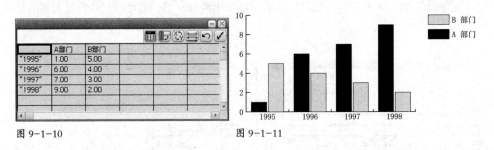

图 9-1-10   图 9-1-11

在此图表中，可以看到 A、B 两部门的年产量分别以不同颜色的矩形表示，而且在图表的右边标明了 A、B 两部门的图例。图表的横坐标表示年度，纵坐标表示产量值。

9.1.3　图表数据的修改

图表制作完成后，若想修改其中的数据，首先要使用选择工具选中图表，执行"对象 > 图

表 > 数据", 弹出图表数据输入框, 如图 9-1-12 所示, 在此输入框中修改要改变的数据, 然后单击输入框中的 ☑ 按钮, 再关闭输入框。图表的数据修改完成, 如图 9-1-13 所示。

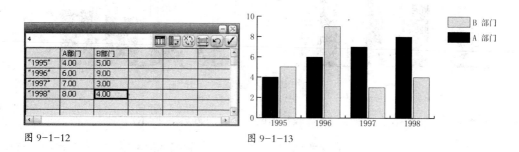

图 9-1-12   图 9-1-13

9.2 图表类型

Adobe Illustrator CS3 提供了 9 种图表类型, 双击工具箱中的图表工具, 或执行"对象 > 图表 > 类型"命令, 会弹出"图表类型"对话框, 如图 9-2-1 所示。

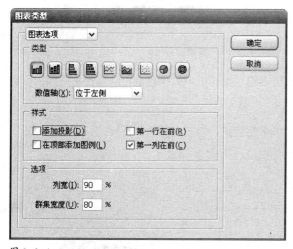

图 9-2-1

· 柱状图 (▮▮▮): 最基本的图表表示法。它是以坐标轴的方式, 逐栏显示出所输入的资料, 柱的高度代表所比较的数值, 如图 9-2-2 所示, 数值越大, 柱的高度就越高。柱状图表最大的优点是: 在图表上, 可以直接读出不同形式的统计数值。

· 堆积柱形图 (▮▮▮): 和柱状图表类似, 不同之处在于叠加柱状图表的比较数值叠加在一起, 如图 9-2-3 所示。

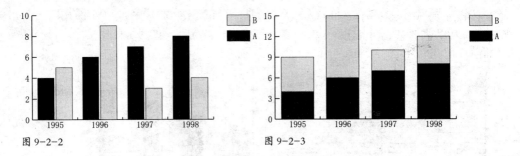

图 9-2-2   图 9-2-3

· 条形图 (🗏)：横条的宽度代表比较数值的大小，如图 9-2-4 所示。

· 堆积条形图 (🗏)：和条状图表类似，不同之处在于叠加条状图表的比较数值叠加在一起，如图 9-2-5 所示。

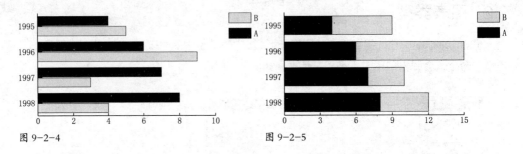

图 9-2-4   图 9-2-5

· 折线图 (〰)：用点来表示一组或者多组数据，以不同颜色的折线连接不同组的所有点，如图 9-2-6 所示。

· 面积图 (〰)：用点来表示一组或者多组数据，以不同颜色的折线连接不同组的所有点，形成面积区域，如图 9-2-7 所示。

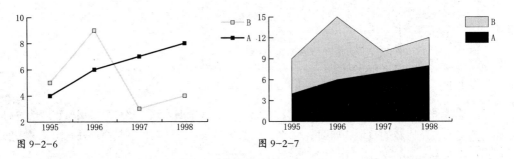

图 9-2-6   图 9-2-7

· 散点图 (🗏)：X 轴和 Y 轴都为数据坐标轴，在两组数据的交汇处形成坐标点，有直线在这些点之间连接，使用这种图表可反映数据的变化趋势，如图 9-2-8 所示。

·饼图（<img>）：把数据总和作为一个圆形，其中每组所占的比例以不同颜色表示，如图 9-2-9 所示。饼状图表最适用于百分比的比较，百分比越高所占的面积也就越大。在饼状图表上，可以使用组选择工具，分别点选单一种类的百分比面积，将它拉出该图表，以达到特别的加强效果。

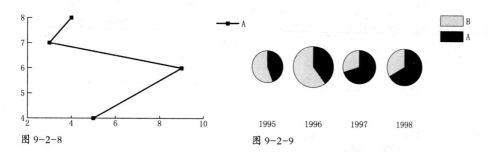

图 9-2-8   图 9-2-9

·雷达图（<img>）：以一种环行方式显示各组数据作为比较，如图 9-2-10 所示。雷达图表和其他图表不同，它经常被用于自然科学上，一般并不常见。

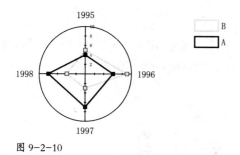

图 9-2-10

若要更改图表类型，先使图表处于选中状态，然后在工具箱中选择图表工具，双击图表工具或者执行"对象 > 图表 > 类型"命令，弹出"图表类型"对话框，选择一种图表类型，然后关闭该对话框，图表类型更改完成。

9.3 改变图表的表现形式

单击图表类型对话框上"图表选项"后面的黑色小三角，弹出菜单中包含图表选项、数值轴以及类别轴 3 个选项。

9.3.1 图表选项

选择"图表选项"，对话框中除图表类型选项外，还有其他几个选项控制图表的一些表现形式。选择不同的图表类型，"样式"中包含的选项是一致的。"选项"包含的内容有所不同。

1. 样式

如图 9-3-1 所示样式选项，可以改变图表的表现形式。

图 9-3-1

· 添加投影：表示给图表加投影，选择此项，绘制的图表中有阴影出现，如图 9-3-2 所示。

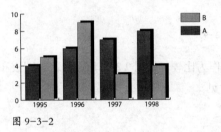

图 9-3-2

· 在顶部添加图例：表示把图例加在图表上边。如果不选择该选项，图例就位于图表的右边，图 9-3-3 所示为未选择这一项的图表形式，图 9-3-4 所示为选择这一项后的图表表现形式。

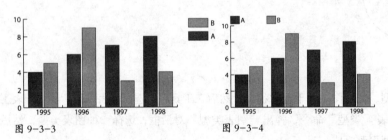

图 9-3-3　　　　　　　　　图 9-3-4

· "第一行在前" 和 "第一列在前" 选项可以更改柱形、条形和线段重叠的方式，这两选项一般和下面的 "选项" 中的内容结合使用。图 9-3-5 和图 9-3-6 所示是 "列宽" 的值为 120% 时的两种图表表现形式。

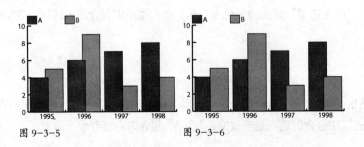

图 9-3-5　　　　　　　　　图 9-3-6

2. 选项

选择不同的图表类型，选项也有所不同。

· 当图表类型为柱形图和堆积柱形图时，"选项"中包含的内容一致，如图9-3-7所示。图9-3-8所示为"列宽"和"群集宽度"的标识。

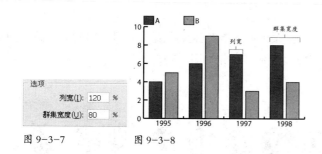

图9-3-7   图9-3-8

· 当图表类型为条形图和堆积条形图时，选项中包含的内容一致，如图9-3-9所示。图9-3-10所示为"条形宽度"和"群集宽度"的标识。

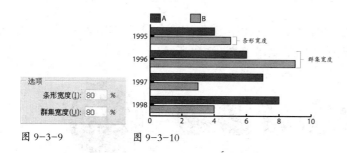

图9-3-9   图9-3-10

· 当图表类型为折线图时，选项中包含的内容如图9-3-11所示，"标记数据点"表示为所绘制的每一个数据点加方块；"连接数据点"表示用直线连接数据点；"线段边道边跨X轴"表示折线贯穿X轴；"绘制填充线"表示把连接数据点的线变为图形。当"绘制填充线"呈选中状态，则下面的"线宽"成为可设定项，在其后的数字框中可以设定连接数据点的图形的边线宽度。

图9-3-11

· 当图表类型为面积图时，选项为无。

· 当图表类型为散点图时，选项内容与折线图相同。

· 当图表类型为饼图时，选项中包含的内容如图 9-3-12 所示。

图 9-3-12

单击"图例"后面的黑色小三角，在弹出菜单中选择"无图例"，结果如图 9-3-13 所示；选择"标准图例"结果如图 9-3-14 所示；选择"楔形图例"，结果如图 9-3-15 所示。

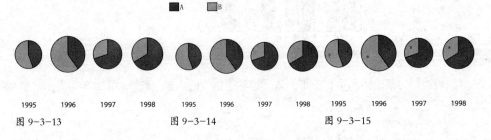

图 9-3-13   图 9-3-14   图 9-3-15

单击"位置"后面的黑色小三角，在弹出菜单中选择"比例"，结果如图 9-3-16 所示；选择"相等"结果如图 9-3-17 所示；选择"堆积"结果如图 9-3-18 所示。

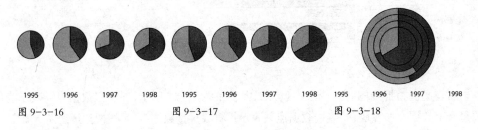

图 9-3-16   图 9-3-17   图 9-3-18

"排序"中的内容控制图表元素的排列顺序。弹出菜单中的"全部"表示元素信息由大到小顺时针排列，"第一个"表示最大值元素信息放在饼形图表顺时针方向的第一个，其余按输入顺序排列。"无"表示按照元素输入顺序顺时针排列。

· 当图表类型为雷达图时，"选项"中包含的选项和散点图中的各项相同。

在图表选项对话框中还有一个"数值轴"选项，单击上下三角弹出菜单，"位于左侧"表示坐标轴位于左边，"位于右侧"表示坐标轴位于右边，"位于两边"表示两边都有坐标轴。

9.3.2 数值轴

图 9-3-19 所示为数值轴对话框，在这里可以对数据坐标轴进行定义。

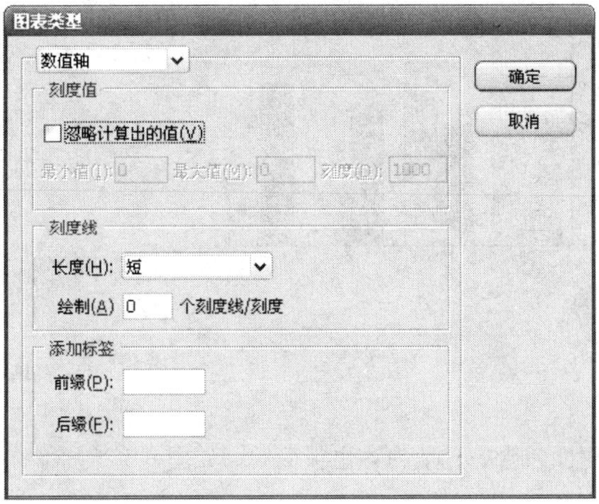

图 9-3-19

以柱状图表为例来说明如何对数据坐标轴进行定义。

在数值轴对话框中包含 3 栏内容：刻度值、刻度线以及添加标签。

· 刻度值：定义数据坐标轴的刻度值，软件内定状态下不选择"忽略计算出的值"，此时软件根据输入的数值自动计算数据坐标轴的刻度。如果选择此项，下面 3 个选项变为可选项，此时就可以输入数值确定数据坐标轴的刻度。其中"最小"表示原点的数值；"最大"表示数据坐标轴上最大的刻度值；"刻度"表示在最大和最小的数值之间分成几部分。

· 刻度线中的选项控制刻度线的长度。在"长度"中有 3 个选项："无"表示没有刻度线，如图 9-3-20 所示；"短"表示有短刻度线，如图 9-3-21 所示；"全部"表示刻度线的长度贯穿图表，如图 9-3-22 所示。"绘制一个刻度线 / 刻度"表示每个刻度值之间有几个分隔，图 9-3-21 所示为5 个刻度。

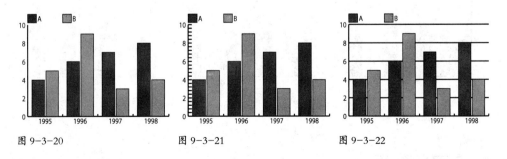

图 9-3-20　　　　　　　图 9-3-21　　　　　　　图 9-3-22

· 添加标签：可以对数据轴上的数据加上前缀或者后缀。图 9-3-23 所示为原图，图 9-3-24 所示为添加前缀"$"和后缀"/Ton"的结果。

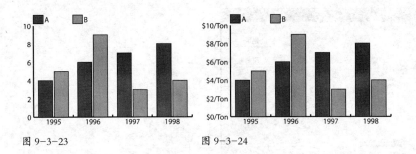

图 9-3-23   图 9-3-24

9.3.3 类别轴

该选项在一些图表类型中并不存在，里面包含的选项内容也很简单，如图 9-3-25 所示。

图 9-3-25

一般情况下，柱状、叠加柱状以及条状等图表由数据轴和名称轴组成坐标轴，而点状图表则由两个数据轴组成坐标轴。我们仍然以柱状图表为例说明这一选项。

"长度"中有 3 个选项："无"表示没有刻度线，如图 9-3-26 所示；"短"表示有短刻度线，如图 9-3-27 所示；"全部"表示刻度线的长度贯穿图表，如图 9-3-28 所示。

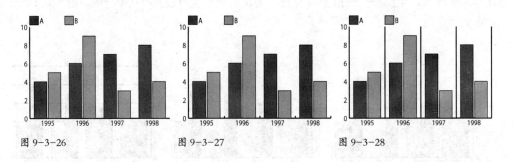

图 9-3-26   图 9-3-27   图 9-3-28

9.4 自定义图表

图表制作完成后，自动处于选中状态，并且自动成组。这时如果想改变图表的单个元素，使用编组选择工具可以选择图表的一部分。也可以定义图表图案，使图表的显示更为生动。还可以对图表取消编组，但解组后的图表不能再更改图表类型。

9.4.1 改变图表的部分显示

图 9-4-1 所示为柱状图表，两组比较数值都以矩形框表示，一组是灰色，一组是黑色。现在使用编组选择工具选择其中一组变为渐变填充色。

使用编组选择工具（ ）双击图表中 B 前面的色块，灰色的矩形组被选中，在色板面板中选择一种渐变色，则图表的显示如图 9-4-2 所示。

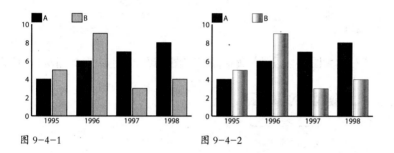

图 9-4-1　　　　　　　　　　图 9-4-2

使用编组选择工具选择黑色的矩形组后，执行"对象 > 图表 > 类型"命令，在弹出的"图表类型"对话框中选择一种图表类型，然后关闭对话框，使灰色矩形组以不同的图表类型显示，如图 9-4-3 所示。

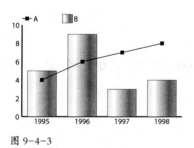

图 9-4-3

9.4.2 定义图表图案

1. 应用图形定义图表设计

使用绘图工具绘制如图 9-4-4 所示的图形。

在工具箱中选择矩形工具，绘制矩形框，矩形框稍大于图形大小，执行"对象 > 排列 > 置于底层"命令，把矩形置于绘制图形的后面，作为图形蒙版，矩形的填充及描边设定为无，如

图 9-4-5 所示。

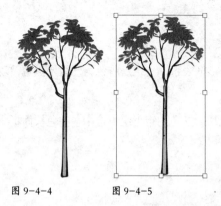

图 9-4-4   图 9-4-5

选中图形与矩形,执行"对象 > 图表 > 设计"命令,弹出"图表设计"对话框,如图 9-4-6 所示。

图 9-4-6

单击该对话框中的"新建设计"按钮,在左上面的空白框中出现"新建设计"文字,在下面的预览框中出现图案的预览图,如图 9-4-7 所示。

图 9-4-7

"新建设计"就是新定义设计的名称,如果想改变这个名称,用鼠标单击"重命名"按钮,弹出"重命名"对话框, 如图 9-4-8 所示, 在其中输入名字, 然后单击"确定"按钮, 回到"图表设计"对话框, 此时可以看到新改的名字。单击"确定"按钮, 就定义完成一个图表设计。和前面讲过的定义图案不同的是, 定义图表设计的图形中可以包含渐变色和图案。

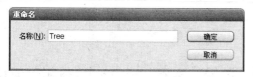

图 9-4-8

如果想修改已定义好的图表设计,执行"对象 > 图表 > 设计"命令,在弹出的"图表设计"对话框中单击"粘贴"按钮, 如图 9-4-9 所示, 图表设计就会被贴到页面上, 这时就可以对图表进行修改, 然后再对其重新进行定义。

图 9-4-9

2. 应用图像定义图表设计

图像也可以作为图表图案的定义对象。在 Photoshop 中将图像格式存储为 EPS 格式。

在 Illustrator 中,选择"文件 > 置入"命令把图像置入到 Illustrator 页面上,工具箱中选择矩形工具, 绘制矩形框, 矩形框稍大于图形大小, 执行"对象 > 排列 > 置于底层"命令, 把矩形置于绘制图形的后面, 作为图形蒙版, 矩形的填充及描边设定为无。

选中矩形和图像,执行"对象 > 图表 > 设计"命令,在弹出的对话框中设定这个图表设计。

9.4.3 使用图表图案表现图表

图表设计定义完成后,可以执行"对象 > 图表 > 柱形图"命令,使用这个设计表现图表。

首先选择工作页面上的图表,如图 9-4-10 所示。

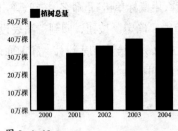

图 9-4-10

执行"对象 > 图表 > 柱形图"命令，弹出"图表列"对话框，在其左上角的窗口中选择定义好的设计名称，这时在窗口旁边出现图案的预览图，如图 9-4-11 所示，单击"确定"按钮，图表的变化如图 9-4-12 所示。

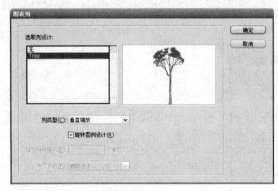

图 9-4-11

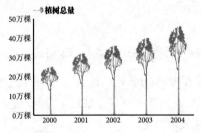

图 9-4-12

单击"图表列"对话框中"列类型"后面的黑色小三角，在弹出菜单中包含 4 个选项。

• 垂直缩放：表示图表根据数据的大小对图表的自定义图案进行垂直方向的放大与缩小，水平方向保持不变，如图 9-4-13 所示。

• 一致缩放：表示图表根据数据的大小对图表的自定义图案进行成比例的放大与缩小，如

图 9-4-14 所示。

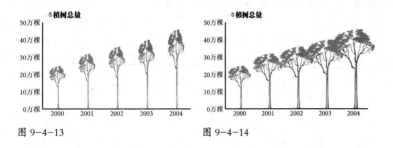

图 9-4-13   图 9-4-14

· 重复堆叠：该选项被选中后，必须和下面的两个选项结合使用。

（1）"每个设计表示"：表示每个图案代表几个单位，例如，输入数字 15，表示一个图案代表 15 个单位，如图 9-4-15 所示。

图 9-4-15

（2）"对于分数"中包含两个选项，"截断设计"表示不足一个图案时由图案的一部分来表示，如图 9-4-16 所示；"缩放设计"表示不足一个图案时由对图案成比例压缩得到，如图 9-4-17 所示。

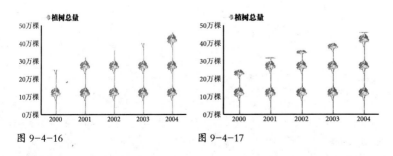

图 9-4-16   图 9-4-17

· 局部缩放：表示可以对图案的一部分拉长。使用该选项的图表图案的制作方法如下所述。

首先使用钢笔工具绘制图案，然后使用钢笔工具在图案的下部绘制一条直线，如图 9-4-18 所示。全选矩形、图案及直线执行"对象 > 编组"命令使这些图形成组。

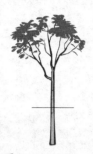

图 9-4-18

使用编组选择工具选择直线，执行"视图 > 参考线 > 建立参考线"命令，把这条直线转化为参考线，再执行"视图 > 参考线 > 锁定参考线"命令，对参考线解锁（在软件内定状态下，参考线被锁定）。

全选图案及参考线，执行"对象 > 图表 > 设计"命令定义图表设计，图 9-4-19 所示为使用该设计表现的图表，可以看到，以参考线截断的位置被拉伸，其他部分没有改变。

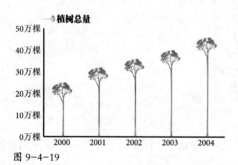

图 9-4-19

自动化 **10**

学习要点

- 掌握"动作"面板的使用方法
- 熟练使用脚本
- 熟练使用批处理命令
- 熟练使用数据驱动图像

10.1 关于自动化作业

设计图形是一项需要创造力的活动，但实际制作插图时，有些作业会不断重复。在实际操作中，可能会发现花在放置和取代影像、更正错误、准备打印文件及网页显示的时间，经常占用了进行创意作业的时间。为了节省操作时间，Illustrator CS3 提供了许多不同的方式来自动化处理非做不可的重复性作业，便于设计师有更多时间专心在挥洒创意上。

动作——是指在使用 Illustrator CS3 应用程序的菜单命令、工具选项及对象选择等时，系统所记录的一连串工作。播放动作时，Illustrator CS3 会执行所有记录的工作。Illustrator CS3 可提供多种预先记录的动作，协助用户执行一般的作业。安装 Illustrator CS3 应用程序时，这些动作会被安装成为"动作"面板中的预设动作集。

脚本——是告诉计算机执行连续操作的一连串命令。这些作业可能只牵涉到 Illustrator CS3，也可能牵涉到其他应用程序，如文字处理、电子表格和数据库管理程序等。Illustrator CS3 可提供预设脚本来协助用户执行一般的作业。

数据驱动图像——用于简化设计者与开发者在大量出版环境中共同合作的方式。

10.2 使用动作

10.2.1 使用动作面板

可利用"动作"面板来记录、播放、编辑和删除动作。在此面板中也能储存、载入和取代动作集，如图 10-2-1 所示。

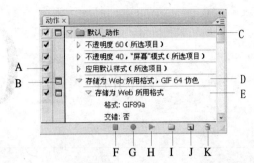

图 10-2-1　A. 切换项目打开／关闭　　B. 切换对话框打开／关闭　　C. 动作集　　D. 动作
　　　　　　E. 记录的命令　　　　　　F. 停止播放／记录　　　　G. 开始记录　H. 播放目前选择范围
　　　　　　I. 建立新组合　　　　　　J. 制作新动作　　　　　　K. 删除选取范围

如果要显示动作面板，选择"窗口 > 动作"命令。如果要使用面板菜单，单击面板右上角的三角形按钮。如果要展开或收折组合及命令，只需单击"动作"面板中动作集或命令左边的三角形。若要在面板中以按钮模式查看动作，可在"动作"面板菜单中选择"按钮模式"。再次选取"按钮模式"可回到列表查看。

注意：当"动作"面板处于"按钮模式"时，无法展开及收折组合与命令。

10.2.2　建立动作

在建立动作时，Illustrator CS3 可以使用顺序记录所用的命令（包括指定的数值）、面板和工具。通过以下原则可帮助用户设计动作。

·不能被记录的命令包含会变更屏幕查看方式（包括"视图"菜单中的大部分命令）、会显示或隐藏面板的命令，以及"效果"菜单中的命令。除此之外，"字形"面板、"渐变"和"网格"等工具、检色滴管、油漆桶和剪刀工具都无法记录。

·记录一个动作时，请记住播放的结果取决于目前填色和笔画颜色以及文件和程序设定之类的变量。

提示：因为 Illustrator CS3 会依记录顺序执行命令，所以利用文件的拷贝来记录复杂的动作，然后在源文件上播放该动作，是个不错的方式。

·直到用"储存动作"命令将一组动作储存起来，否则，动作会自动储存在预置文件中。

建立新的动作

在"动作"面板上，单击"创建新动作"按钮 ，或从面板菜单中选择"新建动作"命令。

提示：同时按下 Option 键（Mac OS）或 Alt 键（Windows）键，并单击"创建新动作"按钮，会建立一个动作并开始记录。

如果"动作"面板中含有多组动作，选择要加入动作的那一组。依照需要，从下列选项中选取一个或两个选项。

· 指定动作的键盘快捷键。可以选择任何功能键、命令键（Mac OS）或 Ctrl 键（Windows），以及 Shift 键的组合（如 Ctrl+Shift+F3 键）。

注意：如果为动作所指定的键盘快捷键和某个命令所用的一样，则此快捷键会套用该动作，而不是命令。

· 指定"按钮模式"中所要显示的色彩。

单击"记录"按钮 ●，"动作"面板中的"开始记录"按钮会变成红色。

提示：为了避免错误，请在套用命令前记录"文件 > 存储副本"命令。

执行要记录的命令。如果选择的命令会打开对话框，请单击"确定"记录该命令，或单击"取消"即不会记录。

注意：无法在"存储为 Web 所用格式"对话框中记录多个切片的设定最佳化选项。在开始记录动作之前请先设定切片最佳化选项，然后按下 Options（Mac OS）或 Alt 键（Windows），之后再单击"存储为 Web 所用格式"。记录动作时，Illustrator CS3 将会记住这些设定。

若要停止记录，请按下"停止播放记录"按钮 ■。如果要在以后的工作中继续使用这些动作，请储存该动作。

10.2.3　记录路径

"插入选择路径"命令可将路径记录成动作 的一部分。播放这个动作时，这些路径会被当作动作的一部分重新执行一遍。若要记录路径，从"动作"面板菜单中选择"插入选择路径"命令。

10.2.4　在动作中选取一个对象

"选择对象"命令可在执行动作时选取特定对象。可在"属性"面板的"备注"文字框中，确认对象是否被选取。"选择对象"功能对于在执行动作或命令时选取特定对象会有所帮助，这些动作包括执行命令、使用面板，或在对话框中制作选取范围。例如，可在执行变形特效、用"描边"面板变更笔画特性，或以"颜色"面板套用颜色时，选取图稿中一个特定的椭圆形。

1. 在执行动作期间为使用的对象命名

选取要用于动作的对象；然后选择"窗口 > 属性"命令；接着在"属性"面板菜单中选择"显示备注"命令；最后在"备注"文字框中输入该对象的名称。

2. 在执行动作期间选取一个对象

如图 10-2-2 中所述，记录一个动作，直到选取该对象。在"动作"面板菜单中选择"选择对象"命令。

图 10-2-2

在"设置选择对象"对话框中输入对象名称，如图 10-2-2 所示。此名称应该符合"属性"面板中的"备注"文字框中所输入的对象名称。在该对话框中设定下列选项。

· "区分大小写"只会选取完全符合"备注"文字中所有大小写文字的对象。

· "全字匹配"只会选取与其相关"备注"文字框中所列的每个字母都相符的对象。

10.2.5 插入不能记录的命令

Illustrator CS3 无法记录上色工具、工具选项、特效、查看命令和预置。但许多无法记录的命令，可利用"插入菜单项目"命令，将其插入一组动作。

直到播放动作时，插入的命令才可执行。在动作中未记录该命令的数值，所以命令插入时，该文件会维持不变。如果命令有对话框，其对话框会在播放时显示，且动作也会暂停，直到单击"确定"或"取消"按钮。可在记录一个动作时，或已记录动作之后，再插入一个命令。

在动作中插入一个菜单项目

在"动作"面板中选择要插入菜单项目的位置。

· 选取一动作名称，将该项目插入动作结尾处。

· 选取动作中的命令，将项目插入该命令之后。

从"动作"面板菜单中选择"插入菜单项目"命令，然后执行下列操作之一。

· 从其菜单中选取一个命令。

· 在"插入菜单项目"对话框中输入一个命令。如果不知道该命令的完整名称，请输入部分名称，然后单击"查找"按钮。

10.2.6 插入停止

用户可能希望在动作中插入一个结束符号，如此可以执行一个无法记录的作业。执行完作业之后，可接着单击"动作"面板中的"播放目前选取的动作"按钮，以继续原动作。

也可让动作进行至停止处时显示一则短讯。例如，可以提醒自己在继续动作之前应执行的作业。也可以在提示框中加入"继续"按钮。以此方法，可以检查文件中的某个状况(如一个选取范围)，若无其他作业需执行，即可继续下去。在记录动作时或已记录一个动作之后，都可以插入一个结束符号。

插入一个结束符号

在"动作"面板中选择要插入结束符号的位置。

· 选取一个动作名称，将结束符号插入动作结尾处。

· 选取动作中的命令，将结束符号插入该命令之后。

在"动作"面板菜单中选择"插入停止"命令，如图 10-2-3 所示。

图 10-2-3

在"记录停止"对话框中输入要显示的提示。接着，如果希望动作继续、不要停止，请选取"允许继续"选项，设置完毕后，按 OK 按钮确认。

10.2.7 设定选项和排除命令

记录一个动作之后，可插入一个选项。这能让命令暂停并显示其对话框以指定不同的值，然后再处理程序工具以套用新的设定 [必须按 Return 键（Mac OS）或 Enter 键（Windows）才能使程序工具套用其效果]。如果不使用选项，Illustrator CS3 会使用第一次记录动作（且对话框未显示）时所指定的数值，来执行命令。也可以排除不想将其纳入为记录动作的一部分，或执行动作时不想使用其播放的命令。

1. 设定选项

确定"动作"面板为列表查看模式。如有必要，请取消选取"动作"面板菜单中的"按钮模式"。执行下列操作之一。

· 单击命令名称左边的字段，以显示对话框图标。再单击，可移除选项。

· 当要在一个动作或动作集中为所有的命令打开或关闭一个程控时，请点取该动作或动作集名称左侧的字段。

2. 排除或包含一个命令

执行下列操作之一。

· 在命令名称左侧单击，清除其勾选记号。再单击，即可包含该命令。

· 若要排除或包含一个动作或动作集中的所有命令，单击该动作或动作集名称左侧的勾选框。

若要排除或包含除了选取的命令之外的所有命令，在该命令上按 Option 键加鼠标按键（Mac OS）或按 Alt 键加鼠标按键（Windows）。

10.2.8 播放动作

当播放一个动作时，Illustrator CS3 会以记录的顺序来执行一连串命令。但在一个动作中可从任一个命令开始、排除命令，或播放单一命令。如果已在动作中插入一个选项，当动作暂停时，可在一个对话框中指定数值或调用程序。在按钮模式中，单击按钮即可执行整个动作，但先前排除的命令就不会执行。

1. 在一个文件上播放一个动作或动作集

打开文件，指定播放的内容。

· 若要播放一组动作，选取该动作集名称。

· 若要播放单一动作时，选取该动作名称。

· 若要播放动作的一部分，选取要动作开始的命令。

若要在播放的动作中排除或包含一个命令时，单击动作名称左侧的勾选框。单击"动作"面板中的"播放目前选取的动作"，或在面板菜单中选择"播放"命令。

2. 播放动作中的单一命令

选取要播放的命令，执行下列操作之一。

· 在"动作"面板的"播放目前选取的动作"按钮上按 Command 键加鼠标按键（Mac OS）

或按 Ctrl 键加鼠标按键（Windows）。

· 按住 Command 键（Mac OS）或 Ctrl 键（Windows），然后双击该命令。

10.2.9　在播放时放慢动作的速度

有时一个长而复杂的动作无法正确执行，同时用户也很难看出问题发生在哪里。"回放选项"命令提供 3 种播放动作的速度，可查看每个命令的结果。

若要指定动作播放的速度，在"动作"面板菜单中选择"回放选项"命令，如图 10-2-4 所示。

图 10-2-4

"加速"（默认值）以正常速度播放动作。"逐步"可完成每个命令，并在进行至动作的下一个命令之前会重新绘制该影像。"暂停 _ 秒"可指定 Illustrator CS3 在执行动作中的每个命令之间所要暂停的时间。

10.2.10　编辑动作

可用下列方法来编辑动作。

· 重新排列动作，或重新排列动作中的命令以变更其执行顺序。

· 在动作中增加命令。

· 记录新命令或动作对话框所需的新数值。

· 变更如动作名称、按钮颜色和快捷键之类的动作选项。

· 复制动作和命令。可尝试改变一个动作，但不会失去原始版本，或根据现有动作来建立新动作。

· 删除动作和命令。

· 将动作重设为预设列表。

1. 将动作移至不同的动作集

在"动作"面板中，将该动作拖曳到不同的动作集。当反白行出现在所需的位置时，释放鼠标按钮。

2. 重新排列动作中的命令

在"动作"面板中,将命令拖曳到同一动作中的新位置。当反白行出现在所需的位置时,释放鼠标按钮。

3. 记录额外的命令

执行下列操作之一。

· 选取一动作名称,将新命令插入动作结尾处。

· 选取动作中的一个命令,将新命令插入其后。

在"动作"面板中单击"开始记录"按钮●,可记录额外的命令。单击"停止播放记录"按钮以停止记录。

注意:也可插入不可记录的命令,或从其他动作中拖曳命令。

4. 再次记录一个动作

选取一个动作,在"动作"面板菜单中选择"再次记录"命令。若出现一个选项时,执行下列操作之一。

· 以不同方式使用该工具,并按下 Enter 或 Return 键来变更该工具的效果。

· 按下 Enter 或 Return 键以保留相同的设定。

若出现对话框,请执行下列操作之一。

· 变更数值并单击"确定"按钮,以记录这些数值。

· 单击"取消"按钮以保留相同数值。

5. 再次记录单一命令

选取一个和想要记录的动作相同类型的对象。例如,如果命令只能用于向量对象,则在记录时必须已选取一个向量对象。在"动作"面板中双击该命令。输入新的数值,单击"确定"按钮。

6. 变更动作选项

可以双击该动作名称,或者选取该动作,从"动作"面板菜单中选择"动作选项"命令。在弹出的对话框中执行下列操作之一。

· 输入动作的新名称。

· 为动作快捷方式指定功能键;选取 Command 键(Mac OS)或 Shift 或 Ctrl 键(Windows)与功能键搭配。

· 为动作按钮选择颜色。

7. 复制动作集、动作或命令

可以有两种方法，第一种方法：选取一个动作集、动作或命令，可按 Command 键加鼠标按键（Mac OS）或按 Shift 键加鼠标按键或按 Ctrl 键加鼠标按键（Windows）以选取多个项目；再从"动作"面板菜单中选择复制命令，复制的动作集会出现在"动作"面板下方；复制的命令或动作则会出现在原始命令或动作之后。

第二种方法：将动作或命令拖曳到"动作"面板下方的"创建新动作"按钮上，或将动作集拖曳到"动作"面板下方的"创建新动作"按钮上。复制的动作会出现在"动作"面板的下方。复制的命令会出现在原始命令之后。而复制的动作集会出现在原始动作集之后。

8. 删除动作集、动作或命令

在"动作"面板中，选取要删除的动作集、动作或命令。可按 Command 键加鼠标按键（Mac OS）或按 Shift 键加鼠标按键或按 Ctrl 键加鼠标按键（Windows），选取动作中的多个命令。执行下列操作之一。

· 单击"动作"面板中的"删除选取项目"按钮。再单击"是"以删除动作或命令。

· 将选取范围拖曳到"动作"面板中的"删除选取项目"按钮上。

· 在"动作"面板菜单中选择"删除选取项目"命令。

9. 删除所有动作

在"动作"面板菜单中选择"删除动作"命令，单击"是"即删除所有动作。

提示：若要自动删除选取的动作或命令，请在"删除选取项目"按钮上按 Option 键加鼠标按键（Mac OS）或按 Alt 键加鼠标按键（Windows）。

10. 将动作重设为预设组合

在"动作"面板菜单中，选择"重置动作"命令。单击 Add 按钮，将该组预设动作加入"动作"面板中的目前动作，或单击"确定"按钮，将"动作"面板中的目前动作以预设组合来取代。

10.2.11 组织动作集

为了组织动作，可建立动作集来置入动作，并将动作集储存在磁盘中。可组织动作集，用于不同类型的工作（例如，印刷出版和在线出版），并将动作集转至其他计算机使用。在"动作"面板中，只能储存选取动作集的整个内容，而不是个别的动作。

注意：未储存的动作会自动储存在预置文件中。如果此预置文件遗失或被移除，建立的未储存动作都会遗失。请确定使用了"动作"面板中的"储存动作"命令，将动作储存在独立的动作文件，如此可在以后将其载入，并确保其安全。

也可以取代动作集，或加载外部的动作集。取代一组已储存的动作会取代所有既有的动作。载入一组已储存的动作会将其加入既有动作，新动作会出现在"动作"面板下方。

1. 建立新的动作集
在"动作"面板中执行下列操作之一。

· 从面板菜单选择"新建集"。

· 在"动作"面板下方单击"创建新集"按钮。

输入该动作集的名称，并单击"确定"按钮。

2. 为一动作集重新命名
在"动作"面板中执行下列操作之一。

· 在"动作"面板中，双击该动作集的名称。

· 选取该动作集的名称，并在面板菜单中选择"集选项"。

输入该组合的新名称，并单击"确定"按钮。

3. 储存一组动作
选取一个动作集，在"动作"面板菜单中选择"储存动作"命令。为该动作集输入名称，选择储存位置，再单击"存储"。预设的动作集储存在 Adobe Illustrator CS3 应用程序文件夹中的预设 / 动作文件夹中。

4. 以新的动作集取代"动作"面板中所有动作
在"动作"面板菜单中选择"替换动作"命令，查找并选取一个动作文件，单击"打开"按钮。

注意："替换动作"命令会取代目前文件中的所有动作集。使用此命令之前，应确定已用"储存动作"命令为目前的动作集储存了一份拷贝。

5. 载入动作集
在"动作"面板菜单中选择"加载动作"命令，查找并选取动作文件，单击"打开"按钮。

10.2.12 批处理文件
"批处理"命令可让用户一个文件夹和子文件夹的文件上播放动作。也可以使用"批处理"命令来产生具不同数据组的模板。"批处理"指令对话框如图 10-2-5 所示。

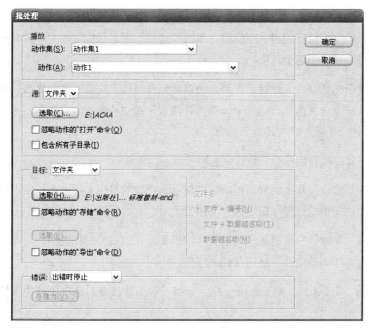

图 10-2-5

批处理文件时，可将所有文件打开、关闭，以及将变更储存回源文件，或将文件修改过版本储存在一个新位置（保留源文件不变）。如果将处理过的文件储存在一个新位置，在开始批处理之前，先为其建立一个新文件夹。

为文件做批处理

（1）在"动作"面板菜单中选择"批处理"命令。

（2）在"动作集"中选取所需的动作集。

（3）在"动作"中选取所需的动作。

（4）在"源"中选择一个选项。

·将对文件播放动作的文件夹（包括子文件夹）储存在计算机上。单击"选择"来指定文件夹。选取"忽略动作中的'打开'命令"，打开指定的数据夹中的文件（任何记录为原始动作的"打开"命令都会被忽略）。若想处理指定文件夹中的所有文件和文件夹，请选取"包含所有子目录"。

（5）在"目标"中选择一个选项。

·"无"可保持文件的打开，不储存变更（除非该动作包含"存储"命令）。

·"储存并关闭"可将所有文件储存在其目前位置。只有选取"源"中的文件夹时才能使用这个选项。

· "文件夹"可将改变的文件储存到另一个位置。单击"选择"指定目标文件夹。只有当选取"源"中的"文件夹"时才能使用这个选项。

提示：用"批处理"命令选项储存文件时，会将文件以源文件的格式储存。若要建立一个能将文件以新格式储存的批处理，请在原来的动作中记录"存储为"或"存储副本"命令，接着是"关闭"命令。然后在设定批处理时，将"目标"选为"无"。

(6) 如果动作中有任何储存或输出命令，请设定忽略选项。

· "忽略动作的'保存'命令"用于将处理过的文件储存到指定的目标文件夹中，而不是储存到动作中所记录的位置上。单击"选择"指定目标文件夹。

· "忽略动作的'输出'命令"用于将处理过的文件输出到指定的目标文件夹中，而不是储存到动作中所记录的位置上。单击"选择"指定目标文件夹。

(7) 如果选择"源"的"数据组"，则在忽略"存储"和"输出"命令时选取可产生文件名称的选项。

· "文件名 + 数字"会以原始文件的文件名称来产生文件名称、移除所有扩展名，然后再加入对应数据组的 3 位数字。

· "文件名 + 数据组名称"会以原始文件的文件名称来产生文件名称、移除所有扩展名，然后再加入一个底线符号及数据组名称。

· "数据组名称"则使用数据组的名称来产生文件名称。

(8) 在"错误"中选择一个选项。

· "发生错误时停止"会终止批处理，直到确认错误提示为止。

· "将错误记录至文件"会记录文件中的每个错误，而不会停止该批处理。如果错误都已记录在此文件中，在文件处理后会显示一个提示，提醒用户要检查此错误文件。如果选取此选项，请单击"存储为"，为此错误文件命名。

提示：若要利用多个动作进行批处理，可建立新动作，并记录要使用的每个动作的"批处理"命令。若要批处理多个文件夹，需先为要处理的文件夹在另一个文件夹建立快捷方式。

10.2.13 使用脚本

当执行脚本时，计算机会执行一连串的操作。这些操作可能只牵涉到 Illustrator CS3，也可能牵涉到其他应用程序，如文字处理、电子表格和数据管理程序。Illustrator CS3 可支持多种脚本环境（例如 Microsoft Visual Basic、AppleScript、JavaScript 等），且内含标准的脚本组合。也可使用自己的脚本，并将这些脚本加入 "脚本" 子菜单中。

1. 执行脚本

可以选取 "文件 > 脚本" 命令，然后从子菜单中选取一个脚本。也可以选取 "文件 > 脚本 > 其他脚本" 命令，然后搜寻要执行的脚本。

2. 安装脚本

将脚本拷贝到计算机的硬盘中。如果将脚本放置到 Adobe Illustrator CS3 应用程序文件夹内的预设 \ 脚本文件夹中，那么脚本将会显示在 "文件 > 脚本" 子菜单上。如果将脚本放置在硬盘的其他位置上，则可以使用 "文件 > 脚本 > 其他脚本" 命令来执行 Illustrator CS3 中的脚本。

注意：如果在 Illustrator CS3 应用程序打开时编辑脚本，那么必须储存变更才能使这些变更生效。如果在 Illustrator CS3 应用程序执行中将脚本放置在 "脚本" 文件夹中，则必须重新启动 Illustrator CS3 后脚本才会显示在 "脚本" 菜单中。

10.3 使用数据驱动图像

可在 Illustrator CS3 中建立变量，以产生数据驱动图像。数据驱动图像使得以更快及更精确的方式产生多个图稿版本成为可能。例如，假设需要依据相同的模板产生 500 个不同的标题。在过去，必须手动复制模板与数据（影像、文字等等）。利用数据驱动图像，可以使用参照至数据库的脚本来实现所需的网页横幅。

在 Illustrator CS3 中，可以将任何图稿转换成数据驱动图像模板。只需使用变量来定义画板上的动态（可变）对象。可使用变量来变更文字字符串、链接影像、图表数据及图稿中对象的可见度设定。此外，也可以建立不同的变量数据组，以便在上色时更易于查看范本的外观。

模板让设计者、开发者及生产人员间紧密合作。

· 如果是设计者，则建立模板可让您控制所设计的动态组件。当交出模板以进行生产工作时，就能够确保只有变量数据会有所更改。

· 如果是开发者，则可以将变量及数据组直接编码为 XML 文件。然后设计者便能将变量与数据组读入至 Illustrator CS3 文件，以根据的说明建立设计。

· 如果负责生产工作，则可以使用 Illustrator CS3 内的脚本、"批处理" 命令或是如 Adobe GoLive 的网页产生工具来将最后的图像上色。也可以使用如 Adobe Graphics Server 的动态影像服务器，以进一步自动化上色程序。

10.3.1 使用变量面板

可利用"变量"面板来处理变量与数据组。文件中的变量类型与名称列于面板中。如果变量与对象相链接，则当"对象"栏出现在"图层"面板时，其栏中会显示链接对象的名称，如图 10-3-1 所示。

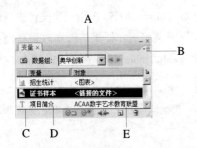

图 10-3-1　A.　数据组　　　B. 面板菜单　　　C. 变量类型
　　　　　　 D. 变量名称　　 E. 链接对象名称

为"变量"面板中的列排序

单击变量标头依变量名称为列排序；单击对象标头依对象名称为列排序；单击"变量类型"栏上方的空白标头依变量类型为列排序。

10.3.2 关于变量

若要建立数据驱动图像模板，必须定义画板上的动态（可变）对象。可使用变量来定义动态对象的属性。

可以在 Illustrator CS3 中建立以下 4 种变量类型：图表数据、链接文件、文字字符串及可见度。变量类型指出哪一个对象属性为可变。例如，使用"可视性"变量来显示或隐藏模板中的任何对象。可将变量套用至下列的对象类型。

· 使用"文本字符串"变量来制作文字动态。

· 使用"链接的文件"变量来制作链接影像动态。

· 使用"图表数据"变量来制作图表数据动态。

· 使用"可视性"变量来制作对象的可见度动态。也可以制作群组可见度及图层动态。

图 10-3-2 所示为依据相同模板的两个网页版本。

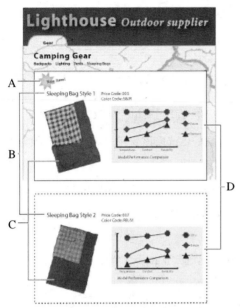

图 10-3-2　A."可视性"变量　　　B."文本字符串"变量
　　　　　　C."链接的文件"变量　　D."图表数据"变量

10.3.3　建立未链接变量

可以建立新的变量而不将其链接至对象属性。当在制作对象动态时，也可以让 Illustrator CS3 建立变量。

建立未链接变量

单击"变量"面板中的"新建变量"按钮 ⊡，或从"变量"面板菜单中选择"新建变量"。无类型的未链接变量图标 ⊘ 会出现在"变量"面板中。

10.3.4　将变量链接至对象属性

将变量链接至对象属性可制作对象动态。对象类型与变量类型决定对象可更改的属性。可以将"可视性"变量链接至任何对象，以制作对象的可见性动态状态。如果对象为文字、链接影像或图表，则也可以制作对象的内容动态。

1. 制作对象动态的可见性

选取一个或多个对象，执行下列操作之一。

· 若要建立新变量，应确定在"变量"面板中未选取任何变量。

· 若要将对象链接至现有的变量，应在"变量"面板中选取该"可视性"变量。

单击"变量"面板中的"建立动态可视性"按钮 ，或从"变量"面板菜单中选择"建立动态可视性"。"可视性"变量图标 会出现在"变量"面板中。

2. 制作对象的内容动态

选取链接影像、文字或图表，执行下列操作之一。

· 若要建立自动对应至所选对象类型的新变量，应确定在"变量"面板中未选取任何变量。

· 若要将对象链接至现有的变量，应在"变量"面板中选取该变量。变量类型必须为未链接或符合所选对象的类型。

单击"变量"面板中的"建立动态对象"按钮 ，或从"变量"面板菜单中选择"建立动态对象"。"文本字符串"变量 T、"链接的文件"变量 或"图表数据"变量 会出现在"变量"面板中。

3. 解除变量的链接

在"变量"面板中选取一个变量，单击"变量"面板中的"取消绑定变量"按钮 ，或从"变量"面板菜单中选择"取消绑定变量"。

10.3.5 编辑变量

可以通过编辑变量的选项来变更变量名称与类型，也可以锁定文件中的所有变量。锁定变量将使用户无法建立变量、删除变量及编辑变量选项。然而，可以将对象链接至已锁定的变量或解除对象链接。

若要编辑变量选项，可以在"变量"面板中双击该变量；也可以选取"变量"面板中的变量，从"变量"面板菜单中选择"变量选项"。编辑变量名称与类型，然后单击"确定"按钮。

提示：可以通过在"图层"面板中编辑对象的名称，在"变量"面板中变更对象名称。

若要锁定或解除锁定变量，单击"变量"面板上的"锁定 / 解除锁定变量"按钮 或 。

10.3.6 删除变量

删除变量会将该变量从"变量"面板移除。如果删除链接至某对象的变量，则该对象会变为静态（除非该对象也链接至不同类型的变量）。

选取要删除的变量，执行下列操作之一。

· 单击"变量"面板中的"垃圾桶"按钮 ，或从"变量"面板菜单中选择"删除变量"。

· 若要删除变量且不进行确认，请将之拖曳到"垃圾桶"按钮上。

10.3.7 编辑动态对象

可以通过编辑对象将与变量相关的数据变更为与对象链接的变量。例如，如果正在处理"可视性"变量，则可以在"图层"面板中变更对象的可见性动态。编辑动态对象可让用户建立多个在模板中使用的数据组。

若要编辑动态对象，在画板上选取一个动态对象。执行下列操作之一，以自动选取一个动态对象。

· 在"变量"面板中，按 Option 键加鼠标按键（Mac OS）或按 Alt 键加鼠标按键（Windows）。

· 选取"变量"面板中的变量，然后从"变量"面板菜单中选择"选择绑定对象"命令。

依下列方式编辑与该对象相关的数据。

· 若是文字，在画板上编辑文字字符串。

· 若是链接文件，使用"链接"面板或是"文件 > 置入"命令来取代影像。

· 若是图表，在"图表数据"面板中编辑数据。

针对所有含动态可见性的对象，在"图层"面板中变更该对象的可见性状态。若要选取全部动态对象，从"变量"面板菜单中选择"选取所有链接对象"命令。

10.3.8　使用 XML ID 来辨识动态对象

当动态对象出现在"图层"面板中时，"变量"面板会显示这些动态对象的名称。如果以SVG 格式储存模板以便与其他 Adobe 产品一起使用，则这些对象的名称必须符合 XML 的命名规则。例如，XML 名称必须以字母、底线或冒号开头，且不能包含空格。

Illustrator CS3 会自动指派有效的 XML ID 至其所建立的每一个动态对象。"名称"预置可查看、编辑及输出使用 XML ID 的对象名称。

10.3.9　使用数据组

数据组是变量与相关数据的组合。当建立资料组时，即撷取了目前显示于画板上的动态数据的快照。可以切换数据组将不同的数据上传至的范本中。

目前的数据组名称显示在"变量"面板的上方。如果变更变量的数值，画板就不再反映出储存在组中的数据，则数据组的名称就会以斜体文字显示。之后可以建立新的数据组或是更新数据组，用新的数据覆盖已储存的数据。

若要建立新数据组，在画板上建立一个或多个动态对象。至少必须先建立一个链接变量，才能建立数据组。执行下列操作之一。

· 单击"变量"面板上的"捕捉数据组"按钮 ，以建立数据组并指定预设名称至该数据组。

· 从"变量"面板菜单中选择"捕捉数据组"，输入该数据组的名称，然后单击"确定"。

若要选取数据组，在"变量"面板中执行下列操作之一。

· 从"数据组"弹出菜单中选择一个数据组。

· 按下"上一数据组"按钮◀，或在"变量"面板菜单中选择"上一数据组"。

· 单击"下一数据组"按钮▶，或在"变量"面板菜单中选择"下一数据组"。

注意：当文件只有一个数据组（或没有数据组）时，"上一数据组"按钮和"下一数据组"按钮会取消启用。

10.3.10 加载和储存变量数据库

在一个协同工作的环境中，小组成员之间的协调对项目的成功很重要。拿建立网站的公司来说，网页设计者负责网站的外观和给人的感觉，网页开发者则负责基础的程序代码和脚本。如果设计者更改了网页的版面，就必须与开发者就那些变更进行沟通。同样地，如果开发者需要在网页中加入新功能，可能就需要更新设计。变量数据库让设计者和开发者可以透过 XML 文件协调他们的工作。例如，设计者可以在 Illustrator CS3 中建立一个名片的模板，然后将变量数据输出成 XML 文件。然后开发者可以使用 XML 文件将变量和数据组链接到一个数据库，并且写入脚本将最后图稿上色。此工作流程亦可以反转，其中开发者在 XML 文件中编码变量和数据组名称，而设计者将变量数据库读入一个 Illustrator CS3 文件。

1. 将变量从 XML 文件读入 Illustrator CS3

从"变量"面板菜单中选择"载入变量库"。选取要读入其变量的 XML 文件，然后单击"打开"按钮。加载的变量和数据组会出现在"变量"面板菜单中。

2. 将变量从 Illustrator CS3 输出成 XML 文件

从"变量"面板菜单中选择"存储变量库"。选取要储存文件的文件夹，并输入文件的名称，然后单击"存储"按钮。

10.3.11 储存数据驱动图像的模板

当在 Illustrator CS3 文件中定义动态数据时，即建立一个数据驱动图像的模板。可以将模板储存为 SVG 格式以供其他 Adobe 产品使用，例如 Adobe Graphics Server 和 Adobe GoLive cs。举例来说，一个 GoLive 使用者可以将 SVG 模板置于排版中，使用动态链接将它的变量跟某个数据库链接在一起，然后使用 Adobe Graphics Server 来产生图稿的重复项目。同样，一个使用 Adobe Graphics Server 的开发者可以将 SVG 文件中的变量直接与数据库或其他数据来源链接。

储存模板以供其他 Adobe 产品使用: 将图稿储存为 SVG 格式。单击"高级"按钮,然后选取"包含变量数据扩展语法"，此选项包括 SVG 文件中所有替代变量所需的信息。

文档存储和输出 11

学习要点

- · 掌握用于 Web 各种图像格式的应用范围
- · 掌握 GIF、JPEG、PNG 格式导出选项
- · 掌握 SWF、SVG 格式导出选项

11.1 印刷图形格式

在桌面出版领域，设计师们常用的图形格式有 AI、EPS 和 PDF。除此以外，还有 CorelDraw 原生文件格式 CDR 和 FreeHand 原生文件格式 FH。使用 Illustrator 虽然不能存储为 CDR 和 FH 格式，但是可以直接打开 CDR5、6、7、8、9、10 版本和 FH4、5、7、8、9 版本的文件。

在"文件"菜单下有"存储"、"存储为"、"存储副本"、"存储为模板"、"签入"和"存储为 Web 所用格式"6 个关于存储的命令，还可以使用"导出"命令导出为其他的文件格式。

11.1.1 存储

"存储"命令是将文件存储为原来的文件格式，并将原文件替换掉。因此，要使修改后的文件不替换掉原来的文件，就要选择"存储为"命令。Illustrator 可以直接存储为 AI、EPS、PDF、AIT 和 SVG 等多种文件格式。

1. AI 格式

AI 是 Illustrator 原生文件格式，可以同时保存矢量信息和位图信息，它是 Illustrator 专有的文件格式，可以保存的内容有画笔、蒙版、效果、透明度、色样、混合、图表数据等。在存储为 Illustrator 格式时可以在弹出的对话框中设置相关选项，如图 11-1-1 所示。

可以在"版本"中选择需要存储的版本。在"字体"里面可以设置一个百分比，当文档中字符使用低于这个百分比时将嵌入字体的子集。比如，一个字体里包含 1000 个字符但是文档只使用了 10 个字符，如果设置为 100% 将会嵌入子集，即使用的这 10 个字符，如果设置为 0 将会嵌入整个字体。

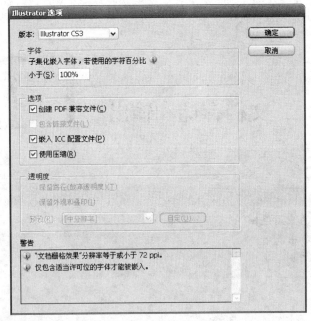

图 11-1-1

选择"创建 PDF 兼容性文件"能在 AI 文档中存储一个 PDF 重现版本，选项可以让 AI 文件与其他 Adobe 软件兼容。

"包含链接文件"可以将当前文档中链接的文件一并存储在 AI 文档中。如果在保存时版本设置较低，新增功能会被删除。底部的窗格中将会显示低版本不支持的功能。

"使用压缩"压缩 AI 文档中的 PDF 数据，选中此选项后将会延长保存时间。

"嵌入 ICC 配置文件"创建颜色管理文件。

"透明选项"当存储到 AI 9.0 以下版本时，决定如何处理透明对象。选择"保留路径"将会取消透明效果，并且将不透明度设置为 100%，不透明度设为正常。选择"保留外观和叠印"将会保留不带透明属性对象的叠印设置，带透明属性对象的叠印将会被拼合。

2. Illustrator EPS 格式

EPS 是 Encapsulated PostScript 的首字母缩写。EPS 格式可以说是一种通用的行业标准格式，可同时包含像素信息和矢量信息。除了多通道模式的图像之外，其他模式都可存储为 EPS 格式，但是它不支持 Alpha 通道。EPS 格式可以制作"剪贴路径"，在排版软件中可以产生镂空或蒙版效果。在 Illustrator 中，如果选择 Illustrator EPS 文件格式，单击"存储"按钮后会弹出"EPS 选项"对话框，如图 11-1-2 所示。

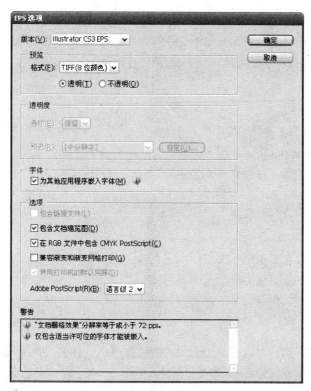

图 11-1-2

"预览"的用途主要是在图像置入到其他软件中时，用此功能判断图像的位置和一些色彩的信息，并方便地进行图像的缩放及旋转等操作，一般情况下需 8 位 / 像素的预视图。8 位 / 像素表示是 256 色的预视图。1 位 / 像素表示预视图是黑白的，如果要用在 PC 机的应用软件中，在"预览"后面的弹出菜单中选择 TIFF（8 位 / 像素）选项。

在"透明"中可以选择叠印的处理方式，可以保留现有的叠印设置或取消。在"预设"里面可以选择透明拼合设置来控制在存储为 EPS 时对透明对象的处理方式。

在"字体"里可以选择是否将字体嵌入在文件中，以供其他应用程序使用。

在"选项"中有以下几个选项可以设置：

"包含链接文件"可以将当前 EPS 文档中链接的文件一并存储在 EPS 文档中。

"包含文档缩览图"可以为存储的 EPS 文档创建预览图。预览图将会显示在 Illustrator 的打开和置入对话框中。

"在 RGB 文件中包含 CMYK PostScript"允许 RGB 色彩模式的文档可以从不支持 RGB 导出

的程序里打印。当 EPS 文档在 Illustrator 再次打开时，仍然是使用的 RGB 模式。

应用"兼容渐变和渐变网格打印"选项，将渐变和渐变网格转化为 JPEG 格式，这样让老式的打印机和 PostScript 设备可以打印渐变和渐变网格，不过将会降低打印速度。

11.1.2　存储为

"存储为"命令以不同的位置或文件名存储图像。在 Illustrator 中，"存储为"命令可以用不同的格式和不同的选项存储图像。在 Illustrator 中，选择"存储为"命令后，会弹出"存储为"对话框。使用"存储"命令时如果是已指定名称的文件就会将操作的内容直接保存到该文件中；如果是没有文件名的新文件会要求指定新文件名后保存。"存储为"是在想要保存为另一个文件时使用。

11.1.3　存储副本

选择"文件 > 存储副本"，或者使用快捷键 Ctrl + Alt + S。"存储副本"命令和"存储为"命令相同，只是前者会在文件名称后加一个"副本"。

11.1.4　存储为模板

选择"文件 > 存储为模板"，在"存储为"对话框中，选择文件的位置，输入文件名，然后单击"存储"。Illustrator 将文件存储为 AIT（Adobe Illustrator 模板）格式。

11.1.5　签入

选择"文件 > 签入"，在"存储为"对话框中，选择文件的位置，输入文件名，然后单击"存储为"。该命令用于 Version Cue 服务器管理本地项目文件和服务器版本。

当执行 Creative Suite 3 Design 版本、Web 版本或 Master Collection 版本的默认安装时，Version Cue 将在您的计算机上安装 Version Cue 服务器，但不会将其打开。安装了 Version Cue 服务器后，只有在您的计算机处于打开状态且与组中的其他用户之间实现网络连通的情况下，服务器才可用。

当从 Version Cue 项目中打开和编辑文件时（Ve rsionCue 将文件标记为由您签出），会在您的硬盘上创建本地项目文件。在使用本地项目文件时，可通过选择"文件" > "保存"保存对此文件进行的更改。这样会更新硬盘上的本地文件，但不会更新 Version Cue 服务器上的文件。

当准备好将本地项目文件更改签回到 Version Cue 服务器时，可以通过使用"签入"命令创建一个版本。版本表示在给定时间文件的快照。

Version Cue 服务器存储一个文件的所有版本，以便能查看早期的版本、将早期的版本升级为当前版本，或者删除不必要或已过时的版本。

11.1.6 导出

1. Photoshop 格式（简称为 PSD 格式）

Photoshop 格式的缩写是 PSD，它可以支持所有 Photoshop 的特性，包括 Alpha 通道、专色通道、多种图层、剪贴路径、任何一种色彩深度或任何一种色彩模式。它是一种常用工作状态的格式，因为它可以包含所有的图层和通道的信息，所以可随时进行修改和编辑。当将 Illustrator 文件导出为 PSD 格式时可以设置导出的分辨率，还可以保留文本和矢量对象的最大编辑性，如图 11-1-3 所示。

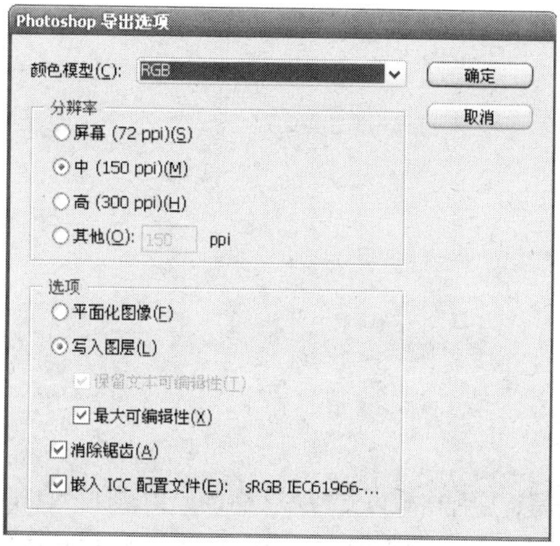

图 11-1-3

提示：建议在 Photoshop CS3 中使用"智能对象"而无须将整个文档导出为 PSD 格式。

2. JPEG 格式

JPEG 是一种图像压缩格式。当选择 JPEG 格式时，会弹出"JPEG 选项"对话框，如图 11-1-4 所示。

可在"品质"后面的文本框中输入数字，也可拖动下面的三角，或在"品质"后面的弹出菜单中进行选择。数值越高，图像品质就越好，文件也越大。

"格式"选项有 3 个：如果选择"基线（标准）"选项，则大多数的网络浏览器都可识别；如果要优化色彩质量，就选择"基线已优化"，但不是所有的网络浏览器都能识别；如果需使用网络浏览器下载图像，则可选择"连续"选项，图像可边下载边显示。这种方式要求较多的内存，并且不是所有的网络浏览器都支持。若要查看图像的估计下载时间，请从"大小"弹出式菜单中选择调制解调器速度。

JPEG 也是网页上常用的一种格式，它可以存储 RGB 或 CMYK 模式的图像，但不能存储 Alpha 通道，也不支持透明。JPEG 是一种有损失的压缩，经过 JPEG 压缩的文件在打开时会自动解压缩。

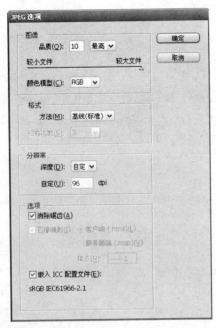

图 11-1-4

3. TIFF 格式

TIFF 是 Tagged-Image File Format 的首字母缩写，这种格式可支持跨平台的应用软件。TIFF 格式支持具有 Alpha 通道的 CMYK、RGB、Lab、索引颜色和灰度图像以及无 Alpha 通道的位图模式图像。

如果要在 PC 机上使用，就在"字节顺序"下面选择"IBM PC"，如图 11-1-5 所示。

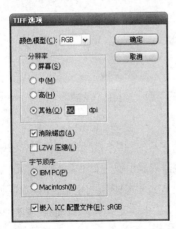

图 11-1-5

LZW 是 TIFF、PDF、GIF 和 PostScript 语言文件格式支持的无损压缩技术。该技术在压缩包含大面积单色区域的图像（如快照或简单的绘画图像）时最为有用。

4. BMP 格式

BMP 是在 DOS 和 Windows 平台上常用的一种标准图像格式，它支持 RGB、索引颜色、灰度和位图色彩模式，但不支持 Alpha 通道。

5. PDF 格式

PDF（Portable Document Format）格式是一种跨平台的文件格式，Adobe Illustrator 和 Adobe Photoshop 都可直接将文件存储为 PDF 格式。PDF 格式的文件可用 Acrobat Reader 在 Windows、Mac OS、UNIX 和 DOS 环境中进行浏览。存储时弹出的选项对话框，如图 11-1-6 所示。

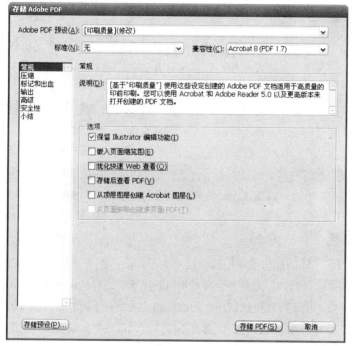

图 11-1-6

"保留 Illustrator 编辑兼容性"：在 PDF 文件中保存 Illustrator 数据。如果想在 Adobe Illustrator 中重新打开和编辑 PDF 文件，请选择该选项。

"从最顶层创建 Acrobat 图层"：当将文档存储为 PDF 格式时，使用 Acrobat 6 或 Acrobat 7 兼容性时可以将文档中的图层转换为 PDF 文档中的图层。

"将拼贴画板保存为多页 PDF 文档"：将 Illustrator 文档中每个单独的拼贴存储为 PDF 文档中的页面。单击对话框底部的"存储预设"按钮可以将对话框中的设置保存下来，供下次快速调用。

11.2 Web 图像

在 Web 上因为带宽的限制,使用 JPEG、GIF 和 PNG 格式的图片,比如使用 56K 的调制解调器,实际吞吐量可能只有 45K,因此这样的条件下在 Web 上传输大型数据是不可能的。图像通常占据了 Web 页面上 50% ～ 60% 的数据,因此,文件的压缩是非常重要的。JPEG 和 GIF 格式是 Web 上流行的格式,它们使用有效的压缩算法,将图像压缩成相对较小的文件,但同时图像的品质也受到了一定影响。我们把按照需求对图像的质量和文件体积进行平衡的过程称为图像的优化。

11.3 图像的色彩问题

Web 上的色彩不受用户控制,这有三方面因素:显示器可显示 256 到 100 万种颜色,伽马值与操作平台相关,浏览器显示图像的方式不同。例如,在保存 JPEG 图像时,需要调整亮度来校正伽马值的差异。而 GIF 图像的表现则相对简单,当色彩仅限于 Web 安全色面板时,它在所有浏览器和平台中显示的效果都一样。但是,使用 Web 安全色面板实际上是满足常用的最低标准,使用高品质色彩显示设备的访问者和使用旧设备的访问者看到的都是同样的"低品质"图片。这就是为什么 Web 设计者都不完全使用 Web 安全色的原因。因此很多专业设计师在保存 GIF 图像时都使用随样性或可选择面板,然后在多个浏览器和平台上以 256 色模式测试结果。如果在多种环境下都可以接受这些色彩,设计者就可以保证图像拥有更优秀的显示品质。

11.3.1 使用 Web 安全色

颜色是设计中的基本元素,在印刷媒体中使用颜色相对简单,但是对于 Web 设计来说却比较复杂。在线使用颜色有很多缺陷,例如,用户必须要对不同的显示器进行色深补偿,对不同的浏览器和平台进行颜色漂移补偿。由于存在上述问题,所以要想使网站在不同的平台和设备上都一样美观,就有些困难。只有了解了为什么同种颜色具有不同的效果以及如何解决那些色彩方面的问题,才可能设计出赏心悦目的网站。

11.3.2 色彩深度

正如前面所讲的那样,最常见的颜色问题是由于不同的显示器提供不同的色深造成的。"色彩深度"到底是什么意思呢?要想了解这个问题,需要先看一下计算机是如何在存储器中存储图像的。所有的计算机都是以位的方式存储信息的。位是计算机所能识别数据的最小单位,位意味着"开"或"关"(或对应着数学上的 1 或 0)。计算机内的所有信息,从软件到照片,都以位的方式存储在硬盘或存储器(RAM)内。由于一个开或关表示的信息太少,要多个位组合起来才能表达较多的信息，因此由几个位形成一个字节。8 位组成一个字节，它通过 1 和 0 的不同组合来表示 16 个数。这种 16 进制系统是由数字 0 到 9 和字母 A 到 F 来表示的。

11.3.3　图像的色深

要存储图像，就必须存储图像像素的水平和垂直位置以及像素的颜色值。多数图像格式都使用 24 位（相当于 16 进制的 FFFFFF）的色深，24 位数能表示 16777216 种颜色值（每个颜色通道有 256 个色阶）。并非每个显示器和图形卡都能显示如此多的颜色，所以有必要将颜色值进行取舍至最接近的值，这就使显示器上显示的颜色产生漂移。很多图形软件使用"仿色"技术来解决这一问题。但是仿色技术不能改变这样一个事实，那就是在用户显示器上看来很棒的图像在另外一个显示器上可能很糟糕。显示器的仿色不会对图像产生永久影响。文件仍然以 24 位颜色信息保存着图像的信息，只要用户通过可以显示所有这些颜色的图形卡查看图像，就能欣赏到图像的原始品质。

11.3.4　Web 安全色面板

Web 安全色面板是一个颜色集合，在所有能显示 256 色的显示器（基本上所有显示器）上看起来都是一模一样的。Web 安全色面板实际上包含 216 种颜色，其余的 40 种颜色是为操作系统保留的。216 种颜色平均分配给红色、绿色和蓝色的色调和亮度。另外，此面板使用的是颜色值以 20% 的比率上升或下降的线性系统，这样设计的目的主要是为了方便。为了程序设计者更方便地使用这些颜色，Web 安全色用 16 进制数值来表示，例如 00、33、66、99、CC 和 FF。

11.3.5　使用 Web 颜色

设计网站时应尽量使用 Web 安全色，这样可以避免出现色彩差异问题。只需在 Illustrator CS3 的"拾色器"对话框中选择"仅限 Web 颜色"选项即可，如图 11-3-1 所示。

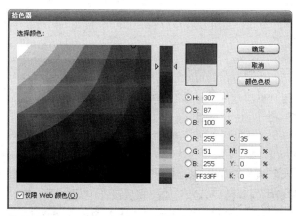

图 11-3-1

如果用户不熟悉这一点，也可在"存储为 Web 所用格式"对话框中优化和导出 GIF 图像时，转换成 Web 安全色。如果因为某种原因，用户需要用一种非 Web 安全色并要使其在 256 色显示器上显示较好的效果，可以使用下述几种方法。

1. 导出时转变成 Web 安全色

在"存储为 Web 所用格式"对话框中将图像优化为 GIF 前，不必将颜色转变成 Web 安全色。因为 GIF 模式可与颜色查找表（颜色查找表）一起使用，所以图中的所有颜色都将会列出。通过选择列表中的颜色，然后再单击"颜色表"面板底部带有立方体图标的按钮，如图 11-3-2 所示，就可以很方便地转换成对应的 Web 安全色。但要记住，这种方法专门用于将颜色转换至 Web 安全面板。

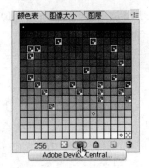

图 11-3-2

2. 透明

Illustrator CS3 使用基于可用分辨率的近似值来创建既不完全垂直也不完全水平的直线和边缘。为了得到最佳效果，Illustrator CS3 使用一种反锯齿技术，在这项技术中，位于对象边缘的像素被平滑处理以便与背景混合。如果用户在不同环境下查看相同的图像，由于边缘已通过反锯齿化处理变成了正确的颜色。所以不会出现问题。但如果用户改变了浏览器中的背景，图像就可能在边缘处显示出光晕。不过幸运的是，Illustrator CS3 提供了处理这个问题的有效方法，如下所述。

· 使用单色背景的透明

阐述透明度的最好方法是展示用户可能遇到的实际情况：把背景和对象一起渲染。为了保证文本图像能在浏览器中正确显示，并且与背景完美混合，重要的是在渲染文本前，要用一种与网页颜色尽可能接近的颜色作为背景色。

· 使用多颜色背景的透明

如果用户的元素要放置在某种纹理或多颜色的背景前，处理起来相对困难。处理这种图形惟一的限制是，元素本身之中不能使用背景中的颜色。另外，如果想从设计中导出一个元素，就必须首先使用"切片"工具隔离此元素。执行"文件"菜单中的"存储为 Web 所用格式"命令。

在这项技术中，用户不必使背景图层变为透明，透明度是在"存储为 Web 所用格式"对话框中直接指派的。如果想在要变成透明的背景中选中所有的颜色，请选择吸管工具并按住 Shift 键不放。在"颜色表"中，所有选中的颜色都会有一个外框线，当单击"将选中颜色映射为透明"按钮时，颜色就会变成透明，如图 11-3-3 所示。

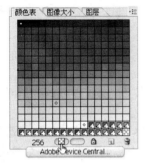

图 11-3-3

11.4　创建 GIF

GIF 在图案识别的基础上使用压缩算法，如果多个邻近的像素都有相同的颜色，那么 GIF 的压缩效果就会更好，这就是为什么对大色块图像使用 GIF 图像会取得很好效果的原因。GIF 在压缩照片类连续色调方面却不像 JPEG 那么好，但是它在压缩柔光区域时效果却非常棒。GIF 对照片的压缩率只有 4:1 左右，但是它的优势是能够做到无损压缩。无损即解压缩后，图片看起来和以前一样，而且重复保存时也不会像 JPEG 那样降低图像的品质。但是，GIF 图像中的色彩数目很有限，最多为 256 色。

GIF 支持透明度和动画。为了产生透明度，存储时要定义一种颜色作为色度键。然后浏览器会禁用这种色彩并替换为背景图像。而对于 GIF 动画来说，可以设置每个图像的持续时间。并可以定义动画是播放一次还是循环，GIF 的透明度和动画特性促进了它的广泛使用。

在 Illustrator CS3 中创建 GIF 最有效的方法是使用"存储为 Web 所用格式"命令。下面将简单介绍一下在 Illustrator CS3 中保存 GIF 图像时所用的选项。

11.4.1　减色算法

首先，必须确定颜色查找表中要包括哪些颜色。每个图像都是惟一的，所以需要单独设置。Illustrator CS3 提供了如下减色算法的选项，又称面板，常见的颜色查找表面板，包括以下几种，如图 11-4-1 所示。

图 11-4-1

"可感知"和"可选择"面板：建议将"可选择"面板作为 Web 设计的最佳选择，并用作默认设置。"可选择"颜色表与"可感知"颜色表类似，但是前者支持宽色域和 Web 颜色的保存。"可感知"可对人眼较为敏感的颜色提供优先级。如果将 Web Snap 滑块设置为 25%，然后在"可选择"、"可感知"和"随样性"面板之间切换，就能很好地看到该效果。"可选择"减色算法通常比"随样性"或"可感知"生成更多的 Web 安全色。

了解不同颜色算法如何进行运算的最佳方法，就是创建一个全色谱渐变来测试混合表，并将其保存为"可感知"、"可选择"和"随样性"。每个文件的版本均具有 16 色，但是每种减色算法使用的色相范围都不相同。不使用"可选择"颜色算法的原因是该算法是默认设置。为了取得最佳效果，应根据图像颜色选择面板：要表现亮色区域的细节，使用"可选择"；要表现暗色区域的细节，使用"可感知"或"可选择"；要表现红色区域的细节，使用"随样性"。

"随样性"面板："随样性"面板被认为可能是 GIF 图像最重要的面板。因为即使将颜色查找表减至 32 色或更少，它仍然能取得很好的效果。顾名思义，该面板对图像中的颜色具有自适性，即该面板可为颜色查找表拾取出现次数最多的颜色。由于这些颜色在 Web 安全色面板中不常见，因此在 256 色或更少颜色的系统中查看"随样性"图像时，总能看到一些附加的仿色或颜色的转换。幸运的是，"存储为 Web 所用格式"对话框中的"Web 靠色"选项，可以将个别颜色替换为与其最相近的 Web 安全色（在"颜色表"中，Web 安全色以菱形点标记）。

Web 面板：Web 面板的优点是，全部的 256 色在所有平台上显示时几乎相同。如果每个平台上使用的 Gamma 不同，仍会产生细微的变化。但使用这种面板确保了对绝大部分内容能够切实实现"所见即所得"，而没有附加的仿色或颜色改变。可是在现实生活中，此面板并不常用，因为它意味着为了确保以 256 色显示出好效果而将图像以最坏的颜色模式保存。

"自定"面板："自定"允许用户创建或导入自己的颜色查找表，如果需要对所有的图像使用通用的面板，那么它可以提供帮助。创建和使用自己的面板有两种情形。第一种是使用各自的"随样性"面板保存页面中每幅图像，这样做会用尽显存。例如，如果有 10 个图像，每个图像 32 色，这样颜色总数就是 320 色（这意味着页面上的 64 色将转换）。为防止预期之外的颜色转换或仿色，可以考虑对所有图像使用同一个"自定"面板。使用"自定"面板的第二种情形是，在页面中包含许多颜色单一但深浅不同的图像时。想对每个图像进行单独优化，就需要使用不同的颜色查找表完成，这样图像中频繁使用的黄色在每一个单独的图像中都要发生变化，这意味着同一颜色在个别图像中可能会有不同。在这些图像相邻时，可能会出现问题（例如，在图像表格中）。

"黑白"面板：用于将颜色减为黑和白两种颜色。

"灰度"面板：用于将所有颜色转换为深浅不同的灰色。

Mac OS 和 Windows 系统面板：该选项可让用户使用特定平台的颜色表保存图像。这两种模式对需要针对特定计算机优化图像的多媒体设计者来说非常重要。对于 Web 设计，只有在确实需要针对某一特定平台优化图像时，这个面板才有意义。

使用"随样性"面板和自定义的颜色查找表（最多 5 位）是在高端显示器取得可预期颜色和较好效果的一种方法。如前所述，因为颜色表具有自适性，所以该表可拾取图像中高频出现的颜色，从而最大限度地显示高品质图像。其缺点是：要保证在每个浏览器中和每个平台上都看到较满意的图像，就必须将显示器设置为 256 色。

11.4.2 "仿色"选项

除了选择颜色查找表以外，还可以在"存储为 Web 所用格式"对话框中定义仿色，如图 11-4-2 所示。仿色算法通过从颜色表中取出两种颜色并计算丢失的中间颜色，可以提高图像的视觉品质。一般来说，仿色使 GIF 的压缩效果降低，因为它创建了更多的数据，但是，通过增加仿色的百分比，通常可以减少图像中的总体颜色数。绝大多数情况下，降低颜色数是生成较小文件的关键。因此，应将颜色数降低到正好看不出品质明显下降的程度，然后使用"仿色"滑块改进显示效果。在这个过程中需注意文件大小，及其 5 位版本虽然存在差异，在视觉上却看不出有什么不同，但是 5 位图像是 8 位图像大小的一半。仿色 8 位版本并没有大量增加图像文件的大小，因为该图像中包含了许多颜色，以至于 LZW 算法很难找到相应图案。最后，使用 Web 安全色面板。将这个特殊的图像编入索引具有重大意义，因为该面板忽略所有细微的颜色变化，而且许多相邻的像素都被拼合为同一颜色，因而增强了图案识别的能力。

图 11-4-2

Illustrator CS3、Photoshop 和 ImageReady 提供了 3 种仿色选项："扩散"、"图案"和"杂色"，

如图 11-4-2 所示。"图案"仿色是将常规图案中相邻的两个颜色混合，眼睛容易看出来，因此应避免使用。"扩散"和"杂色"仿色使用了类似的算法，可以获得很好的视觉效果。凭经验看，"杂色"仿色的效果较好，不过，"扩散"仿色的长处是可以使用一个滑块设置仿色量。请记住，尽管仿色增大了文件大小，但却可以提高图像品质，而且可以通过使用"损耗"滑块抑制文件大小的过度增加。

11.4.3 "损耗"选项

"损耗"选项使用由 LZW 算法建立并存储于压缩表中的图案。这样可以使用"损耗"滑块，如图 11-4-3 所示，来指定想在图像中重复使用这些图案的频率，因而进一步改进了压缩比。

图 11-4-3

11.4.4 "透明度"和"杂边"选项

Illustrator CS3 的"存储为 Web 所用格式"对话框和 ImageReady、Photoshop 的"优化"面板都可提供"将选中颜色映射为透明"选项。可以将图像的多个部分设为透明，以便透出 Web 页的背景色，使 GIF 图像与浏览器背景混合。如果对象的边缘已消除锯齿（大多数情况下如此），那么可以轻松地使用"晕环"完成混合。这时就用到了"杂边"选项，如图 11-4-4 所示，"杂边"可以选择一种颜色（即 Web 页的背景色），然后 Illustrator CS3 就会将该颜色与图像中消除锯齿像素混合。

图 11-4-4

要使完全透明的像素透明并将部分透明的像素与一种颜色相混合，请选择"透明度"，然后选择一种杂边颜色。

要使用一种颜色填充完全透明的像素并将部分透明的像素与同一种颜色相混合，请选择一种杂边颜色，然后取消选择"透明度"。

要选择杂边颜色，请单击"杂边"色板，然后在拾色器中选择一种颜色。或者，也可以从"杂边"菜单中选择一个选项："吸管"（使用吸管样本框中的颜色）、"前景色"、"背景色"、"白色"、"黑色"或"其它"（使用拾色器）。

图 11-4-5 显示了不同选择后的结果。

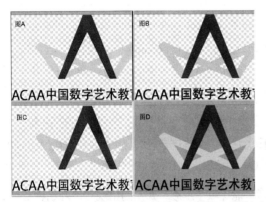

图 11-4-5　A. 原稿图像　B. 选中"透明度"并带有青色杂边颜色　C. 选中"透明度"并且不带杂边颜色
D. 取消选择"透明度"并且带有青色杂边颜色

还有另一种产生透明效果的方法。只需选定"存储为 Web 所用格式"命令即可。选择"颜色表"中的一种颜色，然后单击"颜色表"左下角的"将选中颜色映射为透明"小按钮，即可将指定颜色转为透明。

"将选中颜色映射为透明"功能的好处是，能够选择一种或多种要透明显示的颜色。这是一个很重要的功能，例如，如果需将一个元素放在双色背景前面时，使用"杂边"功能只能对一个背景色消除锯齿，也就是说，对象的这一部分将显示晕环。可以将多个颜色定为透明的功能意味着不必再隐藏背景图层，只要拾取需要透明显示的背景色，然后单击"将选中颜色映射为透明"按钮即可。

11.4.5　交错

当 Web 站点中有许多图像时，就显出了"交错"选项的重要性，如图 11-4-6 所示。浏览器在下载剩余数据的同时能够显示图像的低分辨率"预览"图（有些浏览器，如 Internet Explorer，实际上是逐行显示隔行扫描的 GIF 图像）。渐渐地，分辨率变得越来越高，直到图像下载完毕。

因为访问者能够在下载过程中看到图像逐渐形成，所以他们会产生这样的印象：认为此过程比等待图像全部下载要快。事实上，隔行扫描图像在下载时要比逐行扫描图像用的时间稍长一些，因为要完成这一过程，隔行扫描必须在保存 GIF 或 JPEG 时重新排列像素行。

以多条路径下载

图 11-4-6

GIF 隔行扫描是这样进行的：第一条通路每隔 8 行传输图像中的一行（即 1、9、17 等），第二条通路每隔 8 行传输一行（即 5、13、21 等），第三条通路传输剩余的奇数行（即 3、7、11、15 等），最后一条通路传输剩余的偶数行（即 2、4、6、8 等）。

虽然 GIF 隔行扫描总是使用这 4 条通路，但是 JPEG 隔行扫描可以选定三到五条通路。隔行扫描对这两种格式的文件大小的影响也不同：GIF 的大小略有增加，因为这种算法减少了 LZW 算法可以使用的图案数，但是隔行扫描的 JPEG 一般比逐行扫描的 JPEG 要小。

在同一个图像中使用隔行扫描和透明显示可能导致"重影"像素的出现。出现这种情况的原因是，有的浏览器使用第一个数据通路显示图像的低分辨率预览图并将这些行伸展到整个图像大小，这可能导致一些颜色出现在稍后变得透明的区域中。而且，由于不是所有的浏览器都刷新图像，因此这些像素可能会存留下来，并且能够被看到。不过可能永远不会遇到这个问题，也不必太在意，但为保险起见，只要在浏览器（特别是早期的浏览器）中双击此图即可避免出现这种问题。

11.4.6　Web 靠色

对图像使用 Web 安全色面板的设计人员并不多，因为这只能为访问者提供最坏的显示品质。"随样性"和"可感知"面板在可以显示数百万种颜色的显示器上产生的效果要好得多。不过在 256 色显示器上显示时，需要冒着对图像进行一些颜色偏差的风险。但目前这种风险并不大，因为 256 色显示器已经很少。所以，如果选择使用非 Web 安全色面板工作，那么只需将显示器切换到 256 色检查一下效果即可。

如果使用非 Web 安全减色算法，并需要麻烦地转换图像中大量的颜色，那么使用"存储为 Web 所用格式"对话框中的"Web 靠色"选项是很方便的。使用"Web 靠色"选项能够增加图像中 Web 安全色的数量，可以更好地预测图像在不同颜色显示器中的显示情况。调整滑块，将其移动到最接近 Web 安全值的位置即可。

如果仅需要将一种或几种颜色导入 Web 安全色谱，那么可换用此技术：使用吸管工具单击图像中的颜色（按住 Shift 键单击选择要添加的颜色），在"颜色表"中选择此色相（一种或几种），或者直接在"颜色表"中选择该颜色；然后单击"颜色表"面板底部的方块图标，转换所选颜色，使之与 Web 安全色最接近。色板中的菱形表示 Web 安全色。

指定与 Web 面板对齐的颜色之后，在"存储为 Web 所用格式"对话框的"预览"弹出式菜单（图像窗口中，右上角的右方向箭头）中，选择"浏览器仿色"选项，实现预览图像在 256 色显示器中的显示效果。

11.4.7　优化颜色查找表

由于创建 GIF 图像的目标是使用最少的颜色数，达到最好的图像品质。因此充分利用"颜色表"面板是很重要的。下面介绍使用"颜色表"面板优化颜色查找表的一些技术。

首先，从该面板的弹出菜单中选择"按普及度排序"选项。该选项将最常用的颜色排在左上角，然后依次向下排，用得最少的颜色排在右下角。然后查找类似的相邻颜色，还可以删除其中一种对整体图像品质损害不大的颜色。查找时最好从不常用的颜色开始（这些颜色在表的底部）。要删除一种颜色，请在表中单击该颜色，然后单击回收站图标。请注意，删除后无法还原该命令，如果出错，只有按下"重置"按钮重新开始［按住 Option（Mac OS）或 Alt（Windows）键，"取消"按钮会变成"重置"按钮］。

如果选择通过增加"Web 靠色"因素来减少图像中的颜色数，并想保持某些颜色不转换，那么可以先把它们锁定。单击表中的颜色，然后单击锁定图标以防止颜色数减少时丢失该颜色，并防止该颜色在浏览器中仿色。色板角落的白色小方块表示颜色已被锁定。

减色算法的缺点是有时会丢失图像的一些重要颜色。该算法只会对直方图进行分析并选择图像中最通用的颜色，因此有时会丢失某个重要细节上的颜色。这里有两种方法可以防止这种现象的发生：一种方法是确定图像中哪些颜色是重要的，然后在减少颜色之前将其锁定。其操作方法是：将"存储为 Web 所用格式"命令中的颜色数设置为 256 色，选择减色算法，然后使用"吸管"工具拾取图像中的颜色。操作时按住 Shift 键，直到被激活的颜色数稍多于 32 种为止（被激活的颜色会在颜色表中出现一个轮廓线）。为了防止颜色偏差，请单击"颜色表"底部的锁定图标，然后减少颜色数，直到用最少的颜色数获得最好的效果为止。拾取的一些颜色将会明显消失，但这样做的好处在于可以完全控制哪些颜色被用于减色算法。哪种锁定的颜色首先消失取决于减色算法，因此用户可以用不同的算法尝试该技术。由于 Illustrator CS3 能记录被锁定的颜色，因此可以在算法之间进行切换。

如果已经完成了优化，但有一种颜色却丢失了，这时可以用第二种方法，即把颜色强制添加到"颜色表"中：单击"存储为 Web 所用格式"对话框中的原始图像，再使用吸管工具选择想要恢复到颜色查找表中的颜色，然后单击图像的"优化"面板，并单击面板底部的"将吸管颜色添加到色盘中"图标。这样该颜色已被添加到面板中并被锁定。由于已经设置了"颜色表"的大小，因此很可能会出现这种情况：向颜色查找表中强制添加一种颜色，却导致另一重要颜色丢失。要想避免发生此问题，建议首先增加颜色查找表内的颜色数。否则可能只有重新设置图像，从头开始了。

在"存储为 Web 所用格式"对话框的图像上按 Ctrl+ 单击鼠标（Mac OS）或单击鼠标右键（Windows），在弹出的菜单中可显示当前图像在各种网络状态下下载所需的时间，如图 11-4-7 所示。

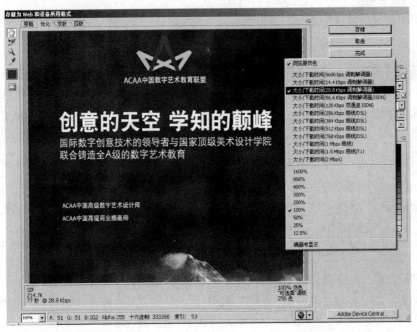

图 11-4-7

11.5　JPEG——联合图像专家组

JPEG 可以存储 1.6 亿种颜色，但是却不适用于文本或图形。因为其按块（block by-block）压缩的算法引入了模糊效果。每个块内都保留了亮度的差异，但是却丢掉了细微的色彩变化。尽管损失了这种色彩信息，在压缩到最小比例时，图像的品质仍然很好。压缩因素的范围从 10：1 到 100：1，即在最高的压缩率下，1MB 的图像可以压缩成 10KB 的 JPEG 文件。这对于 Web 来说是很理想的尺寸，但是，因为 JPEG 损失了大量的细节，所以应该总是保留一份原始图形文件

的副本。

　　对要求 256 色以上的照片和图像来说，JPEG 是非常合适的格式。将来我们可能会发现 JPEG 会让位于 PNG，因为 PNG 有无损压缩和 Alpha 通道等优点。但现在及接下来几年里，JPEG 肯定仍将是最流行、最重要的格式。

　　与 GIF 图像格式不同的是，在 JPEG 中没有透明这一特性，因为 JPEG 是一种有损压缩技术。因此如果打开一幅 JPEG 图像，不论是否修改，之后将它保存，它的质量也会下降。因为每次保存都应用了 DCT（离散余弦变形）。用户可以通过使用与图像最初保存时相同的设置来限制这一影响，但质量损失仍然是不可避免的。这一损失可能并不像听起来那么严重，但将图像反复保存为 JPEG 格式是会对其产生负面影响的。在"存储为 Web 所用格式"对话框中的 JPEG 选项如图 11-5-1 所示。

图 11-5-1

选择 JPEG 或选择 GIF

　　对于较大的影像图像，使用 JPEG 无疑会得到更好的压缩效果。但问题在于，阈值为多少时使用 GIF 的压缩效率会比用 JPEG 高呢？当用户在切割图像，或者使用小的导航元素（如按钮）时，这一问题是非常重要的。对一幅图像切片，并使用不同的质量设置将其分别保存为 GIF 和 JPEG。

　　结论表明，大的照片图像应该保存为 JPEG 格式，当设置为低压缩率高质量时，所获得的文件比 GIF 小，而且 JPEG 的视觉质量更好。原始大小在 10KB ～ 25KB（大约总像素在 900 左右，比如一幅 15 像素 ×60 像素的图像），所需的色彩深度为 8 ～ 32 色的图像，使用 GIF 会比 JPEG 的效果更好一些。

11.6 PNG——可移植网络图形格式

PNG（可移植网络图形）格式被认为是下一代的 Web 图像格式。其开发目的是为了将 JPEG 和 GIF 这两种格式的优点结合起来。事实上，PNG 不但具有这两种格式的许多优点，而且还超越了它们的一些局限性。

PNG 可以对 24 位颜色进行无损压缩，可生成 1600 万种以上的颜色。PNG 又分成两种：PNG-24 和 PNG-8。PNG-24 可以在需要 JPEG 图像的场合使用；而 PNG-8 可以作为 GIF 的替代品。与 JPEG 相似，PNG 支持隔行扫描；与 GIF 不同，PNG 不支持"损耗"。PNG 与这两种格式有很多不同之处。首先，PNG-24 通过专用的 Alpha 通道提供了 256 级的透明属性，允许用户创建能与背景无缝混合的透明阴影；PNG-8 支持一个级别的透明。JPEG 不支持透明，GIF 的透明在抗锯齿图像中有时会产生光环效果。

PNG 将 Gamma 曲线与图像一起保存。可以回想一下，Macintosh 使用的 Gamma 与 Windows 所使用的 Gamma 不同，因此为 Mac 所优化的图像在 PC 中会显得太暗；而在 PC 上创建的图像在 Mac 上则会显得太亮。PNG 通过纠正 Gamma 值解决了这一问题，因此不管图像是在哪台计算机上创建的。在两种平台上的显示效果都是一样的。

在 PNG 格式的创建之初，它被大肆宣传为下一代适合 Web 使用的伟大图像格式。但事实上，它并没有成功为，而且也不会很快成为所宣传的那样。首先，PNG 文件要比 GIF 或者 JPEG 文件大得多。将一幅图像分别保存为 PNG 24 和质量为 100 的 JPEG，其视觉质量是相当的，但 PNG 版本图像的大小是后者的两倍，PNG-8 文件比视觉质量相当的 GIF 文件大 20% ~ 30%。因此，尽管 PNG 的无损压缩在视觉质量方面有利，但不得不付出文件大小的代价。

另一个阻止 PNG 格式被广泛接受的因素是它不支持动画，也没有被老式浏览器和 Macintosh 浏览器广泛地支持。因为这些缺陷，不建议用户过多使用 PNG 格式，除非 Web 站点真正需要 256 级的透明（PNG 的惟一真正的优势）。如果要使用 PNG，应该使用浏览器开关（一些 JavaScript 代码）去检测那些不带 PNG 支持的浏览器并将其重定向到备用页面上去。GoLive 已经自带了浏览器开关（在 Smart 下面的 Object 面板中），可允许用户指定页面是为何种浏览器而设计的。所有未在浏览器开关中指定的浏览器都会被重定向到备用页。

Windows 版本的 Internet Explorer 4.0 和 Netscape Navigator 4.04 都只支持 PNG 的部分特征：Navigator4.04 不支持 PNG 的 Alpha 通道。PNG 在 Macintosh 上获得的支持更为有限：Internet Explorer 4.5 和 Netscape Navigator 4.08 需要从 QuickTime 插件中获得基本的 PNG 支持，在基本的 PNG 支持中不包括 Alpha 通道或者 Gamma 的支持。PNG 的确可以在最新的浏览器上工作；而且因为现在仍在使用老式浏览器的用户已经极少，缺乏对他们的支持也就不是什么大问题了。然而，如果决定要用 PNG 的话，还是需要检查页面在老式浏览器上的显示情况，或者为使用老式浏览器的用户提供备用页面。

保存 PNG 图像

要将图像保存为 PNG，可选择文件菜单中的"存储为 Web 所用格式"命令。下面我们将图像保存为 PNG-24 格式来体验 256 级透明。在 Illustrator CS3 中使用"文字"工具输入一些文本，然后应用效果，比如阴影。请确保文本足够大，同时用阴影柔和模糊，以便可以清楚地看到效果。通过单击眼睛图标从图层面板中将背景层隐藏；棋盘状的网格说明背景是透明的。然后选择"文件 > 存储为 Web 所用格式"命令，在对话框中选择 PNG-24 文件格式。PNG-24 没有提供太多的选项，用户只能指定"交错（Interlaced）"、"将选中颜色映射为透明"和"杂边"颜色。"交错（Interlaced）"允许浏览器在图像从服务器上下载时就开始显示；可取消选择。而"将选中颜色映射为透明"选项一定要选中，以便透明背景不会被"杂边"色所填充。然后单击"确定"，在"将优化结果存储为"对话框中，用 .png 扩展名保存图像。

调出"存储为 Web 所用格式"对话框，然后从"文件格式"弹出菜单中选择 PNG-8，如图 11-6-1 所示。优化 PNG-8 的选项与优化 GIF 的相同。除了前面所提到的"损耗"命令外，选择一种减色算法，挑选所需的颜色数目，然后选择仿色方法。重新选取"将选中颜色映射为透明"复选框，但记住 PNG 8 与 GIF 一样只提供一个级别的透明。GIF 与 PNG-8 的相似性在这里很明显了。特别是在 4-Up 视图中将 GIF 与 PNG 8 一起比较时，在减色算法、颜色表和仿色相同的情况下，两种格式之间除了文件大小（PNG 将会大一些）之外没有差别。

图 11-6-1

11.7 SWF——Flash 格式

Flash 是一种基于矢量的格式，能够使用一个插件在浏览器中进行查看。典型的 Flash 文件是使用 Macromedia 公司（已被 Adobe 公司收购）的 Flash 软件创建的，这些文件可以包括交互性、动画，甚至声音。Illustrator CS3 也能够导出为这种格式，方法是使用导出命令或在"存储为 Web 所用格式"对话框中选择 SWF 格式。

选择"文件 > 导出"命令，系统将会打开"导出"对话框。从"导出"对话框中需要选择

Flash （SWF）文件类型，然后输入一个名字，再点击"确定"按钮，即可打开"Flash 格式选项"对话框，如图 11-7-1 所示。

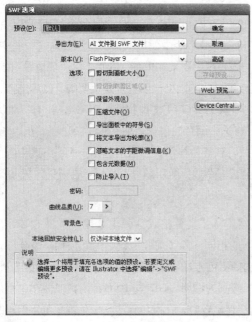

图 11-7-1

用户可以将 Illustrator CS3 文件导出为一个单独的 SWF 文件或一个动画，Illustrator 文件中的每个图层可以转化为 SWF 文件的帧，或者每个图层成为单独的 SWF 文件。如果选择导出为动画，那么可以设置"帧速率"。"Flash （SWF）格式选项"对话框中的选项还包括："防止导入"选项将不允许将 SWF 文件重新导入到 Flash 中进行编辑；"剪切到画板大小"设置在导出时剪贴板外侧的所有对象；"曲线品质"设置可以控制导出贝塞尔曲线的质量，数值越高，曲线的质量越好，文件的尺寸也越大。

在"Flash （SWF）格式选项"对话框中，可指定如何处理文档中的栅格图像。这些图像可以使用有损或无损方法进行压缩。有损方法使用 JPEG 格式，可以通过使用一个标准的基线或优化的基线来控制 JPEG 质量。用户也可以设置导出的栅格图像的分辨率。

Flash 与 Illustrator CS3 格式之间存在着某些不兼容的地方，这将导致在导出时会遇到一些麻烦。需要注意下列事项。

· 在导出为 Flash 格式以前，应该拼合任何透明效果。

· 具有多于 8 种颜色的渐变或渐变网格都将被转变为光栅图像而不是矢量对象。

· Flash 只支持路径上的圆顶点。在导出过程中，任何正方形或斜切顶点都被转换为圆顶点。

· 在导出为 Flash 格式以前，把所有的文本转换为路径。

· 对于切片对象，可以使用"存储为 Web 和设备所用格式"对话框，选择单独的切片来优化导出，如图 11-7-2 所示。

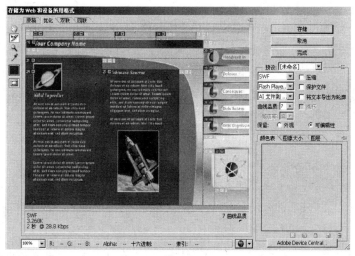

图 11-7-2

11.8 SVG 格式

SVG 只是 Illustrator CS3 支持的众多格式中的一种，因此在很大程度上，创作 SVG 图像的方式与在 Illustrator CS3 中创作任何作品的方式是相同的。尽管可以使用 Illustrator CS3 的所有工具和特性来创建 SVG 图像，但是有一些最好避免使用。与专门为创建 SVG 图像而设计的 Jasc WebDraw 不同，Illustrator CS3 是完全所见即所得的，没有提供源代码视图，如果要编辑 SVG 图像的源代码，需先保存，然后在文本编辑器中打开编辑。

11.8.1 打开 SVG 图像

在 Illustrator CS3 中，可以像打开其他文件一样，将 SVG 文档拖曳到程序图标上，或者在 Illustrator CS3 中选择"文件 > 打开"选项打开 SVG 文件。重新打开一幅在 Illustrator CS3 中创建的 SVG，可能发现它的层、效果和其他元素不是上次打开时的样子。这是因为在保存文件时，没有选中"SVG 选项"对话框中的"保留 Illustrator CS3 编辑功能"选项。

11.8.2 增加 SVG 特性

SVG 图像不只是一些图形——它们包含动画元素以及程序上控制的数据，可以携带自己的字体。也可以使用在 SVG 规范中定义的一组特定的矢量滤镜效果。Illustrator CS3 提供了访问大多数这些特殊的 SVG 特性的方式。

1. 使用 SVG 滤镜集

在 Illustrator CS3 中的 SVG 滤镜使用了内建在 SVG 语言中的数学滤镜效果的组合来创建更复杂的效果，它们仍然是矢量数据，而不会被光栅化。当图像保存为 SVG 格式时，很多 Illustrator CS3 自带的效果会导致产生光栅对象（例如羽化的下拉阴影），而使用 SVG 滤镜时，尽可能地保持作品的矢量本质是很重要的。SVG 滤镜中某些包括的效果有动画元素（例如，Al_PixelPaly、Al_Static）。这些动画不会出现在 Illustrator CS3 的画板上，但是可以在"编辑 SVG 滤镜"对话框中编辑它们的属性。

可以使用 SVG 滤镜的默认设置，或者编辑它们来产生自己的新滤镜。也可以创建自己的效果组合来产生新的滤镜。因为 Illustrator CS3 不能直接显示 SVG，所以在画板上看到的是 SVG 光栅化后的样子。要修改这种预览所使用的分辨率，可以选择"效果 > 文档栅格效果设置"命令。光栅化分辨率设置不会影响到最终的 SVG 图像，只是 Illustrator CS3 的预览效果。

提示：如果创建了 SVG 滤镜，那么可以将它们导入到另一个文档中，只需在新文档中选择效果 > SVG 滤镜 > 导入 SVG 滤镜命令。也可以使用这条命令从任意的 SVG 文档中导入滤镜效果。

2. 包含紧凑嵌入的字体（CEF）

在保存 SVG 图像时，在"SVG 选项"对话框中（见图 11-8-1），如果选择嵌入的字体（除了

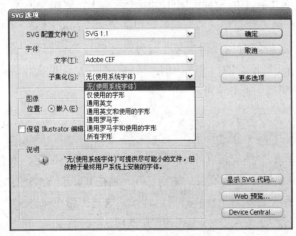

图 11-8-1

没有之外的任何嵌入选项），那么它们都会转换为 CEF（紧凑嵌人的字体）格式。以这种格式保存的字体文件通常是非常小的（只有几 KB），但是它们包含了形状和每种字形（字符）的提示信息。提示信息可以使字符根据最适宜的清晰度以较低或较高的分辨率显示。

CEF 字体将存储在一幅 SVG 图像内或者一个外部文件中，它能够被当前 SVG 图像和其他图像引用。如果一个项目包含多个文件，那么使用外部文件更高效。例如，如果正在设计一个公司网站，那么共同的字体可以以 CEF 格式存储在服务器上，而不必存储在使用它们的每个图形中。

选中"子集"选项可以让 SVG 图像中只包括文档中使用的字符。是否选择子集取决于以后如何使用这个文件。如果不想嵌入任何字体——用户的系统已经安装了该字体，可以选择"无"。如果嵌入字体但不希望编辑 SVG 文件中的文本，就可以选择"仅使用的字形"。如果希望能编辑文本，就该选择能反映最可能使用的字符类型的选项，如下所示。

"通用英文"：在英语中用到的基本字符。

"通用英文和使用的字形"：在英语中用到另外的特殊字符，例如重音字符或可选择的字形。

"通用罗马字"：普通的罗马字符和在其他语言中使用的重音字符。

"通用罗马字和使用的字形"：普通的罗马字符、来自其他语言的重音字符，以及可选择的字形。

"所有字形"：全部字体集。这样选择会产生一种非常庞大的 CEF 文件，因此如果必须在文件中包括每一种可以使用的字形，那么可选择"所有字形"。

3. 创建动画图像

SVG 支持 3 种类型的动画。

· 传统的基于帧的动画。在这种动画中显示了一系列图像从而产生运动的效果。这种类型的动画需要为用户想要在整个图像中的变化创建一幅单独的图像，并且动画的时间选择依赖于用户的计算机系统。

· 说明性 SVG 动画。在这种动画中对象的属性，例如它的颜色、大小或位置会随着时间而改变。这种类型的动画是 SVG 的组成部分，只需要设定要对一个活动的对象进行的变化以及那些变化什么时侯应当生效。它使用了 SMIL（同步多媒体综合语言），这是一种开放标准。

· JavaScript 动画。使用 JavaScript 脚本创建更复杂的动画效果。

有了 SVG 高级的动画性能，就不必依靠传统的基于帧的动画了，后者是一种低效、费时的创建方式。不过，Illustrator CS3 没有提供一个界面或任何工具来创建说明性动画。在 Illustrator

CS3 中制作 SVG 图像，将需要在一个单独的应用程序中增加动画，例如 Jasc Web Draw，或者直接编辑 SVG 代码（Illustrator CS3 中的有些 SVG 滤镜效果包括了简单的动画）。

4. 增加交互性

交互性是指使用 JavaScriptSVG 图像增加动态效果。通过通常的用户动作，例如，单击或移动鼠标光标到图像上，就可以触发 JavaScript 创建这些效果，例如高亮显示、工具提示、弹出窗口以及动画。像 SVG 动画一样，在 SVG 中出现的 JavaScript 不需要交换图像。通常情况，要创建当鼠标光标移到图像上时它会发生改变的效果，设计人员必须提供两幅图像：原始图像和改变后的图像。利用 SVG，可以在对象属性中仅设定一种改变，就可以在特定的触发条件（例如鼠标移动）发生时生效。

"SVG 交互"面板控制 SVG 内 JavaScript 的使用。该面板显示了文档中可以使用的所有事件和 JavaScript 文件，并且包含了在脚本及触发器（Trigger）之间创建链接的控制。要将一个 JavaScript 函数连接到一个对象，可以按照如下的步骤操作。

（1）选中对象或者选定一个组或层。

（2）选择"窗口 >SVG 交互"命令，显示"SVG 交互"面板，如图 11-8-2 所示。

图 11-8-2

（3）从"事件"弹出菜单中选择一个事件触发器。在 SVG 代码中，这个事件将称为对象或组的一个属性。如表 11-1 所示，可以看到每种触发器的解释。

命　　令	触　发　器
Onfocusion	对象被选中
Onfocusout	不再选中对象
Onactivate	单击或按下按键，依赖于 SVG 对象
Onmousedown	在对象上按住鼠标不放
Onmouseup	在对象上释放鼠标
Onclick	在对象上单击鼠标

命　令	触　发　器
Onmouseover	光标移动到对象上
Onmousemove	光标经过对象
Onmouseout	光标从对象上移走
Onkeydown	按下按键
Onkeypress	继续按下一个按键
Onkeyup	释放按键
Onload	读取完整的 SVG 文档
Onerror	发生错误，例如对象没有正确载入
Onabort	在完全载入对象之前取消页面载入
Onunload	从窗口或帧中移去 SVG 文档
Onzoom	改变缩放级

表 11-1

注意：在 Adobe SVG Viewer 的早期版本中，JavaScript 驱动的 SVG 图像不适用于 Macintosh 系统的 Internet Explorer 当前版本，包括 Mac OS X 版本中正常显示。3.0 版本已经解决了这个问题，因此如果在查看具有 JavaScript 的 SVG 图像时遇到麻烦，就可以尝试升级到最新的 SVG Viewer。

（4）在 JavaScript 文本域中输入 JavaScript 函数。在 SVG 代码中，这个函数将成为事件属性的值。

（5）单击"链接 JavaScript 文件"按钮，添加一个外部 JavaScript 文件，该文件包含了已添加函数的源代码。

11.8.3　保存 SVG 图像

像 Illustrator CS3 中的多数处理过程一样，保存 SVG 图像时，既可以像需要的那样简单也可以很复杂。保存程序提供了很广泛的选择，但是可以单击跳过那些选项，接受默认设置，而且在多数情况下是可以的。这里介绍了将文件保存为 SVG 格式所涉及的全部步骤。每次保存图像时，不是所有步骤都是必需的。

要将示例导航条图像保存为 SVG 格式，只需打开它并按照下面这些步骤进行操作。

（1）选择"窗口 > 外观"命令，显示"外观"面板。

（2）选中圆角矩形，并将其在"外观"面板中的 SVG 滤镜项拖动到面板底部，就在透明度之上。

如果在"外观"面板中的这个 SVG 滤镜之后没有任何其他效果，那么这个 SVG 滤镜将被转变为一个光栅对象。

(3) 选择"文件 > 存储"命令，并在弹出菜单中设置格式为 SVG。

(4) 输入文件名，并浏览想要保存文件的位置。

(5) 在"SVG 选项"对话框中设置这些选项，如图 11-8-1 所示。

·选择要在文件中嵌入的字形（字符），或者选择"无"。这里，选择"仅使用的字形"，因为我们不打算编辑这个文件。

·选择是将这些字体直接嵌入到图像中还是分别从文件中存储（如果已经选择了"仅使用的字形"，那么这个选项是不可用的，这种情况下，这些字体将被自动嵌入）。

·如果在文件中使用了光栅图像，那么需要对光栅图像进行同样的选择。它们可以嵌入到 SVG 文件内或者存储在外部。

·如果准备以后在 Illustrator CS3 中编辑这个文件，那么选中"保留 Illustrator 编辑功能"复选框，这将确定保留那些 Illustrator CS3 的专有特性。

(6) 单击"更多选项"按钮，打开其对话框，如图 11-8-3 所示，在其中设置更多选项。

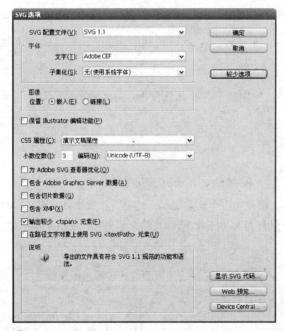

图 11-8-3

· CSS 属性：选择一种在 SVG 代码内包括样式属性的方法。"演示文稿属性"是默认值；如果使用 XSLT（eXtensible Stylesheet Language Transformation，可扩展样式表转换）来应用变换，可以切换到"样式属性"。如果想让 SVG 文档与 HTML 文档共享一个样式表文件，可以使用"样式元素"。要得到最佳的性能，就要使用"样式属性"。

· 小数点位数：选择 1～7 的一个十进制数值，用于在矢量数据中的度量。这个数值越高，生成的文件越大——但是在文件内的对象度量就会更精确。如果用户可能放大这个文件，那么使用一个较高的数值可以确保这个图像在更高的缩放比例下看上去仍然正确。

· 编码：选择一种字符编码方法。UTF-8 是最兼容的方法，包括了罗马字符和普通的亚洲字符。ISO8859-1 只用于罗马字符，而 UTF-16 用于所有的罗马和亚洲字符。

· 选中"为 Adobe SVG 查看器优化"选项，可以减少使用 Adobe 的 SVG 浏览插件查看图像时的渲染时间。对于任何一种方式，这些图像总是可以使用 Adobe 的查看程序以及其他查看程序看到。

· 要创建一个模板，应选中"包含 Adobe Graphics Server 数据"选项。这样，可以使用"变量"面板指定那些对象作为变量，从数据库中填充文本。参考 Illustrator CS3 文档可以得到更多信息。

· 将图像切分成较小的图像，应选中"包含切片数据"选项，其中的每一部分都会被保存为一个单独的文件。

· 要将 Illustrator CS3 的"文件信息"数据作为元数据包含在文件内，应选中"包含 XMP"选项。只有选择了 UTF-8 编码方式，这一选项才会起作用。

（7）单击"确定"按钮，保存文件。

11.8.4　使用 SVG 的原则

所有的 SVG 作品都不会以同样的方式创建。要产生最小的、最佳效果的 SVG 图像，就要按照下面这些通用的指导原则去操作。

· 不要在 Illustrator CS3 图像中使用光栅图像，而且不要光栅化矢量元素。作为一种矢量格式，SVG 并不擅长于传送光栅数据，因为光栅图像不能像矢量图像那样无限缩放。记住，有些内建的 Illustrator CS3 样式混合了一些会产生光栅化数据的滤镜，而且避免使用其他需要将图像光栅化的特殊效果，包括渐变网格。

· 尽可能地利用图符和图案来使性能最佳化，并减少文件大小。

· 简化路径——手工或使用"简化"命令，还应该避免使用会产生很多小且复杂路径的画笔描边。更复杂的路径增大了文件大小，并减小了重绘（Redrawing）速度。

· 要确保在不同层上的对象（也就是在不同的 SVG 组内）是透明的，确保对那些对象而不是它们的层应用透明效果。SVG 不能用 Illustrator CS3 处理层透明的相同方式来处理组透明。

打印 **12**

学习要点

· 掌握"打印"对话框中的各个选项
· 掌握分色原理
· 掌握透明拼合

12.1　关于打印

Illustrator CS3 的"打印"对话框是为了协助用户进行打印工作流程而设计的。对话框中的每个选项组都是按照进行文件的打印作业的方式组织而成。

无论将彩色文件送到外面的输出中心，或只是将草稿由喷墨、激光打印机、喷绘机印出来，多了解一些打印的基本原理，可让打印工作进行得更顺利，也有助于确保文件能如期望地呈现。下面我们先了解一些关于打印最基本的常识。

1. 打印的种类

打印文件时，Adobe Illustrator CS3 会将文件送到打印设备，直接打印在纸张上、数位印刷，或是转换成正负图像到底片上。如最后一个情况，底片会被用来制作成印刷版，以进行机械印刷作业。也可不通过打印机打印，而打印成 PostScript 或 PDF 文档，并将产生的文件提供给输出中心。

2. 图像类型

图像中最简单的类型，例如，一页文字只有一种颜色或一个阶层的灰，这些图像被称为单色调图像。而复杂一点的图像则充满各种的色调，这种图像就是所谓的"连续色调图像"。扫描的相片就属于连续色调图像。

3. 半色调

在打印时，为了制造出连续色调的错觉，图像会被分解成一连串的网点。这个过程就叫做半色调化。半色调网屏上有各种不同大小和密度的网点，可以产生光学上的错觉，模拟图像的各种灰色或连续色调。

4. 分色

商业印刷或包含一种以上颜色的文件，必须打印在不同的印刷通道，每一个版控制一种颜色。举例来说，结合青色、洋红、黄色及黑色四色的通道，将可产生大多数的色彩。将复合颜色生成单独色板（通常是 C、M、Y、K）和专色的过程就称为分色。

制作彩色分色，可以先打印彩色或灰阶的复合打样来检查文件。复合打样可以帮助用户在打印最终（也是成本最高的）分色之前，先预览及检查文件。当 Illustrator CS3 打印复合图像时，会将文件中使用的所有颜色印在同一个页面或同一个版上。

任何在文件中选择的叠印选项，都会在复合图像中正确地打印出来，除非在"打印高级选项"对话框中选择了"叠印"菜单中的"放弃"选项。应该记住，不同的彩色荧幕和彩色打印机的色彩重现品质有很大的不同，因此彩色打印机的复合图像绝无法取代印刷厂的打样。

5. 获得细节

打印图像中的各项细节是透过指定适当的分辨率和网频之值的组合来控制的。输出设备的分辨率越高，可以使用的网频就越好（更高）。

6. 透明度与拼合

如果文件中包含透明度，则将会根据"打印"对话框中指定的透明度拼合器预设集进行拼合。可使用透明度拼合器预设集中的"栅格／矢量"设定，调整打印文件时栅格化的图像与矢量对象之间的比率。

12.2 使用"打印"对话框

可以为任何类型的文件，从 Adobe Illustrator CS3 的一组标准打印选项设置中，选择所需的设定。这些选项在"打印"对话框中，且分别组织在进行整个打印程序的选项组合中。指定了需要的选项之后，就可以在此对话框中打印文件。

注意：打印有链接 EPS 文件的文件时，如果这些 EPS 文件以二进制格式保存（例如，使用 Photoshop 的预设 EPS 格式），则可能会看到错误讯息。在这个情况下，请使用 ASCII 格式重新保存 EPS 文件后将链接的文件嵌入 Illustrator CS3 文件中，或是打印到二进制的打印机连接埠，而不要使用 ASCII 打印机连接埠。

打印对话框的使用方法如下所述。

选择"文件 > 打印"命令。如果不想使用预设的"打印"对话框中的设定，且已建立并保存了其他设定值群组，则可在"打印预设"弹出式菜单中选择一个设定值。由"打印机"弹出式菜单中选择下列设定之一，将文件打印至打印机或文件。

· 选择要用来打印文件的打印机名称。

· 选择 Adobe PostScript 文件可建立 PostScript 文件。选择此设定会将文件打印到文件中，而不会打印到打印机。

· 选择 Acrobat Distiller 可建立 Adobe PDF 文件。选择此设定会将文件打印到文件中，而不会打印到打印机。只有在有安装 Acrobat 5.0 后，才能使用此选项。

· 选择 Adobe PDF 可建立 Adobe PDF 文件。选择此设定会将文件打印到文件中，而不会打印到打印机。只有在有安装 Acrobat 6.0 的状况下，才能使用此选项。建议使用 Acrobat 6.0，如此使用 Illustrator CS3 建立 Adobe PDF 时会更容易也更可靠。

注意：可并用 Illustrator CS3 与 Acrobat 5.0 或更旧的版本；或是并用 Illustrator CS3 与 Acrobat 6.0，但无法两者并行。此外，Illustrator CS3 并不支持 PDFWriter 格式，如果尝试打印至 PDFWriter，可能会在打印时延迟或发生错误。

如果不想使用以自己选择的打印机为基础的预设 PPD，则可在 PPD 弹出式菜单中选择其他的 PPD。在"打印"对话框左边选择下列选项之一，然后在出现的选项中指定设定。进行下列操作之一。

· 单击"完成"按钮可使用变更而不打印文件。

· 单击"打印"按钮可使用变更并打印文件。

· 按下"存储"按钮可使用变更并将文件保存为 PostScript 或 PDF 文件。

· 单击"存储预设"按钮可保存打印设定，以供未来使用。

注意：也可单击"设置"（Windows）或页面设定（Mac OS），以显示标准的 Windows 操作系统或 Mac OS 操作系统的"打印"对话框。不过，使用 Illustrator CS3 的"打印"对话框可存取 Illustrator CS3 的完整打印功能。

12.3　设定"常规"选项

可以在"打印"对话框中的"常规"选项中，指定要打印多少页面和多少份数，设定文件的页面大小与方向，缩放文件，并选择要打印或分色的图层。

12.3.1　指定页数和份数

如果打印的文件无法填满单一页面，则可将文件打印（并排）至多个页面上。

Illustrator CS3 打印的页数是由"打印"对话框中选择的"设置"选项来决定的。如果选择了单一完整页面选项，则会打印单一页面；如果选择了其他视图选项 [例如，拼接完整页面选项]，则可指定要打印的页面或页面范围。

可在"打印"对话框中设定下列"常规"选项，如图 12-3-1 所示。

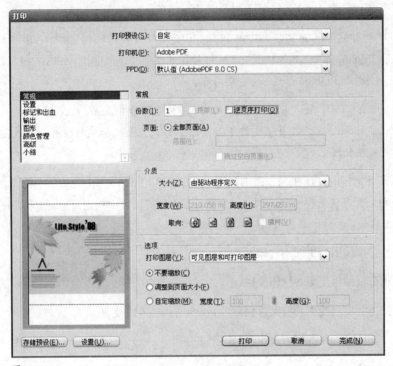

图 12-3-1

"页面"：如果要将文件并排至多个页面上，此选项代表所要打印的页面。

选择"全部页面"可打印所有页面。

选择"范围"可输入页面范围，使用连字符号 (-) 代表相邻的范围；使用逗号（,）则可区分不相邻的页面或范围。其他可用来定义不相邻页面或页面范围的符号包括空格或空格加上逗号。

选择"跳过空白页面"可跳过不包含文件的页面。

"份数"：用于设定要打印的份数。

"拼版"：用于打印整份文件后再打印下一份。取消选择此选项后，就会先打印某一个页面的全部份数，然后打印下一页的全部份数以此类推。

"反序"：以相反顺序打印页面。

12.3.2 指定媒体尺寸和方向

Adobe Illustrator CS3 通常会使用选择打印机的 PPD 文件中的预设页面尺寸。但可将页面尺寸变更为 PPD 文件中所列的任一种媒体尺寸，以及指定"直式"或"横式"的方向。页面尺寸是以我们熟知的名称（例如 A4）加上尺寸（在"宽度"和"高度"文字框中）的方式列出的。打印区域是指整张页面减去打印机或网片输出机无法打印的框线区域。大部分的激光打印机都无法打印到页面的实际边缘。

指定页面尺寸和方向时，请注意下列事项。

· 如果选择一个不同的媒体尺寸(例如从 A4 改为 B5)，则在预览视窗中的文件位置也会改变。这是因为预览视窗会显示选择媒体的整个打印区域；当媒体尺寸改变时，预览视窗会自动重新缩放以涵盖可打印区域。

注意：即使是相同的媒体尺寸（例如 A4），其可打印区域可能会随着 PPD 文件而有所不同，因为不同的打印机与网片输出机定义其可打印区域大小的方式不同。

· 确认媒体尺寸足以包含文件与其裁切线、拼版对位标和其他必需的打印信息。但若要节省输出的纸张，选择足以包含文件与必要打印信息的最小页面尺寸。

· 可使用"打印"对话框中的"常规"选项里的"自定"选项来指定自定页面尺寸。只有在 PPD 文件能支持此选项时，才能够使用此选项，通常高阶的网片输出机和宽格式打印机可支持此选项；可支持此选项的激光打印机则较少。

· 指定自定的页面尺寸，系统会自动依据"打印"对话框中的设定产生页面尺寸。所加入的项目或对文件进行的修改（例如，印刷标记、出血量、裁切文件的目标、所打印的图层以及如何缩放文件等），都会影响该自定值的产生。不过，如果之后变更了其中一个设定，则除非变更页面尺寸或再次选择"自定"选项，否则都会维持相同的页面尺寸。

· 所能指定的最大自定页面尺寸，是根据网片输出机的最大可打印区域而定的。如需更多相关信息，请参阅打印机的说明文件。

· 页面在底片或纸张上的预设位置是根据用来打印页面的网片输出机而定的。

· 如果网片输出机可容纳可打印区域的最长边，则使用"横向"或变更打印文件的方向，将可节省相当多的底片或纸张。如图 12-3-2 所示，原始方向与横置方向的比较，使用横置所节省的底片空间可多印一页。

图 12-3-2

可在"打印"对话框中设定下列"常规"选项。

"大小"：指定页面尺寸。如果打印机的 PPD 文件允许，选择"自定"，在"宽度"和"高度"文字框中指定自定页面尺寸。

"宽度"：如果由"大小"弹出式菜单中选择"自定"，则请指定自定页面宽度。

"高度"：如果由"大小"弹出式菜单中选择"自定"，则请指定自定页面高度。

注意：请确认是增加宽度和高度值；若是减少预设值，可能会裁掉文件。

"直式向上"按钮 ⊡：以直式方向打印，右边朝上。

"横式向左"按钮 ⊡：以横式方向打印，向左旋转。

"直式向下"按钮 ⊡：以直式方向打印，上方朝下。

"横式向右"按钮 ⊡：以横式方向打印，向右旋转。

"横向"：打印文件时旋转 90°。必须使用可支持横置打印和自定页面尺寸的 PPD，才能使用此选项。

12.3.3 指定要打印的图层

可使用"打印"对话框中的"常规"选项指定要打印的图层。

·选择"可见图层和可打印图层"只会打印可打印且可见的图层。这些与建立复合打样时所打印的图层相符。

· 选择"可见图层"只打印可见图层。

· 选择"所有图层"可打印所有图层。

12.3.4 缩放文件

若要使过大的文件能符合小于文件真实尺寸的纸张，可使用"打印"文字框缩放文件的宽度和高度（对称或不对称）。例如，当要打印柔版印刷用的底片时，非对称缩放功能会非常实用：如果知道通道装载在印刷滚筒上的方向，则使用缩放可补救通道通常会有的 2% ～ 3% 的延伸量；缩放时并不会影响页面在文件中的尺寸，只会变更文件打印时的缩放情形而已。

注意：打印扩散时，每个扩散会个别进行缩放。

可在"打印"对话框中设定下列"常规"选项。

"不要缩放"：不进行缩放。

"调整到页面大小"：自动缩放文件，使其适合页面大小。缩放时要使用的百分比由所选的 PPD 所定义的可打印区域来决定。

"自定缩放"：可启动"宽度"和"高度"文字框。

"强制等比例"按钮 ⊗：用于维持目前文件的宽高比例。

"宽度"：如果选择了"自定缩放"，则可指定自定的宽度缩放比例。

"高度"：如果选择了"自定缩放"，则可指定自定的高度缩放比例。

可为宽度和高度输入 1% ～ 1000%。如果选择了限制等比例按钮，则只能输入一个值，另一个值会自动更新。

12.4 设定"设置"选项

打印边框（也就是打印区域）可在文件上设定印刷标记的位置，并定义文件的可打印范围，以及如方向线之类的不可打印范围。可以在"打印"对话框的"设置"选项中定义打印边框。在"打印"对话框的预览视窗中，打印边框是以围绕在文件四周的虚线来表示的当打印边框的尺寸与画板和媒体尺寸相同时，将无法看见边框，不过边框仍然存在。

"设置"选项也定义了要放置的第一个并排文件的可打印区域。例如，可变更文件位置，使其能符合底片或打印页面上的文件。

可在"打印"对话框的"设置"选项中设定下列选项，如图 12-4-1 所示。

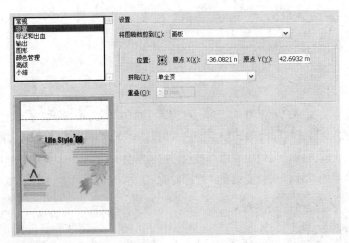

图 12-4-1

"将图稿裁剪到": 用于指定要将文件裁切至画板、要裁切文件中所有文件的边框，或裁切至定义的裁剪区域。

"位置": 在方形区块的任一点上单击，即可指定可打印区域或要放置的第一个并排文件的原点。

"原点 X": 指定沿 X（水平）轴上的原点。

"原点 Y": 指定沿 Y（竖直）轴上的原点。

"拼贴": 指定如何并排页面。

· 选择"单全页"可显示和打印单一页面。

· 选择"拼贴成像区域"可将画板分割为大小符合的多个完整页面。系统不会显示或打印任何部分页面。

· 选择"拼贴全页"可将画板分割为要打印所有文件时所需的区域。

· "重叠"可设置拼贴的页面相互重叠的宽度。

定义裁剪区域

若要定义裁剪区域，可进行下列操作之一。

· 绘制矩形以定义裁剪区域，然后选中该矩形。再选择"对象 > 裁剪区域 > 建立"命令。

· 设定画板周围的裁剪区域，选择"选择 > 取消选择"命令，然后选择"对象 > 裁剪区域 > 建立"命令。

注意：此方法与不指定裁剪区域、并使用"打印"对话框中的"设置"选项将打印边框定义为画板时的效果相同。

12.5 设定"标记和出血"选项

当准备用于打印的文件时，有数种标记是打印机设备在用于精确对齐文件元件和确认正确颜色时所需的。这些标记包括裁剪标记、套位标记、色条和页面信息等，如图 12-5-1 所示。可使用"打印"对话框中的"标记和出血"选项，如图 12-5-2 所示，在分色中加入这些标记。

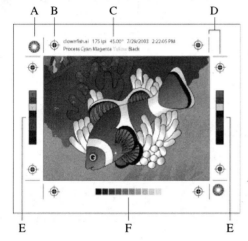

图 12-5-1   A. Star   target（星标）B. Registration mark（套位标记）
　　　　　　　　C. 页面信息　　　　　D. 裁剪标记　　　　E. 彩色色条　　　　　F. 淡印色条

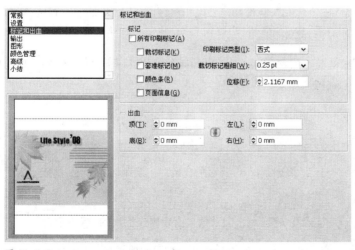

图 12-5-2

出血区域是指文件落在打印边框、裁切线和裁剪标记之外的部分。可以把出血当成是错误的边界，将其包含在文件中，应确认油墨在页面裁切后还是能印到页面边缘，或确认文件中的图像能依轮廓完整裁切。在建立一个延伸出血的文件后，还是可以使用 Illustrator CS3 指定出血的范围。增加出血标记会使 Illustrator CS3 打印更多位于裁剪标记之外的文件。不过裁剪标记所定义的打印边框尺寸仍是相同的。

设定"标记和出血"选项时，应该注意下列事项。

·在预设状况下，Illustrator CS3 会对罗马印刷标记使用 0 磅的出血值，并对日文印刷标记使用 8.5 点（3 厘米）的出血值（日文印刷标记会以双线显示原始原点和偏移量之间的差距）。此选项只有在主要作业系统为日文系统时才能使用。

·可设定的最大出血值为 72 点，最小出血值为 0 点。

·使用的出血值须根据其目的而定。印刷出血（即图像出血至印刷纸张的边缘）至少要有 18 点。如果出血是为了确实使图像符合一轮廓，则其不能大于 2 或 3 点。

·印刷厂会根据用户的特定成品建议其所需的出血值。

可在"打印"对话框中设定下列"标记和出血"选项。

"所有印刷标记"：一次选择所有印刷标记。

"裁剪标记"：用于加入定义页面要剪裁的区域的细线水平和垂直尺规。对象裁切线也有助于进行各分色彼此的拼版（对齐）。

"套准标记"：在页面区外加上小"标记"，以对齐彩色文件中的不同分色。

"颜色条"：加入代表 CMYK 墨水和灰色淡印色（以 10% 为增量）的彩色小方块。服务供应商会使用这些标记来调整印刷时的墨水浓度。

"页面信息"：以文件名称、打印日期时间、使用网频、分色片的网角及每个特定通道的颜色来标示底片。这些标签会显示在图像上方。

"印刷标记类型"：打印罗马和日文标记。

"裁剪标记粗细"：指定裁剪标记的宽度。

"位移"：指定裁剪标记与文件之间的距离。若要避免在出血上绘制印刷标记，则输入大于"出血"的"位移"值。

"上"、"下"、"左"、"右"：输入 0 ～ 72 点之间的值，指定出血标记的位置。

链接图示 ⓫：使上出血、下出血、左出血和右出血使用相同的值。

12.6 设定"输出"选项

用户的文件可包括印刷色（CMYK）、专色或两者都存在。将文件分色时，系统会为各印刷色或专色分别建立通道或图像，各通道／图像中都会包含该特定色彩的对象。如图 12-6-1 所示，可使用"打印"对话框中的"输出"选项控制如何建立分色。例如，可选择要分色的色彩，以及是否将专色转换为最接近的相等印刷色。

12.6.1 指定模式

可使用"模式"选项选择要建立复合（将所有色彩打印至同一页或同一个通道上），或建立分色（将各色彩打印至不同的通道上）。分色可建立在主电脑上（使用 Illustrator CS3 和打印机驱动程序的系统）或输出设备的 RIP（栅格图像处理器）上。

可在"打印"对话框中设定下列"输出"选项。

"模式"：指定要打印"复合"、"分色（基于主机）"，还是"In-RIP 分色"（只有在使用 Adobe PostScript Level 3 打印机且 PPD 文件可支持 RIP 内分色时，才能使用此选项）。

选择分色模式之后，可查看自动建立的分色。在预设状况下，Illustrator CS3 会为文件中使用的每一个 CMYK 色彩建立一个分色印刷版，如图 12-6-1 所示。

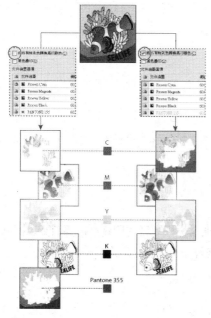

图 12-6-1

12.6.2 指定膜面

药膜是指底片或纸上的感光面。"向上（正读）"表示当其感光面对着时，图像中的文字可直接阅读(也就是可以正面阅读 。"向下(正读)"表示当其感光面背对时，图像中的文字可直接阅读。一般而言，打印在纸上的图像是"向上（正读）"打印，而打印在底片上的图像通常是"向下（正读）"打印。打印时应与印刷厂确认，决定何种膜面方向较好。

若要分辨所看到的是膜面或非膜面（或称为基面），应在亮光下测试底片。其中一面会比另一面更为光亮。较光亮的那一面是片基，较暗的那面是膜面。

可在"打印"对话框中设定"输出"选项，如图 12-6-2 所示。

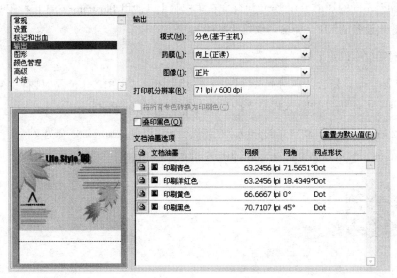

图 12-6-2

"药膜"：用于指定感光面对着时，要使用"向上（正读）"还是"向下（正读）"类型。如果变更阅读方向，则图像将会翻转。

12.6.3 指定图像类型

依照输出中心的需求设定图像或底片的曝光度。通常美国地区的印刷厂需要负片，而欧洲、日本、中国台湾地区则要求正片。如果不确定该使用何种图像类型，应询问印刷厂。

可在"打印"对话框中设定下列"输出"选项中的"图像"。

"图像"：用于指定图像或底片的曝光模式为"正片"或"负片"。

12.6.4　指定打印机分辨率（半色调网频）

"打印机分辨率"菜单会显示打印分色的打印机或网片输出机上可使用的一组或多组网频（每英寸的线数，或 lpi）和分辨率（每英寸的点数，或 dpi）。

高网频（例如 150 lpi）可将组成图像的网点分配得更为紧密，以建立更精致的图像；而低网频（例如 60 lpi ～ 85 lpi）则是将网点分布得更为疏松，使得建立的图像较为粗糙。网点的大小也是由网频决定的。高网频使用小的网点，低网频则使用大的网点。选择网频的最重要因素是所使用的印刷方式。打印时应询问印刷厂所能处理的最佳网频目，依此作出正确的决定。

高分辨率网片输出机的 PPD 文件，提供相当多组的网频设定与不同的网片输出机分辨率。至于低分辨率打印机的 PPD 文件，一般只有少数网频可供选择，且其只有介于 53 lpi ～ 85 lpi 的粗糙品质。但此类粗糙的网频，可在低分辨率打印机上获得最佳结果。例如，若用于最后输出的是低分辨率打印机，则使用较好的 100 lpi 的网频，实际上会降低图像品质。这是因为如果增加特定分辨率的 lpi，就会降低可重制的色彩数量。

使用预设打印分辨率时，Adobe Illustrator CS3 的打印速度最快，且打印品质最佳。不过在某些情况下，用户可能会希望降低打印机分辨率，例如，画一段很长的曲线路径，在输出时发生 limit-check 的错误而无法打印，或是速度很慢，又或是虽然已设成适当的分辨率，但对象还是打印不出来。为了避免或修正 limit-check 错误，也可将长路径分割处理。

可在"打印"对话框中设定"输出"选项中的"打印机分辨率"。

"打印机分辨率"：显示可选择的预设半色调网频和打印机分辨率组合。

12.6.5　自定义打印机分辨率（半色调网频）

如果预设的打印机分辨率无法符合需求，则可在"打印"对话框的"输出"选项中，为分色中的各通道指定一个自定的打印机分辨率。但是请注意，预设的网角和网频是由选择的 PPD 文件所决定的。请在建立半色调网频前，先与印刷厂确认最佳网频和网角设定。

自定义半色调网频

在要自定的色彩印刷版的名称（列在"文件油墨选项"下方）上双击。执行下列任一选项，然后单击"完成"按钮。

- 在"网频"文字框中输入 lpi 值。

- 在"网角"文字框中输入网角值。

· 由"网点形状"菜单中选择打印的点的形状。

注意：可通过点选既有的网频和网角值后输入新的值的方式，直接在"文件油墨选项"列表中输入网频和网角。也可以点选列出的点形状，并在画面出现的菜单中选择新的形状。

12.6.6 在分色中执行黑色叠印

应与输出中心确定是由他们还是由用户自己进行黑色叠印，因为如果由输出中心在印刷时进行黑色叠印会比较便宜与容易。如果输出中心建议由用户进行黑色叠印，则用户可在打印或保存所选的分色时，使用"叠印黑色"选项来进行黑色叠印。

注意："叠印黑色"选项只能处理以 K 通道中的数值来使用黑色的对象。如果对象是因其透明度设定或图形样式而显示出黑色，则此选项不会发生作用。

"打印"对话框"输出"选项中的"叠印黑色"，用于叠印所有黑色。

12.6.7 将所有专色当成印刷色分色

可以使用"打印"对话框中的"输出"选项，将专色分色为对等的印刷（CMYK）色。将专色转换为对等的印刷色时，此专色会成为印刷色分色通道的一部分，而不会在个别的通道上。

可在"打印"对话框中设定下列"输出"选项。

"将所有专色转换为印刷色"：指定将所有专色转换为印刷色。"文件油墨选项"下所列的专色旁都会出现一个四色印刷的图示 ▨。

12.6.8 将个别专色分色为印刷色，或不要打印

也可不要将所有专色转换为分色印刷色，而将单一的专色分色为印刷色，让其他专色维持原状。也可选择不要打印专色或是将专色分色。

若要将单一专色分色为印刷色，或取消打印专色，可对要处理的专色进行下列操作之一。

· 若要将专色转换为印刷色，单击"文件油墨选项"列表中出现在专色旁边的专色图示 ◉。画面会出现一个四色印刷的图示 ▨。可以单击印刷色图示，将印刷色回复为专色。

· 若要取消打印专色，请单击列表中专色图示旁的打印机图示 🖶。

12.6.9 指定要建立分色片的颜色

"打印"对话框的"输出"选项中的"文件油墨选项"会列出各分色的标签，其中有 Illustrator CS3 所指定的色彩名称。名称旁的打印机图示 🖶 表示 Illustrator CS3 将会为该色彩建立

分色。

指定是否要建立一个颜色的分色片

指定是否要建立一个颜色的分色片，应进行下列操作之一。

· 若要建立分色，应确定对话框中的色彩名称左方有显示打印机图示。如果没有，在空白的对话框中单击，以显示此图示。

· 若要选择不为该色彩建立分色，则在色彩名称左边的打印机图示上单击，打印机图示即可消失。

12.6.10　将输出（分色）选项还原为预设值

可在"打印"对话框中设定下列"输出"选项中的"重置为默认值"。

"重置为默认值"：用于将"输出"选项恢复为原始设定。

12.7　设定"图形"选项

可以使用"打印"对话框中的"图形"选项来控制路径、字体、PostScript 信息、渐变和网格对象的印前处理方式，如图 12-7-1 所示。

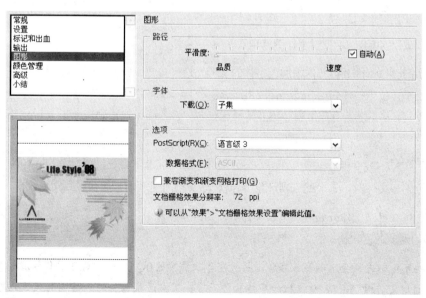

图 12-7-1

12.7.1　曲线路径拟合

文件中的曲线由 PostScript 解译器定义为许多小的直线区域，而且直线区域越小，曲线就越精确。不过，所使用的直线区域增加时，曲线的复杂度也增加。依据打印机以及所拥有的记忆体的不同，曲线若太复杂可能会造成 PostScript 解译器无法将其栅格化。这时会发生 PostScript 的 "limit-check" 错误，且将无法打印此曲线。

可以使用 "平滑度" 选项控制打印机模拟曲线的趋近程度。可在 "打印" 对话框中设定下列 "图形" 选项中的 "平滑度"。

"平滑度"：用于指定在文件中模拟曲线的趋近程度。较低的设定（滑向 "品质"）会产生较多的小直线区域，可更趋近曲线。较高的设定（滑向 "速度"）会产生较长且较少的直线区域；可产生较不精准的曲线，不过会使效能提高。

12.7.2　设定打印的字体选项

可使用 "打印" 对话框中的 "图形" 选项控制将字体下载至打印机的方式。打印机内建字体是打印机记忆体或连接至打印机的硬盘中保存的字体。Type 1 和 TrueType 字体可保存在打印机或电脑上；位图字体则只能保存在电脑上。如果字体是安装在电脑的硬盘中，则 Illustrator CS3 会视需要下载字体。

可在 "打印" 对话框中设定 "图形" 选项中的 "下载"。

（字体） "下载"：用于显示下载字体的选项。

· "无" 用于在 PostScript 文件中加入字体的参考文件，告知 RIP 或前置作业处理器应在哪里加入字体。当字体位于打印机时，就适合使用此选项。TrueType 字体是依照字体中的 PostScript 名称来命名。不过，并不是所有应用程序都能转译这些名称。为确保能正确转译 TrueType 字体，应使用其他下载选项。

· "子集" 用于下载文件中所使用的字元（文字）。每一页可下载一次文字。用在单页文件或没有太多文字的短文件时，选择此选项产生 PostScript 文档的速度通常较快，且文件较小。

· "完整" 可在打印工作开始时，下载文件所需的所有字体。用在多页文件时，此选项产生 PostScript 文档的速度通常较快，且文件较小。

注意：有些字体制造商会限制嵌入字体。拷贝字体软件时的限制，必须遵守著作权法和授权协议中各条文的规定。对 Adobe 所授权的字体软件而言，用户的授权协议允许将特定文件中有使用的字体拷贝给商业打印机或输出中心，输出中心可使用这些字体来印刷用户的文件（假设输

出中心已告知他们具有使用该特定软件的权利）。至于其他字体软件，应向供应商取得相关权限。

12.7.3　设定打印时的 PostScript 信息选项

如果用户的打印机驱动程序和打印机可支持 PostScript 语言级 2 或 3，则可在"打印"对话框的"图形"选项中指定如何将 PostScript 信息传送至打印机。这些选项能将网格对象或其他复杂文件的打印最佳化。

请注意只有在打印 PostScript、Acrobat Distiller（Acrobat 5.0）或 Adobe PDF（Acrobat 6.0）文件时，才能使用这些选项。

可在"打印"对话框中设定下列"图形"选项。

PostScript：列出 PostScript 输出设备中的转译器相容等级。

· 选择语言级 2 可改善在 PostScript Level 2 或更高等级的输出设备打印图形时的速度和输出品质。

· 选择语言级 3 可在 PostScript 3 装置上提供最佳的速度和输出品质。

注意：Illustrator CS3 会自动选择输出设备的 PostScript 等级。

"数据格式"：当选择 Adobe PostScript 文件作为打印机时可使用此选项，此选项会列出 Illustrator CS3 将图像文件由电脑传送至打印机的方式。

· "二进制"会以二进制码输出图像文件，使用这种方式会比 ASCII 精简，不过可能无法与所有系统相容。

· "ASCII"会以 ASCII 文字形式输出图像文件，这种方式可与旧式的网路和并列埠打印机相容，且通常是要用在多个平台上的图形的最佳选择。此选项通常也是只会用在 Mac OS 系统上的文件的最佳选择。

12.7.4　打印渐变和渐变网格对象

某些打印机在打印渐变及渐变网格对象时会产生问题。例如，在旧型的 PostScript Level 2 打印机上打印渐变时，会发生颜色跳阶。"兼容渐变和渐变网格打印"选项可以将对象转换成 JPEG 格式，以便打印机正确地打印文件。

注意：只有在打印机无法打印包含有渐变和渐变网格对象时才使用这个选项。此选项为了正常打印渐变，会降低打印机的打印速度。

可在"打印"对话框中设定下列"图形"选项中的兼容渐变和渐变网格打印。

"兼容渐变和渐变网格打印"：打印时将渐变和渐变网格转换为 JPEG 格式。转换的渐变和渐变网格的分辨率是建立透明度拼合器预设集时，在"渐变与网格分辨率"中设定的。

12.8　设定"颜色管理"打印选项

当打印一份使用颜色管理的 RGB 或 CMYK 文件时，可以在"打印"对话框中的"颜色管理"选项中指定额外的颜色管理选项，让输出时色彩能保持一致，如图 12-8-1 所示。假设文件中已经包含一份专为印前输出用的概貌文件，但又想先从喷墨打印机检查文件颜色。在"打印"对话框中，可以将文件的色彩转换成喷墨打印机的色彩空间；在打印时打印机的概貌文件会取代目前的文件概貌文件。因为在"打印"对话框中有不同的 RGB 概貌文件，可以将色彩文件以 RGB 数值送到打印机。

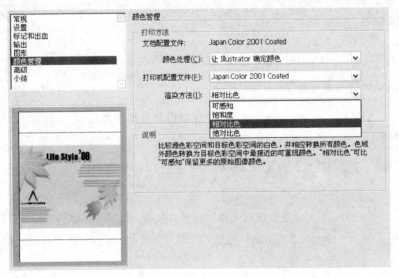

图 12-8-1

当打印至 PostScript 打印机时，可以使用 PostScript 颜色管理选项。在这样的工作流程中，Illustrator CS3 会直接将文件的色彩文件和文件概貌文件送到 PostScript 打印机，让打印机将文件转换成打印机的色彩空间。色彩转换的最终结果会因打印机的不同而有所不同。若要使用 PostScript 颜色管理，首先必须有一台 PostScript Level 2 以上的打印机；但不一定需要在系统上安装打印机的 ICC 概貌文件。

注意：打印包含透明度的文件时，不建议使用 PostScript 颜色管理。

为使用这些选项，应确定已在"颜色设置"对话框中设定颜色管理文件。

可在"打印"对话框中设定下列"颜色管理"选项。

"颜色处理": 决定是否进行颜色管理, 如果是, 将由程序还是打印设备来进行。

"打印机配置文件": 指定要使用的颜色管理概貌文件。

· 选择"与来源相同"可使用文件目前的色彩概貌文件打印。在打印时文件的颜色不会做任何转换。

· 选择"PostScript 颜色管理"可打印至 PostScript 打印机, 并使用打印机的颜色管理。

· 其他概貌文件会使用命名的目标概貌文件进行打印。

注意: 如果对一文件中的文件做颜色管理, 则嵌入的 PDF 和 EPS 图像因已成为文件的一部分, 所以在送至打印设备时, 亦会做颜色管理。相对的, 就算文件中其他部分都已使用颜色管理, 链接的 PDF 和 EPS 图像还是不会被纳入颜色管理中。

"渲染方式": 指定将颜色转换成目标概貌文件空间时的运算预期方式。

12.9 设定"高级"选项

打印至低分辨率打印机、某些非 PostScript 打印机和可支持 PostScript 和位图打印的打印机时, 可使用"打印"对话框中的"高级"选项, 如图 12-9-1 所示, 将文件打印为位图图像。更重要的是, 此选项可指定如何处理叠印和透明度。

图 12-9-1

12.9.1 指定位图和叠印选项

可使用"打印"对话框的"高级"选项指定是否将文件打印为位图图像, 以及如何处理叠印。

可在"打印"对话框中设定下列"高级"选项。

"打印成位图": 用于将文件打印为位图图像。只有在打印机的驱动程序可支持位图打印时, 才能使用此选项。在低分辨率打印机、非 PostScript 打印机和支持位图打印的打印机上打印包含复杂对象的文件时(例如, 具有平滑阴影或渐变对象), 此选项非常实用。虽然打印速度可能会变慢，不过出现错误讯息的机会也会降低。

"叠印"：指定如何处理叠印。

· 选择"保留"可保留叠印。

· 选择"模拟"可模拟打印分色时的外观。

· 选择"放弃"可指定让"属性"面板中设定的任何"叠印填充色"或"叠印描边"设定都不出现在复合图像上。

12.9.2　关于透明文件的拼合

将 Illustrator CS3 文件打印或输出至无法了解 Illustrator CS3 的内定透明度的格式时，Illustrator CS3 会进行被称为拼合的程序。在进行拼合时，Illustrator CS3 会查找透明对象叠到其他对象上的区域，并通过将文件分割为元件来使这些区域独立开来。然后 Illustrator CS3 分析每一个元件以决定文件是否可以用矢量文件来表现，或文件是否必须栅格化。

文件的复杂度越高（混合图像、矢量、文字、专色和叠印等）时，拼合以及拼合的结果也越复杂。

可以在"透明度拼合器预设集"对话框、"打印"对话框中的"高级"选项，以及"拼合器预览"面板中，存取和指定拼合设定。指定设定之后，可将设定使用为透明度拼合器的预设集。拼合之后，叠印的线条图将会分开，如图 12-9-2 所示。

图 12-9-2

当进行下列操作时，Illustrator CS3 就会将文件拼合。

· 打印包含透明度的文件。

· 以 Illustrator CS3 或更旧的版本、Illustrator CS3 EPS 或更旧的版本，或 PDF 1.3 格式（相容于 Acrobat 4.0）的旧版格式保存包含透明度的文件，使用 Illustrator CS3 和 Illustrator CS3 EPS 格式

时，必须选择"保留外观"选项和（或）"保留外观与叠印"选项。

· 将包含透明度的文件输出为无法了解透明度的矢量格式（PICT、EMF、WMF）。

· 将透明线条图由 Illustrator CS3 复制和粘贴至其他应用程序时，同时勾选 AICB 和"保留外观"选项（在"首选项"对话框的"文件处理与剪贴板"区域中）。

· 使用"拼合透明"指令。

注意：此命令和 SWF（Flash）输出功能可将文件拼合为色彩和 Alpha 通道。

以某些格式保存 Illustrator CS3 文件时，可保留内定透明度信息。例如，当以 Illustrator CS3CS EPS 格式保存文件时，文件中会同时包含内定的 Illustrator CS3 文件和 EPS 文件。在 Illustrator CS3 中重新开启文件时，将会读取内定（未拼合的）文件。将文件放置于其他应用程序时，将会读取 EPS（拼合后的）文件。

注意：Adobe InDesign 可置放 Illustrator CS3 的内定文件和 PDF 1.4 文件，并且原封不动地保留透明度。若要使用 PDF 和 InDesign，在保留透明度而不拼合时能有最好的效果，以 PDF 1.4 保存文件，而不要使用 PDF 1.3 或 PDF 1.5 保存。

请尽可能让文件使用可保存包含可编辑透明属性的文件格式，以备在需要时可进行编辑，如表 12-1 所示。

文 件 格 式	延　伸	可编辑的透明度	拼合的文件
AI9 和更新版本	.ai	✔	
AI9 EPS 和更新版本	.eps	✔*	✔
AI8 EPS	.eps		✔▫
PDF 1.4 与 PDF 1.5	.pdf	✔†	
PDF 1.3	.pdf	✔†	✔▫

* 表示只有在 Adobe Illustrator CS3 和更新的版本中开启文件时，才能编辑透明度。▫ 表示当文件包含透明度且选择了"保留外观"时，将不会保留专色。† 表示选择"透明度拼合器预设"时保存。

表 12-1

12.9.3　使用透明度拼合器预设集控制拼合

在大多的情况下，Illustrator CS3 的拼合的程序都会产生绝佳的结果。不过，如果文件包含复杂、重叠区域且需要高分辨率输出，可以控制文件栅格化的程度。

如果常打印或输出包含透明度的文件，则可通过将拼合设定保存在透明度拼合器预设集的方式，将拼合程序自动化。之后就可以使用这些设定来进行打印输出，以及将文件保存或输出为 Adobe Illustrator CS3、PDF 1.3 和 EPS 格式，或是复制到剪贴板中。这些设定也可控制输出为不支持透明度的格式时，如何进行拼合。

也可以输出透明度拼合预设集，以使备份工作更容易进行，或是将预设集提供给输出中心的客户，或是其他工作小组成员。

为了方便使用，Illustrator CS3 中内建了 3 个预先定义的透明度拼合器预设集。每一个预设集的设定都是依照文件的用途，为了使栅格化透明区域的适当分辨率与拼合的品质和速度能够一致而设计的。

· "高分辨率"在最终印刷输出以及高品质校样（例如分色校样）时使用。

· "中分辨率"在将使用 PostScript 彩色打印机打印的桌面校样和随选打印(Print-on-demand)文件中使用。

· "低分辨率"在要以黑白喷墨／激光打印机打印的快速校样中使用。

注意：如果文件并不包含透明度，则文件将不会进行拼合，且各拼合设定彼此将不相关。可在"拼合器预览"面板中了解文件是否包含透明度。

1. 在打印对话框中选择透明度拼合预设集

选择"文件 > 打印"命令，并在左边的列表中选择"高级"。在"预设"菜单中选择透明度拼合器预设集。可由目前的透明度拼合器预设集选择预设的预设集，或自定预设集。

2. 以打印对话框指定透明度拼合设定

选择"文件 > 打印"命令，并在左边的列表中选择"高级"。在"预设"菜单中选择透明度拼合器预设集。可由目前的透明度拼合器预设集选择预设的预设集，或自定预设集。单击"自定"按钮可依据既有的预设集建立新的预设集。依照透明度拼合器选项中的说明指定拼合选项，并单击"确定"按钮。

注意：这些设定仅能用在目前的操作中。必须使用"透明度拼合器预设集"指令来建立和输出设定，才能命名并保存设定。

3. 使用编辑菜单建立拼合设定

选择"编辑 > 透明度拼合器预设集"命令，在"预设"菜单中选择透明度拼合器预设集，或是不选择预设集。可由目前的透明度拼合器预设集选择预设的预设集，或自定预设集。进行下列操作之一。

· 单击"新建"可依据所选的预设集建立新的预设集。

· 单击"编辑"可编辑所选的预设集。

注意：无法编辑预设的透明度拼合器预设集。

依照透明度拼合器选项中描述的方式，指定拼合选项。所产生的预设集会位于计算机中的 Adobe Illustrator CS3 安装目录下的"设置"文件夹中。

4. 输出自定透明度拼合器预设集

选择"编辑 > 透明度拼合器预设集"命令。在列表中选择一个或多个预设集，并单击"输出"按钮。若要选择相邻的数个预设集，请按 Shift 键加鼠标键选择。按 Ct rl 键加鼠标单击（Windows）或按 Command 键加鼠标单击（Mac OS），可选择不相邻的预设集。指定名称和位置后单击"存储"按钮即可。

注意：可考虑将预设集保存在 Illustrator CS3 首选项文件夹以外的位置。如此若删除首选项，也不会遗失预设集。

5. 读入透明度拼合器预设集

选择"编辑 > 透明度拼合器预设集"命令。单击"导入"。找到并选择包含所要载入的预设集的文件，再单击"打开"按钮即可。

6. 重新命名或删除自定透明度拼合器预设集

选择"编辑 > 透明度拼合器预设集"命令。执行下列任一选项，然后单击"确定"按钮。

· 若要将既有的预设集重新命名，在列表中选择该预设集后单击"编辑"，输入新的名称，再单击"确定"。

· 若要删除预设集，在列表中选择一或多个预设集，并单击"删除"按钮。若要选择相邻的数个预设集，按 Shift 键 + 鼠标键选择。按 Command 键 + 鼠标单击（Mac OS）或按住 Ctrl 键 + 鼠标单击（Windows），选择不相邻的预设集。

注意：无法删除预设的预设集。

7. 在拼合器预览面板中建立拼合设定

选择"窗口 > 拼合器预览"命令。在面板菜单中选择"显示选项"。在"预设"菜单中选择透明度拼合器预设集。可由目前的透明度拼合器预设集选择预设的预设集，或自定预设集。依照透明度拼合器选项中描述的方式指定拼合选项。Preset（预设集）弹出式菜单中的预设集名称会变更为"自定"。在面板中预览结果。从面板菜单中选择下列选项之一。

· "保存透明度拼合器预设集"：在"预设集名称"文字框中输入名称并单击"确定"。

· "重新定义预设集名称"：将有变更的设定使用至该预设集。

8. 为个别对象建立拼合设定

首先选择对象,然后选择"对象 > 拼合透明"命令。在"预设"菜单中选择透明度拼合器预设集。可在目前的透明度拼合器预设集选择预设的预设集,或自定预设集。依照透明度拼合器选项中描述的方式,指定拼合选项。选择 Preview(预览)预览设定在文件中的效果。可进行下列操作之一。

· 若要让该对象使用这些设定,单击"确定"按钮。

· 若要保存这些设定,让目前工作阶段中的其他对象和文件使用,请单击"存储预设"。然后在"预设集名称"文字框中输入名称,单击"确定"返回"拼合透明"对话框,再单击"确定"按钮。

注意:这些设定仅能用在目前的工作阶段中。必须使用"透明度拼合器预设集"指令来建立和输出设定,才能命名并保存设定。

12.9.4 透明度拼合器选项

可在 "透明度拼合器预设集选项"对话框、"拼合透明"对话框以及"拼合器预览"面板中,设定下列选项。

"名称":指定预设集的名称。依对话框中所示,可在 Preset Name(预设集名称)文字框中输入名称,或是接受预设的名称。可输入既有的预设集的名称,以编辑该预设集。不过,无法编辑预设的预设集。

"栅格 / 矢量平衡":用于指定栅格化的程度。设定越高,在文件上执行的栅格化程度越小。选择最高的设定尽可能将文件用矢量文件来表现;选择最低的设定以栅格化所有的文件。

"线条图与文字分辨率":用于指定矢量对象栅格化为拼合结果时的分辨率。

"渐变与网格分辨率":用于指定渐变和网格对象栅格化为拼合结果时的分辨率。

"线条图与文字分辨率"和"渐变与网格分辨率"中的"平滑度(Flatness)"设定都会影响拼合时各交集处的精确度。通常将值设为 300 对于线条图和文字而言已经足够,将值设为 150 对于渐变和渐变网格而言也已足够。不过如果要将小字体或细微对象栅格化,或以高品质打印来输出,则需要较高的值(600 ppi 或更高)。在此不建议使用非常高的值,因为它会造成执行效能的降低,但却不能使文件品质得到大幅度的改善。

"将所有文字转换为外框":用于将所有文字对象(点文字、区域文字和路径文字)转换为外框,并去除所有文字信息。此选项可确保进行拼合时,文字的宽度能维持一致。不过,启用这个选项将使小字体以较粗的字体呈现。

"将所有描边转换为外框":用于将描边转换为简单的填色路径。此选项可确保进行拼合时,描边的宽度能维持一致。不过,启用这个选项将使细笔划以较粗的笔划呈现。

"剪裁复杂区域":以确保边界设定沿着对象路径落在矢量文件和栅格化文件之间。当对象的另一部分保留矢量的形式,选择这个选项以减少当对象的一部分被栅格化时产生的纹路瑕疵。不过,选择该选项可能对打印机的控制产生过于复杂的路径。栅格与矢量交会处出现的瑕疵,如图 12-9-3 所示。

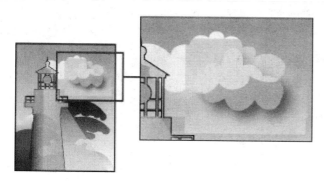

图 12-9-3

注意:某些打印驱动程序处理栅格和矢量线条图的方式并不相同,如此也将会产生色彩纹路瑕疵。可透过停用某些专属于打印驱动程序的颜色管理设定的方式,将产生纹路瑕疵的几率减小。由于各打印机的这类设定各有不同,请参阅打印机所附的说明文件。

选择"保留 Alpha 透明度"(仅"拼合透明"对话框)保留拼合对象的整体不透明度。使用此选项后,当使用透明背景将文件栅格化时,将会失去混合模式和叠印;不过其外观将会随 Alpha 透明度等级保留在印刷文件中。当要输出为 SWF 或 SVG 文档时"保留 Alpha 透明度"会相当实用,因为这两者都可支持 Alpha 透明度。

选择"保留叠印与专色"(仅"拼合透明"对话框)通常会保留专色。此选项也会保留没有与透明度作用的对象叠印。如果要打印分色且文件包含专色与叠印对象时,请选择此选项。

要保存文件以供排版应用程序使用时,请取消选择此选项。如果选择此选项,则与透明度有互动关系的叠印区域会被拼合,而其他区域中的叠印会被保留。当文件从排版应用程序中输出时,将会产生难以预期的结果。

注意:如果文件包含栅格特效(使用"效果"菜单使用的特效),选择"效果 > 文件栅格特效设定"命令。选择"分辨率"的"高",然后单击"确定"。

12.9.5 使用拼合器预览面板

可使用"拼合器预览"面板中的预览选项,将拼合文件所影响的区域高亮。可使用此信息来调整拼合选项，甚至使用此面板来保存拼合器预设集。

注意："拼合器预览"面板并不能用来精确地预览专色、叠印和渐变模式。可使用 Illustrator CS3 中的"叠印预览"模式来预览输出时将呈现的专色、叠印和渐变模式。

1. 选择预览模式

从"拼合器预览"面板菜单中选择一个预览模式，如图 12-9-4 所示。

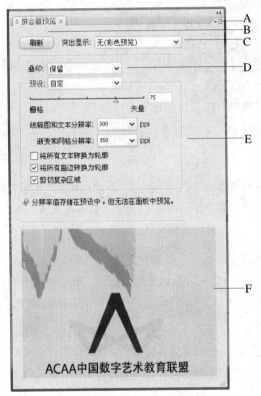

图 12-9-4　A.　面板菜单　　　B. 刷新按钮　　　C. 高亮菜单
　　　　　　D. 叠印菜单　　　E. 透明度拼合设定　　F. 预览区域

· "快速预览"可运算最快的预览。可存取"突出显示"弹出式菜单中的所有选项（除"所有栅格化区域"以外）。

· "详细预览"可将"所有栅格化区域"选项加入"突出显示"弹出式菜单中。此选项在进行运算时会需要更高的效能。

2. 选择要预览的叠印选项

选择预览时可使用以下几种叠印类型。

· 选择"保留"可让能支持叠印的装置保留叠印。通常只有分色装置可支持叠印。

· 选择"模拟"可维持复合输出中的叠印外观。

选择"放弃"可忽略文件中的所有叠印设定。复合与分色都可以选择此选项。

3. 刷新预览

单击"刷新"可依据选择的透明度拼合设定，更新面板中预览区域的画面。文件中使用所选高亮选项的区域会以色彩来高亮，而文件上的其余区域会以灰阶方式显现。

4. 选择要高亮的区域

在"突出显示"弹出式菜单中选择要对何者进行高亮。

· 选择"无（彩色预览）"可显示文件的颜色预览，而不会将任何对象高亮。当"突出显示"菜单中的任一选项因变更文件的透明度拼合设定，而变为无效时，就会自动选择此选项。

· 选择"栅格化复杂区域"可高亮显示因为执行效能的原因而被栅格化的区域（与 "栅格／矢量"滑杆所决定的相同）。请记住，已高亮区域的边界较有可能会产生纹路瑕疵的问题（根据打印驱动程序设定和栅格化分辨率而定）。选择"剪切复杂区域"选项将纹路瑕疵的问题减到最小。图 12-9-5 所示为高亮 "栅格化复杂区域"且未选择"剪切复杂区域"的预览图（左）与选择"剪切复杂区域"的预览图（右）。

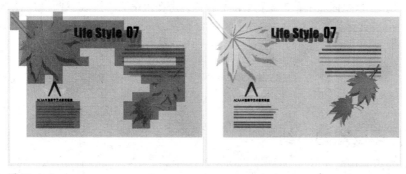

图 12-9-5

· 选择"透明对象"可将透明度的来源对象高亮，例如，具有部分不透明度（包括具有 Alpha 通道的图像）的对象、具有渐变模式的对象，以及具有不透明遮罩的对象。此外，图形样式和特效中可能会包含透明度，且如果叠印需要被拼合时，叠印对象可能会被视作透明度的来源。

· "所有受影响的对象"可高亮牵涉到透明度的所有对象，包括透明对象以及与透明对象重叠的对象。高亮的对象将会受到拼合程序的影响，无论是描边或花纹都会被展开，其中一些部分会被栅格化。

· "受影响的链接 EPS 文件"可高亮所有被透明度所影响的链接 EPS 文件。

· "扩展图案"可高亮所有因牵涉到透明度而被展开的花纹。

· "轮廓化描边"可高亮因牵涉到透明度，或因为已选择"将所有描边转换为轮廓"选项而被绘制外框的所有描边。

· "轮廓化文字"可高亮因牵涉到透明度，或因为已选择"将所有描边转换为轮廓"选项而被绘制外框的所有文字。

注意：最终输出的外框描边和文字可能会与其内定有些细微的不同，尤其是非常细的描边和非常小的文字。不过"拼合器预览"面板并不会高亮这些改变过的外观。

· "所有栅格化区域"可高亮因为在 PostScript 中没有其他的呈现方法，或是因为复杂度高于"栅格／矢量"滑杆所指定的临界值，而将要被栅格化的对象和对象交集。举例来说，两个透明渐变的交集必定会被栅格化（即使将"栅格／矢量"值设为 100）。请注意此选项所需的处理时间多于其他选项。

注意：预览画面只会将拼合过程中有重新取样的图像高亮（而非没有与透明对象交集的不透明图像）。

5. 放大预览

若要将预览放大，在预览区域上单击。若要缩小预览，可在预览区中按 Alt 键＋鼠标左键单击（Windows）或 Option（Mac OS）键＋鼠标单击。若要移动预览，可按住空格键并在预览区域中拖曳鼠标。

注意：预览并不会显示栅格化后的区域将如何以指定的栅格化分辨率显示（不管放大几倍）。

12.10 查看打印设定的小结

可在进行打印之前，先使用"打印"对话框的"小结"选项查看输出设定，如图 12-10-1 所示，然后视需要调整相关设定。

可在"打印"对话框中设定和查看下列"小结"选项。

"选项"：此列表可显示输出设定。单击列表中的项目旁的三角形即可显示更详细的信息。

"警告"：可列出有关专色、叠印、需要拼合的区域、超出色域的颜色等应注意的特别事项。

"存储小结"：可将小结保存为文字档。若要保存小结，请单击"存储小结"按钮后输入名称和位置，并单击"存储"按钮。

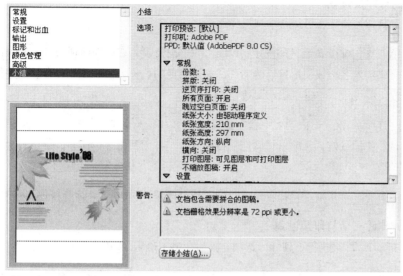

图 12-10-1

12.11 使用打印预设集

如果经常输出至不同的打印机或工作类型,则可通过将所有输出设定设为打印预设集的方式,使打印工作自动化。由于"打印"对话框中的许多选项都需要持续不出错的设定来完成打印工作,因此使用打印预设集变是一种快速且可靠的方式。

保存和载入打印预设集,以使备份工作更容易进行,或是将预设集提供给输出中心的客户或是其他工作小组成员。选择打印预设集之后,可在"打印预设"对话框中查看设定。

1. 建立和保存打印预设集

若要建立和保存打印预设集,可进行下列操作之一。

·选择"文件 > 打印"命令调整打印设定,并单击"存储预设"。输入名称或使用预设名称,然后单击"确定"。使用此方法时,预设集将会保存在 Illustrator CS3 的首选项文件中。

·选择 "编辑 > 打印预设"命令,并单击"新建"。在画面出现的"打印预设集选项"对话框中,在"打印预设"文字框中输入名称(或使用预设名称),调整打印设定后单击"确定"回到"打印预设"对话框。最后再次单击"确定"按钮。

注意:如果要使用"打印预设"对话框,则可考虑将预设集保存在 Illustrator CS3 首选项文件夹以外的地方。如此若删除首选项,也不会遗失预设集。

2. 编辑已有的打印预设集

若要编辑已有的打印预设集，可进行下列操作之一。

· 选择"文件 > 打印"命令调整打印设定，并单击"存储预设"。在画面出现的"存储预设"对话框中，在文字框中输入名称或使用目前的名称。如果目前的名称为已有的预设集，则进行保存后将会覆盖该预设集的设定。单击"确定"按钮。

· 选择"编辑 > 打印预设"后由列表中选择预设集，然后单击"编辑"。在画面出现的"打印预设集选项"中调整打印设定，并单击"确定"按钮回到"打印预设"对话框。最后再次单击"确定"按钮即可。

注意：可以在"打印"对话框或"打印预设"对话框中选择"默认"，来编辑预设的预设集。

3. 重新命名或删除一个打印预设集

选择"编辑 > 打印预设"。执行下列任一选项，然后单击"确定"按钮。

· 若要将既有的预设集重新命名，在列表中选择该预设集后单击"编辑"，在"打印预设"文字框中输入新的名称，然后单击"确定"按钮。

· 若要删除一个或多个预设集，在列表中选择预设集，并单击"删除"。若要选择相邻的数个预设集，按住 Shift 键 + 鼠标键选择。按 Ctrl 键加鼠标单击（Windows）或按 Command 键加鼠标单击（Mac OS），可选择不相邻的预设集。

4. 输出打印预设集

选择"编辑 > 打印预设"命令。在列表中选择一个或多个预设集，并单击"输出"。若要选择相邻的数个预设集，按住 Shift 键 + 鼠标键选择。按 Command 键 + 鼠标单击（Mac OS）或按 Ctrl 键 + 鼠标左键单击（Windows），可选择不相邻的预设集。指定名称和位置后单击"存储"按钮即可。

注意：可考虑将预设集保存在 Illustrator CS3 首选项文件夹以外的位置。如此若删除首选项，也不会遗失预设集。

5. 导入既有的打印预设集

选择"编辑 > 打印预设"命令。单击"导入"按钮，找到并选择所要载入的预设集的文件，再单击"确定"按钮。

12.12　设定裁剪区域

裁剪区域可定义一个可裁切文件的边框。可以为文档创建多个裁剪区域，但每次只能有一个裁剪区域处于现用状态。如果定义了多个裁剪区域，则可以选择裁剪工具并按 Alt (Windows) 或

Option (Mac OS) 来查看所有裁剪区域。 每个裁剪区域都进行了编号以便于进行引用。可以随时编辑或删除裁剪区域，并且可以在每次打印或导出时指定不同的裁剪区域。而裁剪区域由一组可见、不可选择、不可打印的标记来表示。可选择"对象 > 裁剪区域 > 建立"指令在文件中指定裁剪区域或直接使用工具箱中的裁剪区域工具创建。

下面我们通过实际操作来演示裁剪区域的设置。

如图 12-12-1 所示为没有设定裁剪区域的原图。

图 12-12-1

1. 在文件中指定单一裁剪区域

（1）画一个矩形以定义要显示裁剪区域的边框（可以不管矩形填色与描边甚至大小）。选择该矩形。选择"对象 > 裁剪区域 > 建立"命令。或者选择裁剪区域工具，并在工作区中拖移以定义裁剪区域，裁剪区域之外呈半透明灰色显示，结果如图 12-12-2 所示。

图 12-12-2

（2）我们可以通过拖动边框周围的控制点改变裁剪区域的大小，也可以点击控制栏上预设选项后的下拉列表，从中选择预设的尺寸，如图 12-12-3 所示。

图 12-12-3

设置完成后单击"工具"面板中的其他工具即可确定此裁剪区域。

2. 在文件中定义并查看其他裁剪区域

（1）承前操作，选择裁剪区域工具，然后按住 Option（Mac OS）或 Alt（Windows）键并拖动，可创建新的裁剪区域，如图 12-12-4 所示。

图 12-12-4

（2）点击控制栏上的  按钮，打开裁剪区域选项对话框，在此我们可以设置裁剪区域的大

小及显示状态，如图 12-12-5 所示。

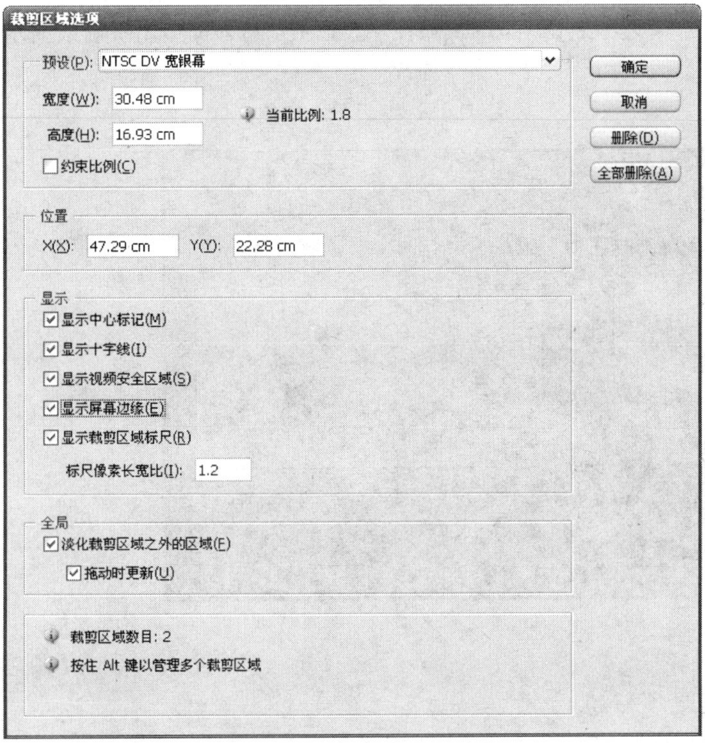

图 12-12-5

确定后新增加的裁剪区域显示如图 12-12-6 所示。

图 12-12-6

（3）按住 Option 键（Mac OS）或 Alt 键（Windows），可查看所有裁剪区域。每个裁剪区域的左上角有一个惟一的编号，要将裁剪区域设置为现用裁剪区域，请按住 Option 键（Mac OS）或 Alt 键（Windows）并单击要变为现用状态的裁剪区域，该裁剪区域周边出现虚线显示，如图 12-12-7 所示。

图 12-12-7

3. 编辑和移动裁剪区域

选择裁剪区域工具，然后执行下列操作之一。

要编辑裁剪区域，请将指针放在裁剪区域的边缘或角上；当光标变为双向箭头时，拖动裁剪区域以进行调整。或者，在"控制"面板中指定新的"宽度"和"高度"值。

要移动裁剪区域，请将指针放在裁剪区域的中间；当光标变为四向箭头时，拖动该裁剪区域。或者，也可以选择该裁剪区域并按箭头键（同时按 Shift + 箭头键，则以 10 点为增量进行移动），或者在"控制"面板中指定新的 X 和 Y 值。

4. 消除裁剪区域

选择"对象 > 裁剪区域 > 释放"命令。原始的矩形将会再次出现,但其填色和描边将会移除。可删除或移动此矩形。

或者 选择裁剪区域工具，然后执行下列操作之一。

要删除现用裁剪区域，单击"控制"面板中的"删除"按钮。

要删除多个裁剪区域之一，请按住 Option 键（Mac OS）或 Alt 键（Windows）以查看所有现有的裁剪区域，然后单击要删除的裁剪区域右上角的"删除"图标。

要删除所有裁剪区域，请单击"控制"面板中的"全部删除"按钮或按 Option+Delete (Mac OS) 或 Alt+Delete (Windows) 键。

请注意下列事项。

· 如果在"常规首选项"对话框中选择了"使用日式裁剪标记"，在文件中定义的任何裁剪区域都会变成日式的裁剪标记。这些裁剪标记包含双线，视觉上定义 8.5 点（3 毫米）的预设出血值。

· 对彩色的 Illustrator CS3 文件做分色，则应先在文件中定义裁剪区域。

· 可在裁剪区域、画板或文件周围设定裁剪标记。

12.13 设定裁剪标记

"裁剪标记"滤镜可在所选对象边框周围建立裁剪标记。裁剪标记可定义一个可剪裁的区域。

"裁剪标记"滤镜所建立的裁剪标记与裁剪区域有下列几点不同。

· 裁剪标记可打印（也可指出要剪裁文件中对象的位置）。

· 可在文件中建立并使用多组裁剪标记。因此当需要在页面中建立几组围绕对象的记号时，对象裁切线是很有用的，例如，在准备印刷名片用的完稿时。

· 裁剪标记的描边使用套版色，因此会打印到每个分色通道上（与印刷标记类似）。

· 裁剪标记不会使用"打印"对话框中的"标记和出血"选项指定裁剪标记的位置。

· 裁剪标记不会取代"打印"对话框中的"标记和出血"选项，或选择"对象 > 裁剪区域 > 建立"命令所建立的裁剪标记。

裁剪标记不会取代所选的对象，而是加入至所选的对象中。

1. 在对象周围建立裁剪标记
请选择该对象，再选择"滤镜 > 创建 > 裁剪标记"命令。

2. 指定日式裁剪标记
选择"首选项 > 常规"（Mac OS）或"编辑 > 首选项 > 常规"（Windows）。选择"使用日式裁剪标记"，再单击"确定"按钮即可。

12.14   打印渐变、网格对象和色彩渐变

包含渐变、渐变网格对象或色彩渐变的文件，对某些打印机来说很难打印出平滑的色彩（没有不连续的颜色跳阶）。这里有些方法可以改善在这种打印机上打印渐变、网格对象和色彩渐变的结果。

打印渐变网格对象和色彩渐变时，请遵循下面的一般原则。

· 在两种以上的印刷色成分变更至少 50% 时才做渐变。

· 使用较短的渐变。最适合的长度是依渐变的颜色而定，不过最好不要超过 7.5 英寸。

· 使用较淡的颜色或缩短深色渐变。颜色跳阶通常是出现在深色与白色之间。

· 使用适合的网频以维持 256 阶灰阶。

· 文件中包含复杂文件、渐变、网格对象或渐变时，确定已在"打印"对话框中选择了正确的"平滑度"设定。

12.14.1   确保分辨率 / 网频能产生 256 阶灰阶

在打印文件时，会发现打印机分辨率与选择的网频组合，可产生少于 256 阶的灰阶。较高的网频会降低打印机可使用的灰阶。例如，2400 dpi 的打印分辨率搭配超过 150 的网频，会产生低于 256 阶的灰阶。

表 12-2 列出了要维持 2 56阶灰阶时，所能使用的打印机最大网频设定。

最终网片输出机分辨率	最大可使用的网频
300	19
400	25
600	38
900	56
1000	63
1270	79
1446	90

最终网片输出机分辨率	最大可使用的网频
1524	95
1693	106
2000	125
2400	150
2540	159
3000	188
3252	203
3600	225
4000	250

表 12-2

12.14.2 以色彩的变化计算最大的渐变长度

Adobe Illustrator CS3 是依据渐变颜色间的色彩变化百分比来计算渐变的阶数的。阶数则决定了不会产生颜色跳阶的最大渐变长度。

渐变的阶数和最大长度，是假设用户以可产生 256 阶灰阶的网频和分辨率来打印文件。

1. 以色彩的变化来决定最大渐变长度

选择"测量"工具 ✐，在渐变的起始端点和结束端点各单击。将 Info（信息）面板中显示的距离数字记录在纸上。该距离代表渐变或色彩渐变的长度。以下列公式计算渐变的阶数：

2. 渐变阶数 =256（灰阶数 ）× 色彩的变化百分比

若要算出色彩变化的百分比，应以较高的颜色数值减去较低的颜色数值。例如，20% 的黑色和 100% 的黑色，其色彩变化是 80% 或 0.8。

渐变印刷色时，使用色彩中最大的变化。例如，建立由 20% 青色、30% 洋红、80% 黄色和 20% 黑色变成 20% 青色、90% 洋红、70% 黄色和 40% 黑色的渐变。这表示 60% 的变更，因为变化最大的是洋红色——由 30% 变成 90%。

利用在前面学到的计算阶数的方法，检查渐变阶数是否大于下一个图表中指出的最大长度。如果超过的话，请降低渐变长度或变更颜色，如表 12-3 所示。

Adobe Illustrator CS3 建议的阶数	最大的渐变长度		
	点	英 寸	厘 米
10	21.6	0.3	0.762
20	43.2	0.6	1.524
30	64.8	0.9	2.286
40	86.4	1.2	3.048
50	108.0	1.5	3.810
60	129.6	1.8	4.572
70	151.2	2.1	5.334
80	172.8	2.4	6.096
90	194.4	2.7	6.858
100	216.0	3.0	7.620
110	237.6	3.3	8.382
120	259.2	3.6	9.144
130	280.8	3.9	9.906
140	302.4	4.2	10.668
150	324.0	4.5	11.430
160	345.6	4.8	12.192
170	367.2	5.1	12.954
180	388.8	5.4	13.716
190	410.4	5.7	14.478
200	432.0	6.0	15.240
210	453.6	6.3	16.002
220	475.2	6.6	16.764
230	496.8	6.9	17.526
240	518.4	7.2	18.288
250	540.0	7.5	19.050
256	553.0	7.7	19.507

表 12-3

12.14.3　打印网格对象

当使用打印至 PostScript Level 3 打印机时，除了最复杂的网格对象以外，都是当作矢量对象来打印的，因此使用 Level 3 打印机通常都可以取得最佳的打印效果。不过，打印透明的网格对象时，或打印至 Level 2 打印机时，将会以 JPEG 图像形式输出矢量网格对象。

JPEG 图像的分辨率是由建立透明度拼合器预设集时指定的"渐变"和"网格分辨率"选项来决定的。

注意: 只有要打印到 Level 3 打印机时，可将 PostScript 选项设定为 Level 3，以取得最佳的速度。

12.15　分割路径以打印大型及复杂外框形状

如果打印的 Adobe Illustrator CS3 文件包含了过长或过复杂的路径，文件可能会印不出来，而且还会收到来自打印机的 limit-check 错误讯息。若要将较长的复杂路径简化，可将这类路径分割为两个或更多不同的路径。

也可变更用来模拟曲线的线段数量，并调整打印机的分辨率。

在分割路径时应注意下列事项。

· Illustrator CS3 会将文件中分割的路径当作个别对象来处理。一旦路径已分割，若要变更文件，只能处理个别的外框形状，或是重新结合路径成为单一外框形状来处理。

· 在分割路径之前，最好将原始文件保存备份，以备不时之需。

1.　分割描边路径

使用"剪刀工具（✂）"来分割描边路径。

2.　分割复合路径

选择"对象 > 复合路径 > 释放"命令以移除复合路径。利用剪刀 (Scissors) 工具来分割路径。重新定义分割的线段为复合路径。

3.　剪辑蒙版

选择"对象 > 剪切蒙版 > 释放"命令以移除蒙版。利用"剪刀工具（✂）"来分割路径。重新定义分割的线段为蒙版。

4.　重新结合分割路径

删除使用"拆分长路径"所产生的多余线段，选择这些线段并按下 Delete 键。选择所有组成原始对象的分割路径。选择 "窗口 > 路径查找器"命令，然后在"路径查找器"面板上单击"与形状区域相加"按钮 。路径会重新结合，并且在分割路径重新连接的交接处会产生一个锚点。

12.16 选择 PostScript Printer Description 文件

若要定义打印或建立分色的输出设备，需选择搭配 PostScript 打印机或网片输出机的 PPD 文件（可仅使用 PostScript 设备建立分色）。如此会在"打印"对话框中填入该输出设备的设定值。

选择 PPD 文件，应注意下列事项。

· PPD 文件与打印机驱动程序不同，它可自定用户的特定打印机驱动程序的行为。PPD 文件中包含输出设备的相关信息（包括打印机内建字体、可用的媒体尺寸与方向、最佳化的网频量、网角、分辨率和色彩输出功能等）。

· Illustrator CS3 会使用 PPD 文件中的信息来决定打印文件时，要将哪一个 PostScript 信息传送至打印机。例如，Illustrator CS3 假设列在 PPD 中的字体都存在打印机中，因此除非明确指定要加入这些字体，否则 Illustrator CS3 就不会下载这些字体。

注意: 网片输出机 PPD 中常见的某些 PPD 功能无法从 Illustrator CS3 的"打印"对话框存取。若要设定这些打印机的特定功能，请单击"打印"对话框中的 "设置"（Windows）或"打印机"（Mac OS）。

· 为了获得最佳的打印效果，Adobe 建议用户向制造商取得用户使用输出设备的最新版 PPD 文件。许多印前输出中心和商业打印机都有所使用的网片输出机的 PPD。

· 务必将 PPD 保存在作业系统所指定的位置。如需详细信息，可查阅作业系统的说明文件。

选择 PPD
选择"文件 > 打印"命令。从 PPD 菜单中选择下列选项之一。

· 选择要打印文件的输出设备所搭配的 PPD。

· 选择"设备无关"选项。只有在要打印至 PostScript 文件，且没有使用关联至打印机的特定 PPD 时，才能使用此选项。

· 选择"其他"可使用自定 PPD（例如，输出中心所提供的，针对特定打印机的 PPD）。PPD 的文件名称对应至打印机或网片输出机的名称和型号，且其副档名可能为 .ppd（依系统的设定方式而异）。浏览至想使用的 PPD 档，选择此文件后单击"打开"按钮即可。